HISTORIA DE LA CIENCIA

HISTORIA DE LA CIENCIA

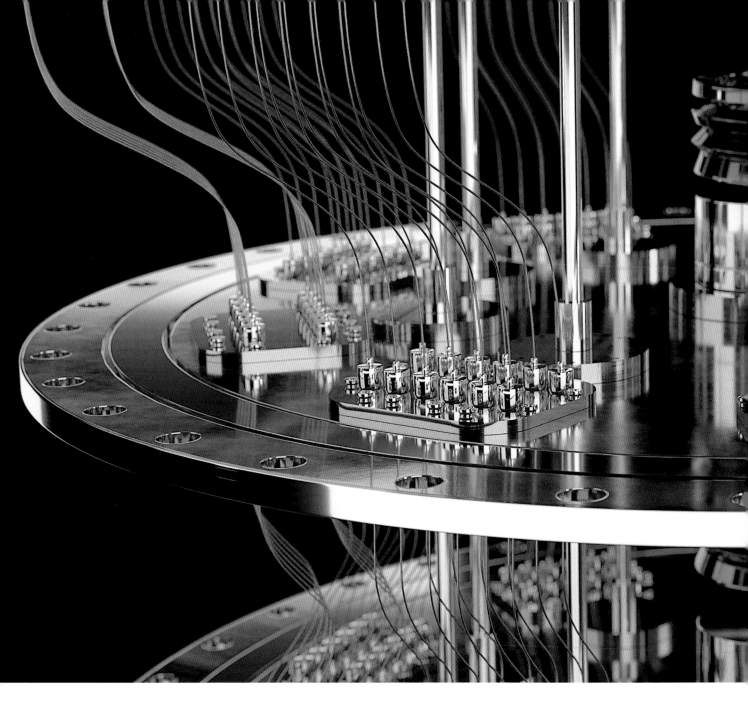

DK | Penguin Random House

Producido por
cobalt id para DK
www.cobaltid.co.uk

Edición Marek Walisiewicz y Kay Celtel
Diseño Paul Tilby, Darren Bland y Paul Reid

Dirección editorial Peter Frances
Edición de arte Duncan Turner
Edición David y Sylvia Tombesi-Walton
Ilustración Priyal Mote
Coordinación editorial Angeles Gavira Guerrero
Coordinación de arte Michael Duffy
Producción editorial Andy Hilliard
Coordinación de producción Laura Andrews
Coordinación de diseño de cubiertas Akiko Kato
Coordinación de desarrollo de cubiertas Sophia MTT

Dirección de arte Karen Self
Dirección de diseño Phil Ormerod
Subdirección de publicaciones Liz Wheeler
Dirección de publicaciones Jonathan Metcalf

COORDINACIÓN DE LA EDICIÓN EN ESPAÑOL
Coordinación editorial Marina Alcione
Asistencia editorial y producción Eduard Sepúlveda

Publicado originalmente en Gran Bretaña
en 2023 por Dorling Kindersley Limited
DK, One Embassy Gardens, 8 Viaduct Gardens,
London, SW11 7BW

Parte de Penguin Random House

Título original: *Timelines of Science*
Primera edición 2023

© Traducción en español 2023 Dorling Kindersley Limited

Copyright © 2023 Dorling Kindersley Limited

Servicios editoriales: deleatur, s.l.
Traducción: Antón Corriente Basús

Todos los derechos reservados. Queda prohibida, salvo
excepción prevista en la Ley, cualquier forma de reproducción,
distribución, comunicación pública y transformación de esta
obra sin contar con la autorización de los titulares de la
propiedad intelectual.

ISBN: 978-0-7440-8905-9

Impreso y encuadernado en China

Para mentes curiosas
www.dkespañol.com

MIXTO
Papel | Apoyando la
selvicultura responsable
FSC™ C018179

Este libro se ha impreso con papel certificado
por el Forest Stewardship Council™ como parte
del compromiso de DK por un futuro sostenible.
Para más información, visita
www.dk.com/our-green-pledge

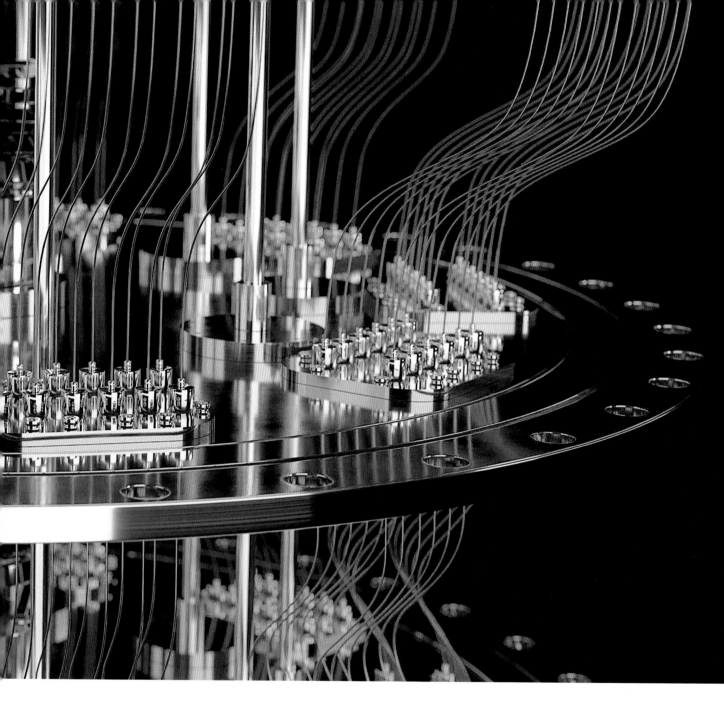

COLABORADORES

Tony Allen es autor de muchas obras sobre historia para el público general, y fue editor de la colección en 24 volúmenes *Time-Life History of the World*.

Jack Challoner se licenció en física en el Imperial College de Londres, y desde 1991 ha escrito y publicado más de 40 libros sobre ciencia.

Julian Emsley es químico, profesor de matemáticas y autor especializado en el impacto de la química y de las sustancias químicas en el mundo.

Hilary Lamb es periodista, editora y autora premiada de temas científicos. Ha trabajado en títulos anteriores de DK, entre ellos *El libro de la física, Simply Quantum Physics* y *Simply Artificial Intelligence*.

Douglas Palmer escribe sobre paleontología y ciencias de la Tierra. Autor de muchas obras populares sobre ciencia, trabaja a tiempo parcial para el Museo Sedgwick de Cambridge.

Philip Parker es historiador especializado en el mundo medieval, y autor de numerosas obras y atlas históricos.

Bea Perks es licenciada en zoología y doctora en farmacología clínica, y cuenta con más de 20 años de experiencia en la escritura y publicación sobre temas biomédicos.

Giles Sparrow es miembro de la Real Sociedad Astronómica británica, licenciado en astronomía y comunicación científica y autor de más de dos

docenas de libros sobre el espacio y la astronomía.

Martin Walters es escritor y naturalista, especialmente interesado en las aves, la botánica y la conservación. Ha escrito y colaborado en numerosos libros, tanto para adultos como para niños.

Marcus Weeks es músico y escritor, y ha escrito y colaborado en muchas obras sobre la filosofía, las artes y la historia del mundo antiguo.

ASESOR

Robin McKie es editor científico de *The Observer* desde hace 40 años, y autor de varias obras sobre genética y sobre el origen de los humanos modernos.

Portadilla Microscopio compuesto acromático usado por Charles Darwin (1847)

Portada Marie Curie en su laboratorio en París (c. 1905)

Arriba Componentes de un ordenador cuántico 2020)

CONTENIDO

1870–1899   1900–1929   1930–1959   1960–1979   1980–2022

154   178   210   242   262

Los aparentes montes y valles de la nebulosa de la Quilla, a unos 7600 años luz de distancia, son los márgenes de una región de formación estelar. La imagen, tomada en 2022 por el telescopio James Webb de la NASA, muestra la excepcional capacidad de este instrumento para captar luz infrarroja.

Los bifaces de piedra se usaron durante un periodo de 1,5 millones de años.

Hace c. 1,7 Ma
BIFACES

Obtenidos mediante la talla de piedras con un percutor de roca dura, a las que luego se daba forma con otros más blandos de hueso o asta, los primeros bifaces proceden de África Oriental. Conocidos como útiles achelenses, tenían dos caras y una base ancha y redondeada que servía de mango, lo que los hacía muy versátiles.

△ **Bifaz** achelense, 700 000–200 000 a. C.

Hace c. 2,6 Ma
INDUSTRIA OLDUVAYENSE

Las herramientas olduvayenses se fabricaron por percusión, retirando lascas para darles unos bordes afilados para cortar y raspar. Se produjeron originalmente en África Oriental, probablemente por *Homo habilis*, y luego las difundió más allá del continente *Homo erectus*.

△ **Útiles** líticos olduvayenses

HACE 3,3 MA

Hace c. 1,8 Ma **El indicio más antiguo** de construcción de vivienda es una choza de piedra y hierba hallada en la garganta de Olduvai (Tanzania).

Hace c. 3,3 Ma
PRIMERAS HERRAMIENTAS

Las herramientas más antiguas conocidas, descubiertas en 2011 en el yacimiento de Lomekwi 3, en un lecho fluvial seco de Kenia, son unas 150 piedras modificadas por impacto contra otra piedra en forma de útiles contundentes o cortantes, posiblemente para raspar y romper huesos de animales. Pudieron ser obra de una especie australopitecina como *Australopithecus afarensis*, anterior a la evolución de nuestro género, *Homo*.

◁ *Australopithecus afarensis* «Lucy» (reconstrucción)

c. 460 000 a. C.
LANZAS ANTIGUAS

Las lanzas de punta de piedra más antiguas que se conocen proceden de Kathu Pan (Sudáfrica). Las piedras tenían bordes afilados y se afinaban por la base para unirse a un asta de madera. Eran armas de caza eficaces, y son una muestra de la progresiva sofisticación de la tecnología de nuestros antepasados humanos.

◁ **Puntas** de lanza de piedra

c. **325 000 a. C. Surge la técnica Levallois de talla de piedra,** en la que a partir de un núcleo se obtienen lascas de distintas formas para crear herramientas.

c. 24 000 A. C.

c. **420 000 a. C. Se fabrica la lanza de Clacton,** el objeto de madera tallada más antiguo conocido.

c. **62 000 a. C. Puntas de flecha de piedra** halladas en la cueva de Sibudu (Sudáfrica) constituyen el indicio más antiguo del uso de arcos y flechas.

▷ **Cráneo** de Jebel Irhoud
(reconstrucción por ordenador)

c. 350 000 a. C.
SURGE HOMO SAPIENS

Unos restos encontrados en Jebel Irhoud (Marruecos) en la década de 1960 se identificaron en 2017 como los miembros más antiguos de nuestra propia especie, *Homo sapiens*, lo que dio un vuelco a las teorías sobre la evolución en África Oriental. Los primeros *Homo sapiens* tenían un cráneo más alargado y unos arcos superciliares más pronunciados que los humanos modernos; su gran cerebro y su versatilidad les permitieron extenderse y reemplazar a todos los demás homininos.

c. 790 000 a. C.
FUEGO CONTROLADO

Aunque los primeros homininos pudieron hacer un uso oportunista de los incendios naturales causados por rayos para calentarse o espantar animales salvajes, el uso controlado del fuego más antiguo conocido se dio en Gesher Benot Ya'aqov (Israel). El hogar hallado allí contenía sílex chamuscado y restos de madera de olivo y de vid y de cebada silvestre, indicio de que pudo emplearse para cocinar. Los alimentos cocinados facilitaron una digestión más eficiente y una mejor nutrición.

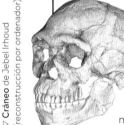

△ Fuego intencionado

c. 9500 a. C.
PRIMEROS CULTIVOS
En la región de Abu Hureyra (actual Siria) se domesticaron las primeras plantas y comenzó la agricultura. Sus habitantes practicaban la cría selectiva del centeno y la escanda (un tipo de trigo), gramíneas hasta entonces recolectadas en su forma silvestre. Se comían las semillas, pero guardaban una parte para plantarla en las proximidades de sus asentamientos.

▽ Escanda

c. 24 000 a. C.
BARRO COCIDO
La pequeña figurilla femenina conocida como Venus de Dolní Věstonice, hallada en una cueva de la República Checa, se encuentra entre los ejemplos de tecnología cerámica más antiguos del mundo. Está hecha de arcilla y hueso en polvo, y tiene la huella digital de un niño, que debió de cogerla antes de que fuera horneada.

▷ **Figurilla** femenina

24 000 A.C.

c. 18 000 a. C. Probable domesticación del lobo, siendo así lobos los primeros animales domesticados.

c. 18 000 a. C. Se fabrican las ollas más antiguas que se conocen, las de la cueva de Xianrendong en Jiangxi (China).

c. 14 000 a. C.
PUENTE TERRESTRE
Desde hace unos 70 millones de años, puentes de tierra emergidos en periodos de glaciación comunicaron Asia y América del Norte, y permitieron a mamíferos y dinosaurios pasar de un continente a otro. Hace unos 20 000 años, Beringia —el puente de tierra de paisaje helado— alcanzó su mayor extensión, y en 14 000 a. C. había ya humanos asentados en América del Norte. A lo largo de varios miles de años, los glaciares se fundieron y quedaron cubiertos por la subida del nivel del mar.

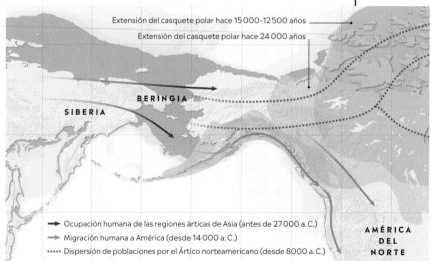

Extensión del casquete polar hace 15 000–12 500 años
Extensión del casquete polar hace 24 000 años
BERINGIA
SIBERIA
AMÉRICA DEL NORTE
△ Puente de tierra de Beringia

→ Ocupación humana de las regiones árticas de Asia (antes de 27 000 a. C.)
→ Migración humana a América (desde 14 000 a. C.)
···· Dispersión de poblaciones por el Ártico norteamericano (desde 8000 a. C.)

La última población de mamuts vivió en la isla de Wrangel, frente a la costa de Siberia.

c. 9000 a. C.
EXTINCIÓN DEL MAMUT

Los mamuts lanudos, cazados por los humanos en todo el norte de Eurasia durante milenios, se extinguieron en tierra firme. Su ámbito menguó con el ascenso de las temperaturas al final de la última glaciación, quedando solo algunas poblaciones insulares, extintas alrededor de 2000 a. C.

▷ **Mamut** (representación artística)

8000 a. C. La embarcación más antigua conservada, la canoa de Pesse, de los Países Bajos, se construyó vaciando un gran tronco de árbol.

7401 A. C.

8000 a. C. Las murallas y la torre construidos para proteger Jericó, en Oriente Medio, son el ejemplo más antiguo de la tecnología constructiva aplicada a fines militares.

△ **Ruinas** de Göbekli Tepe

c. 8500 a. C.
DOMESTICACIÓN DE ANIMALES

La domesticación y la posterior cría selectiva de animales para obtener rasgos deseados, como la docilidad, comenzó en Oriente Próximo. Se domesticaron muflones asiáticos (antepasado de las ovejas), cabras salvajes, uros (antepasados de los bovinos actuales) y jabalíes, que proporcionaban leche, carne y pieles, lo que contribuyó a la difusión del modo de vida agroganadero.

△ **Muflón** asiático

c. 9500 a. C.
TECNOLOGÍA CONSTRUCTIVA

La primera construcción monumental del mundo se alzó en Göbekli Tepe, en Anatolia central (Turquía). Era probablemente un templo, e incluye 20 recintos circulares de piedra y los megalitos más antiguos conocidos, enormes bloques de piedra tallada con útiles líticos.

c. 4500 a. C.
MEGALITOS

Pueblos del oeste y el noroeste de Europa comenzaron a erigir megalitos, grandes monumentos de piedra cuyo transporte y elevación requerían una experiencia ingenieril considerable. Los menhires de Carnac, en Francia, se consideran de los primeros. Los megalitos pudieron servir como tumbas, templos u observatorios astronómicos.

▷ **Menhires** neolíticos de Carnac

7400 A. C.

c. 6500 a. C. Se domestica el cebú, bovino jorobado, en el valle del Indo (Pakistán).

c. 5500 a. C. Los primeros canales de irrigación se construyen en Choga Mami (Irak) para llevar agua del Tigris a los campos.

c. 5000 a. C. Los indicios de fundición de cobre en escorias halladas en Belovode (Serbia) representan los verdaderos inicios de la metalurgia.

△ Yacimiento de Çatal Höyük, cerca de Konya (Turquía)

c. 7400 a. C.
PRIMEROS PUEBLOS Y CIUDADES

En Anatolia central (Turquía), un pueblo agrícola construyó Çatal Höyük, el primer asentamiento de tamaño considerable, y que marcó la transición en el desarrollo humano de la caza y la recolección a una práctica más extendida de la agricultura y la ganadería. Sus 8000 habitantes cultivaban trigo y guisantes, tenían ovejas y vacas, y vivían en apiñadas viviendas rectangulares de adobe.

c. 6000 a. C.
EL ARADO ROMANO

El arado romano se desarrolló y difundió rápidamente por el oeste y el sur de Asia. Formado básicamente por un gran azadón unido a un mango o mancera para dirigirlo, solía ser tirado por bueyes, y abría los surcos para la siembra. No removía la tierra, y seguía siendo necesario desbrozar a mano, pero aumentó mucho la eficiencia agrícola.

△ Arado romano

c. 3200 a. C.
INVENCIÓN DE LA RUEDA

Las ruedas en forma de discos circulares unidos por un eje permitieron transportar cargas mucho mayores de lo posible por medios manuales. La rueda más antigua conocida, de fresno con eje de roble, procede del pantano de Liubliana (Eslovenia); pero en una olla hecha en Polonia 400 años antes se representa lo que podría ser un carro con ruedas. No mucho después, la rueda aparece también en Mesopotamia.

△ Rueda de la Edad del Bronce en una excavación

3001 A. C.

c. **4000 a. C. Se establece el cultivo** de arroz en humedales en China.

▷ **Hacha**
de la Edad del
Bronce temprana

3500 a. C. **El desarrollo del torno de alfarero** en Mesopotamia conlleva el aumento de la cantidad y la calidad de la cerámica.

3100 a. C. **Aparecen las primeras embarcaciones** de vela (en lugar de remos) en el Nilo (Egipto).

c. 4500 a. C.
OBJETOS DE BRONCE

Los primeros objetos de bronce conocidos se fabricaron en Pločnik (Serbia), fundiendo cobre con estaño. El bronce, metal resistente, se producía en hornos con ventilación capaces de alcanzar temperaturas muy altas. Los metalúrgicos de Pločnik fabricaban adornos, pero los de Oriente Próximo (donde es probable que se desarrollara la técnica del bronce independientemente) produjeron armas duraderas.

△ **Tablilla de arcilla** con escritura cuneiforme

> «¿Qué clase de escriba es un escriba que no conozca el sumerio?»
>
> PROVERBIO SUMERIO

c. 3200 a. C.
SISTEMAS DE ESCRITURA

Los primeros sistemas de escritura completos se desarrollaron en Egipto (jeroglífica) y Sumeria (cuneiforme). Empleados en los inicios para registros administrativos y comerciales, pronto sirvieron para registrar las hazañas de los gobernantes, leyes, textos religiosos, poemas épicos e historias. Como soporte se usaba desde la arcilla y la piedra hasta el papiro, pieles de animales y luego el papel.

c. 2700 a. C.
MEDICINA CHINA

Según la leyenda, el antiguo emperador Shennong fundó la medicina china probando personalmente las propiedades medicinales de cientos de hierbas. A su sucesor Huangdi (también conocido como el Emperador amarillo) se le atribuye el manual de medicina china más antiguo, *Huangdi Neijing*, que rechazaba las explicaciones de la enfermedad por la influencia de demonios y proponía los factores dietéticos, de estilo de vida y otras influencias ambientales como causa de los desajustes corporales, que podían curarse mediante la acupuntura y los remedios herbales. Hoy siguen vigentes algunos aspectos de esta medicina tradicional china.

▷ **Emperador Shennong**

3000 A. C.

c. 3000 a. C. La fayenza (pasta hecha de sílice y cal molidos) se inventa en Egipto como recurso decorativo en joyería.

△ **Pirámide escalonada** de Zoser

c. 2680 a. C.
LA PRIMERA PIRÁMIDE

En Egipto, el arquitecto real Imhotep diseñó la pirámide escalonada de Saqqara como tumba para su señor. A los faraones anteriores se los había enterrado en mastabas, estructuras de ladrillo rectangulares de una sola planta. Al disponer seis mastabas de tamaño progresivamente menor una sobre otra, Imhotep creó una estructura escalonada en forma de pirámide. De 62 m de altura y rodeada por una muralla, fue el modelo para las grandes pirámides de Guiza.

Siglo XXVII **a. C.**
IMHOTEP

Chaty o primer magistrado del faraón egipcio Zoser, Imhotep fue escriba, arquitecto y médico, más tarde venerado como dios de la medicina. Sus muchos logros hicieron que se le acabara celebrando como el primer científico.

«Cosecha, Banquete de la gacela, Banquete del lechón, Banquete del ave ubi, Fiesta del tejido de Ninazu, Fiesta Ninazu, Akitu, Festival Shulgi, Fiesta del cielo.»

NOMBRES DE LOS MESES DEL CALENDARIO DE SHULGI (*c.* 2025 a. C.)

c. 2025 a. C.
CREACIÓN DEL CALENDARIO

El primer calendario conocido, el calendario de Shulgi, se creó en la ciudad mesopotámica de Ur. Era un calendario lunisolar de 12 meses de 29 o 30 días, con un mes intercalado cada pocos años para evitar el desajuste con las estaciones, y sirvió para regular las actividades agrícolas y religiosas.

◁ **Figura** de cobre de Shulgi

c. 2550 a. C. Se construye en Egipto la Gran Pirámide de Guiza con 2,3 millones de bloques de caliza.

c. 2500 a. C. Se desarrolla la técnica de la granulación del oro en Egipto.

2001 A. C.

c. 2500 a. C. Se crea el primer mapa conocido de un área específica; muestra parcelas de tierra entre dos colinas en Nuzi (Mesopotamia).

c. 2500 a. C. Se inventa el timón para barcos en Egipto.

△ **Los grandes baños** de Mohenjo-Daro

2600 a. C.
SUMINISTRO DE AGUA

Las ciudades de la civilización del valle del Indo de Mohenjo-Daro y Harappa (en el actual Pakistán) tuvieron los primeros sistemas de agua corriente y alcantarillado del mundo. Las casas, en calles dispuestas en damero, se proveían de agua en pozos, y la mayoría tenían baños y letrinas. Las aguas residuales discurrían por conductos de ladrillo hasta una alcantarilla principal que atravesaba la ciudad. En Mohenjo-Daro, los grandes baños tenían probablemente un papel en los rituales religiosos.

c. 2300 a. C.
PESOS Y MEDIDAS

Sargón de Acad, cuya conquista de las ciudades-estado de Mesopotamia llevó a la formación del primer imperio del mundo, impuso por primera vez un sistema estándar de pesos y medidas. Este se basaba en el *gur*, la longitud de un lado de un cubo estándar, y favoreció la seguridad del comercio por todo el ámbito del creciente imperio.

△ **Pesa** en forma de pato

▽ *Shaduf* en un jardín, pintado en la tumba de Ipuy

c. 2000 a. C.
TECNOLOGÍA DE RIEGO ANTIGUA

El *shaduf* o cigoñal, un ingenio destinado al riego o el uso doméstico, se inventó en la misma época en Mesopotamia y Egipto. De ingeniería sencilla pero eficaz, consistía en una vara larga montada sobre un pivote; en un extremo iba suspendido el cubo, y en el otro, un contrapeso. Al hacer descender el contrapeso, se elevaba el cubo lleno de agua. El *shaduf* permitía extraer agua fácilmente de ríos, zanjas o pozos, ahorrando bastante esfuerzo manual.

2000 A. C.

c. 1830 a. C. Los astrónomos babilonios comienzan a registrar sus observaciones del cielo.

c. 1800 a. C. La primera versión de lo que se conocerá como teorema de Pitágoras se formula en Babilonia.

c. 1825 a. C. Uno de los papiros de Lahun (Egipto) contiene la obra sobre ginecología más antigua del mundo.

c. 1800 a. C.
ESCRITURA ALFABÉTICA

Canteros semitas del desierto del Sinaí, en Egipto, inventaron la primera escritura alfabética del mundo, en la que cada símbolo representaba una letra, en lugar de una sílaba o palabra. Con unas 20 letras, cuyas formas se basaban en los jeroglíficos egipcios, alguna de sus versiones pudo influir en el desarrollo del alfabeto fenicio.

△ **Esfinge de arenisca** inscrita en una lengua semítica

c. 1800 a. C.
HIERRO Y ACERO

Los primeros objetos pequeños de hierro fundido se produjeron en Anatolia (Turquía), posiblemente entre los hititas. El elevado punto de fusión del hierro (de unos 1500 °C) dificultaba mucho su producción, y no fue de uso común hasta c. 1200 a. C. Más tarde, la adición de carbono durante la fundición permitió obtener una aleación aún más dura, el acero, que los romanos usaron para hacer las espadas de los legionarios.

△ **Espada de infantería** romana (*spatha*)

El papiro matemático Rhind tiene más de 5 m de longitud.

c. 1800–1650 a. C.
MATEMÁTICA BABILONIA

Los babilonios desarrollaron un sofisticado conocimiento de las matemáticas, tal como revelan más de 400 tablillas cuneiformes desenterradas por los arqueólogos. Empleando un sistema sexagesimal (basado en múltiplos de 6 y 60), los matemáticos compilaron tablas de multiplicar, desarrollaron reglas para calcular áreas y volúmenes de formas y sólidos regulares, y estimaron la raíz cuadrada de 2.

△ **Texto matemático** cuneiforme

c. 1650–1550 a. C.
ECUACIONES EGIPCIAS

El papiro Rhind es el tratado matemático más antiguo del mundo. Se ocupa de las ecuaciones de primer grado y del volumen de pirámides y cilindros. Obra del escriba Ahmes —el primer matemático de nombre conocido—, contiene las soluciones de 84 problemas matemáticos, que implican especialmente el uso de fracciones, más que el enunciado de axiomas o principios generales.

△ **Papiro matemático** Rhind

1651 A. C.

c. 1800 a. C.
FERMENTACIÓN Y CERVEZA

Los egipcios fueron los primeros en controlar la fermentación y producir cerveza a gran escala. La levadura —un organismo unicelular— añadida a la malta convertía los azúcares de esta en alcohol, dióxido de carbono y otras sustancias. La cerveza era un producto conocido (los sumerios tenían una diosa de la cerveza, Ninkasi, hacia 3000 a. C.), pero los egipcios la produjeron a una escala sin precedentes. Los trabajadores que construyeron las pirámides de Guiza tenían una ración de unos seis litros diarios, que bebían con pajitas de recipientes cerámicos comunitarios.

◁ **Escena de elaboración de cerveza** en una capilla funeraria

▷ **Tablilla cuneiforme** con observaciones de Venus

c. 1650 a. C.
LAS FASES DE VENUS

Los astrónomos babilonios comenzaron a compilar detalladas tablas de las fases de Venus durante el reinado de Ammi-Saduqa, en el siglo XVII a. C. Sus observaciones, que mostraban la hora de salida y puesta del planeta a lo largo de un periodo de 21 años, se conservan en tablillas cuneiformes del siglo VIII a. C.

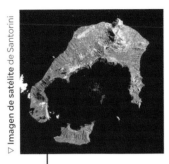

▷ **Imagen de satélite** de Santorini

c. 1600 a. C.
ERUPCIÓN DE TERA

Una enorme erupción volcánica destruyó el asentamiento minoico de Acrotiri, en la isla egea de Tera (actual Santorini). Produjo un tsunami que golpeó diversas partes del Mediterráneo oriental, y precipitó ceniza volcánica sobre toda la región. La erupción pudo causar una caída temporal de las temperaturas y contribuir al colapso de la civilización minoica.

c. 1500 a. C. Se produce peltre, aleación de estaño con cobre, antimonio y plomo, en Oriente Próximo.

1650 A. C.

1560 a. C. El papiro Ebers de Egipto contiene un gran número de conjuros y remedios herbales para males diversos, entre ellos la depresión, el dolor de muelas y enfermedades de los riñones.

c. 1600 a. C.
MANUAL QUIRÚRGICO

El tratado de cirugía más antiguo que se conserva se escribió en Egipto. Hoy conocido como papiro Edwin Smith, por su descubridor en el siglo XIX, describe 48 traumatismos, comenzando por heridas en la cabeza (con la primera referencia específica al cerebro) y descendiendo por el cuerpo hasta los dedos de los pies. Contiene descripciones detalladas de síntomas y tratamientos, entre ellos suturas, emplastos y la inmovilización del paciente.

◁ **Papiro** Edwin Smith

c. 1500 a. C.

RECIPIENTES DE VIDRIO

Los primeros recipientes de vidrio se hicieron en Egipto durante el reinado de Tutmosis I. Antes se habían producido pequeños objetos de vidrio fundiendo materiales vítreos como sílice y cuarzo a altas temperaturas. Más tarde, los vidrieros aprendieron a refundir trozos grandes y darles forma en moldes para obtener vasos y cuencos.

◁ **Botella de vidrio** egipcia

Para obtener un gramo de púrpura de Tiro se requerían más de 50 kg de cañadillas.

c. 1200 a. C. La babilonia Tapputi-Belatekallim elabora perfumes utilizando un alambique y disolventes diversos.

c. 1050 a. C. En la región de Biblos, los fenicios crean una escritura alfabética, antecesora de los alfabetos europeos modernos.

1001 A. C.

c. 1010 a. C. La Europa céltica produce las primeras ruedas con aro de hierro.

△ **Clepsidra de barro** egipcia inscrita con el nombre de Amenofis III

c. 1200 a. C.

TINTES TEXTILES

Los fenicios perfeccionaron el arte de teñir telas, y obtuvieron un tinte morado particular de las glándulas mucosas deshidratadas de las cañadillas, un molusco marino. Llamado púrpura de Tiro, era muy caro, exclusivo de élites tales como los emperadores romanos.

c. 1375 a. C.

RELOJ DE AGUA

La clepsidra o reloj de agua fue inventada en Egipto. Consistía en un recipiente con una determinada cantidad de agua que iba drenando a un ritmo constante a lo largo del día. La hora se leía midiendo el nivel del agua restante con respecto a una serie de marcas en el interior del recipiente.

▽ **Tintoreros** fenicios antiguos

▷ Dibujo del báculo de Asclepio

c. 900 a. C.
MEDICINA ANTIGUA

El médico griego Asclepio, que al parecer fue una figura histórica, empieza a ser divinizado. Como dios de la curación, inspiró el clan de los asclepíadas, que se decían conocedores de la medicina y construyeron templos en su nombre. Los médicos adoptaron su símbolo de la vara con dos serpientes enroscadas, que aún hoy es un emblema de la profesión médica.

c. 650 a. C.
VIDRIO INCOLORO

El primer manual sobre la producción del vidrio se escribió en Asiria. Más o menos por la misma época, los fenicios descubrieron cómo hacer vidrio incoloro, lo que aumentó el atractivo estético de los objetos de vidrio y la demanda de estos.

◁ **Alabastron** de vidrio

c. 800 a. C. Los Sulba Sutra indios contienen soluciones de problemas matemáticos prácticos como la raíz cuadrada de dos.

1000 A. C.

c. 900 a. C. Se descubre en China el proceso de producción del hierro fundido, pero no se generaliza hasta alrededor de 550 a. C.

El agua se vierte arriba

▷ **Tornillo** de Arquímedes

El eje central gira

La rotación hace ascender el agua

△ **Mapa del mundo** en una tablilla de barro babilonia

c. 700 a. C.
EL TORNILLO DE ARQUÍMEDES

Una inscripción del siglo VII a. C. indica que los asirios habían desarrollado un tipo de bomba de agua de tornillo. Esta consistía en un cilindro hueco que alojaba una espiral; al rotar esta, movía agua de la parte inferior del cilindro a la superior, por donde manaba. El ingenio fue descrito posteriormente por el matemático griego Arquímedes, quien vio uno en Egipto alrededor de 234 a. C.

c. 600 a. C.
CARTOGRAFÍA ANTIGUA

El mapa del mundo más antiguo que se conserva se plasmó en una tablilla de barro babilonia. No buscaba la precisión geográfica: mostraba Babilonia en el centro del mundo y las ciudades vecinas, así como un río en todo el perímetro.

c. 580 a. C.
FILOSOFÍA NATURAL

Tales, de la polis griega de Mileto (hoy en el oeste de Turquía), propuso que el agua es el principio u origen de todo lo que hay en el universo. Fue el primer filósofo en especular que los fenómenos del mundo tienen causas naturales, más que divinas, y se cuenta que predijo un eclipse. También formuló varios teoremas geométricos.

◁ Tales de Mileto

ELECTRICIDAD ESTÁTICA

Los materiales neutros son aquellos que tienen un número igual de cargas eléctricas positivas y negativas (protones y electrones, respectivamente). La electricidad estática se genera cuando hay un desequilibrio entre dichas cargas. Esto ocurre, por ejemplo, al frotar un material contra otro, lo cual deja un exceso de carga positiva en uno y un exceso de carga negativa en el otro. Las cargas desequilibradas permanecen en su lugar hasta que algo, como un chispazo eléctrico, las libera.

Truco del globo y la pared

Frotar un globo contra un jersey transfiere electrones a la superficie del globo. Adquirida la carga eléctrica, el globo atrae cargas positivas, haciendo que se pegue a la pared.

Pasan electrones del jersey al globo

La pared tiene una carga neutra

CARGA POR FRICCIÓN

El globo se pega a la pared

El globo con carga negativa atrae las cargas opuestas (positivas) de la pared

Los electrones de la pared son repelidos por los del globo

ATRACCIÓN

530 a. C. Eupalinos de Samos excava un túnel como acueducto a través de una colina en Samos.

c. 500 a. C. El filósofo griego Heráclito de Éfeso propone que el universo está en constante cambio.

530 a. C. El filósofo griego Pitágoras plantea su teoría sobre la relación entre la longitud de los lados de un triángulo rectángulo.

c. 500 a. C. Se publica el _Zhou Bi Suan-Jing_, el primer gran tratado matemático chino.

501 A. C.

c. 550 a. C.
EL ORIGEN DE LA MATERIA

El filósofo griego Anaximandro de Mileto propuso que el elemento fundamental del universo es el _ápeiron_, o «infinito», una sustancia que existió antes que ninguna otra. También formuló una teoría de la evolución, al especular que la humanidad se había formado a partir de animales marinos.

◁ **Anaximandro** en un mosaico romano

«Lo infinito es la causa universal de la generación y destrucción del universo.»

ANAXIMANDRO DE MILETO (_c._ 550 a. C.)

△ **Las cuatro raíces** de Empédocles

c. 450 a. C.
LAS CUATRO RAÍCES

El filósofo griego Empédocles de Agrigento fue el primero en proponer la teoría de que todo en la naturaleza se compone de cuatro raíces (elementos) —tierra, aire, fuego y agua— y dos fuerzas o principios básicos: amor y odio. Rechazó la idea de la imposibilidad del cambio de Parménides, y propuso que la interacción entre raíces y fuerzas causaba el cambio en el universo.

c. 420 a. C.
EL CONCEPTO DEL ÁTOMO

El filósofo griego Demócrito de Abdera desarrolló la idea de que el universo se compone de un número infinito de objetos minúsculos que no pueden dividirse ni modificarse. Llamó a estas partículas átomos («sin corte», o «indivisibles»), y creía que sus distintas formas determinaban el tipo de materia que formaban.

c. 400 a. C. El filósofo griego Filolao de Crotona sugiere que la Tierra no se halla en el centro del cosmos, sino que viaja (con los otros planetas y el Sol) alrededor de un «fuego central».

500 A. C.

c. 480 a. C. Parménides de Elea, filósofo griego, enseña que el cambio es una imposibilidad lógica.

△ **Demócrito**

c. 400 a. C.
HUMORES CORPORALES

El médico griego Hipócrates de Cos creía que el cuerpo tenía cuatro sustancias o humores fundamentales —sangre, flema, bilis amarilla y bilis negra— y que los desequilibrios entre ellos eran la causa de la enfermedad. Él y sus discípulos prescribían dietas, ejercicios y fármacos para devolver el equilibrio a los humores. Así, por ejemplo, recomendaban baños fríos para aumentar la flema y combatir la fiebre, debida a la bilis amarilla. Los cuatro humores se vincularon más tarde a cuatro temperamentos.

△ Representación de la melancolía, asociada a la bilis negra

«Cuando la flema separa las venas del aire y les impide acogerlo, el hombre pierde el habla y el entendimiento, y las manos se vuelven impotentes.»

HIPÓCRATES DE COS, *SOBRE LA ENFERMEDAD SAGRADA* (c. 400 a. C.)

◁ **Esferas** celestes

c. 375 a. C.
ESFERAS CELESTES

El astrónomo griego Eudoxo de Cnido desarrolló una teoría de las esferas celestes para explicar la irregularidad observada en el movimiento de algunos planetas. En su sistema, la Tierra ocupa el centro del universo, y el Sol, la Luna, los otros cinco planetas (los griegos conocían solo Venus, Mercurio, Marte, Saturno y Júpiter) y las estrellas giraban en distintas esferas homocéntricas a su alrededor. Las estrellas se situaban en la última esfera celeste, la 27ª.

Eudoxo de Cnido creía que había 27 esferas celestes.

c. 360 a. C. El astrónomo griego Heráclides Póntico sostiene que la Tierra rota sobre su eje una vez al día.

c. 385 a. C. La teoría de la armonía de Arquitas de Tarento (en la actual Italia) establece la relación entre el tono de una nota y la longitud de la cuerda o el tubo que la produce.

△ **El tetraedro** tiene cuatro caras triangulares.

△ **El cubo** tiene seis caras cuadradas.

△ **El octaedro** tiene ocho caras triangulares.

△ **El dodecaedro** tiene 12 caras pentagonales.

△ **El icosaedro** tiene 20 caras triangulares.

428–347 a. C.
PLATÓN

Discípulo de Sócrates, Platón fundó una escuela de filosofía en Atenas: la Academia. En su filosofía, las formas ideales se consideran reflejadas en equivalentes terrenales inferiores.

c. 360 a. C.
SÓLIDOS PLATÓNICOS

El filósofo griego Platón desarrolló la idea de que toda la materia estaba compuesta por cinco poliedros regulares. Relacionó esta con la teoría tradicional de los cuatro elementos, asociando el tetraedro al fuego, el octaedro al aire, el icosaedro al agua, el hexaedro (o cubo) a la tierra y el dodecaedro al universo (con sus 12 caras vinculadas a las 12 constelaciones). Platón creía que distintas combinaciones de los poliedros creaban los distintos elementos.

Los sólidos de Platón
Las caras de los cinco sólidos platónicos son formas regulares (triángulos, cuadrados o pentágonos). Platón veía en esta simetría un fundamento del universo.

▷ *Octopus vulgaris*

c. 350–322 a. C.
SISTEMA ZOOLÓGICO

El filósofo griego Aristóteles fue un pionero de la zoología. En *Historia de los animales*, describió la estructura y el comportamiento de más de 500 animales, trató de identificar los rasgos comunes entre especies y las dividió en dos grupos: con sangre y sin sangre. Muchas de sus descripciones, como la de los pulpos de Lesbos, procedían de la observación directa.

350 A. C.

c. 350–322 a. C.
LOS LOGROS DE ARISTÓTELES

Aristóteles fue uno de los pensadores más importantes de todos los tiempos, y tuvo un papel clave en el desarrollo del método científico (abajo). En la *Metafísica*, examinó la diferencia entre la sustancia y la esencia de las cosas; y en la *Mecánica*, fundó la ciencia del movimiento, y propuso que un objeto caería infinitamente en el vacío. Propuso que cambios geológicos como la formación de montañas tienen lugar a lo largo de vastos periodos de tiempo, y se lo reconoce como el primer biólogo sistemático.

▷ Aristóteles

EL MÉTODO CIENTÍFICO

El filósofo griego Aristóteles adoptó un enfoque racional ante el mundo natural, empleando determinados modos de razonar. Sostenía que las inferencias obtenidas de observaciones pueden dar lugar a principios generales, y que las deducciones de tales principios sirven como referencia para nuevas observaciones. Hasta hoy, los científicos aplican a la comprensión del universo un enfoque sistemático y lógico, basado en un corpus de conocimiento acumulado. El método científico (como se lo llamó en el siglo xx) comienza con la observación y la predicción sistemáticas, para luego llevar a cabo experimentos que ponen a prueba las hipótesis y teorías.

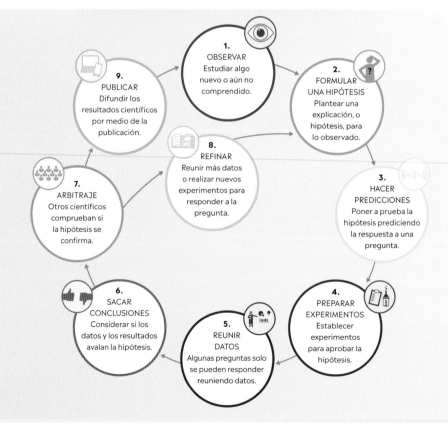

1. OBSERVAR Estudiar algo nuevo o aún no comprendido.

2. FORMULAR UNA HIPÓTESIS Plantear una explicación, o hipótesis, para lo observado.

3. HACER PREDICCIONES Poner a prueba la hipótesis prediciendo la respuesta a una pregunta.

4. PREPARAR EXPERIMENTOS Establecer experimentos para aprobar la hipótesis.

5. REUNIR DATOS Algunas preguntas solo se pueden responder reuniendo datos.

6. SACAR CONCLUSIONES Considerar si los datos y los resultados avalan la hipótesis.

7. ARBITRAJE Otros científicos comprueban si la hipótesis se confirma.

8. REFINAR Reunir más datos o realizar nuevos experimentos para responder a la pregunta.

9. PUBLICAR Difundir los resultados científicos por medio de la publicación.

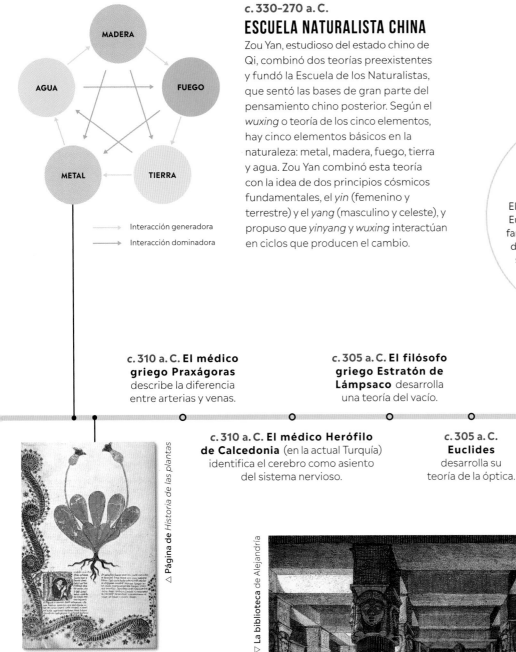

Interacción generadora
Interacción dominadora

c. 330–270 a. C.
ESCUELA NATURALISTA CHINA

Zou Yan, estudioso del estado chino de Qi, combinó dos teorías preexistentes y fundó la Escuela de los Naturalistas, que sentó las bases de gran parte del pensamiento chino posterior. Según el *wuxing* o teoría de los cinco elementos, hay cinco elementos básicos en la naturaleza: metal, madera, fuego, tierra y agua. Zou Yan combinó esta teoría con la idea de dos principios cósmicos fundamentales, el *yin* (femenino y terrestre) y el *yang* (masculino y celeste), y propuso que *yinyang* y *wuxing* interactúan en ciclos que producen el cambio.

c. 325–265 a. C.
EUCLIDES DE ALEJANDRÍA

El matemático y científico griego Euclides enseñó en Alejandría. Es famoso sobre todo por su tratado de geometría *(Elementos)* y por sus importantes aportaciones a la óptica y la astronomía.

c. 310 a. C. El médico griego Praxágoras describe la diferencia entre arterias y venas.

c. 305 a. C. El filósofo griego Estratón de Lámpsaco desarrolla una teoría del vacío.

301 A. C.

c. 310 a. C. El médico Herófilo de Calcedonia (en la actual Turquía) identifica el cerebro como asiento del sistema nervioso.

c. 305 a. C. Euclides desarrolla su teoría de la óptica.

△ **Página de** *Historia de las plantas*

c. 325–287 a. C.
CLASIFICACIÓN ANTIGUA

Al frente del Liceo, la escuela fundada por Aristóteles en Atenas, Teofrasto escribió la *Historia de las plantas*, que contenía el primer sistema de clasificación coherente para plantas y minerales. Clasificó las plantas en función del tamaño, los usos prácticos y el modo de reproducción, y las dividió en seis grandes grupos: árboles, dos tipos de arbustos, herbáceas, plantas que dan frutos y las que producen gomas y resinas.

▽ **La biblioteca** de Alejandría

c. 301 a. C.
LA BIBLIOTECA DE ALEJANDRÍA

El faraón Tolomeo I de Egipto y su sucesor Tolomeo II fundaron la Biblioteca de Alejandría, que albergó cientos de miles de rollos de manuscritos preciosos. Sus directores, entre los que se encontraba el geógrafo y astrónomo Eratóstenes de Cirene, fueron estudiosos destacados, y el Museion, el centro de investigación del que formaba parte, fue una de las instituciones más importantes del saber del mundo antiguo.

c. 300 a. C.
LAS MAREAS

El navegante griego Piteas hizo un viaje por el Atlántico en el que pasó por Land's End (Cornualles, Inglaterra) y llegó hasta Thule (posiblemente Islandia). Fue el primero en considerar que la Luna tenía un efecto sobre las mareas, y observó cómo los días de verano eran más largos cuanto más al norte viajaba.

△ La trirreme de Piteas

300 A. C.

c. 250 a. C. Ctesibio de Alejandría (Egipto) desarrolla la bomba que lleva su nombre, una bomba de dos cámaras con pistones.

c. 250 a. C. El médico griego Erasístrato emplea la disección para estudiar la anatomía del sistema nervioso y distingue entre nervios sensores y motores.

c. 240 a. C. Se inventa en Alejandría (Egipto) el molino de rueda hidráulica vertical.

c. 250 a. C.
ESTÁTICA E HIDROSTÁTICA

El trabajo del matemático griego Arquímedes fue pionero en la estática (la ciencia de los cuerpos en reposo) y la hidrostática (el estudio de los líquidos). Halló un modo de calcular la densidad de un objeto (supuestamente, una corona de oro), al comprobar que este, al sumergirse en agua, desplazaba una cantidad de esta equivalente a su propio volumen; e inventó un sistema de poleas o polipasto capaz de levantar un barco.

c. 250 a. C.
CÍRCULOS Y ESFERAS

En *Sobre la medida del círculo*, Arquímedes presentó métodos para calcular el área y la circunferencia de un círculo, usando la constante pi (π). También analizaba las secciones cónicas, las poleas y el principio del centro de gravedad. Fue asesinado alrededor de 212 a. C. a manos de un soldado romano, cuya orden ignoró, absorto en su trabajo.

△ Arquímedes trabajando

△ Arquímedes

«No molestes mis círculos.»

SUPUESTAS ÚLTIMAS PALABRAS DE ARQUÍMEDES AL SOLDADO ROMANO A PUNTO DE MATARLE (c. 212 a. C.)

c. 250 a. C.

LA CIRCULACIÓN DE LA SANGRE

El médico griego Erasístrato de Cos fue de los primeros en formular una teoría de la circulación de la sangre. Comprendió que el corazón actuaba como una bomba a la que se conectaban las venas y arterias. Propuso que la sangre circulaba por las venas y (erróneamente) que el *pneuma* (aire, espíritu o «fuerza vital») circulaba por las arterias. Alcanzó pronto la fama en su carrera, al identificar como psicosomático el mal crónico que sufría Antíoco, hijo del rey seléucida Nicátor I.

◁ **Antíoco enfermo** atendido por Erasístrato, obra de Jacques-Louis David

193 a. C. Se construye en Roma el primer gran edificio de hormigón, Porticus Aemilia.

161 A. C.

c. 210 a. C. Apolonio de Perga (en la actual Turquía) describe las propiedades de las secciones cónicas.

200 a. C. Textos chinos describen una piedra de imán que puede servir para crear una brújula.

160 a. C. El astrónomo griego Hiparco de Nicea describe la precesión de los equinoccios.

△ *Eratóstenes enseñando en Alejandría,* de Bernardo Strozzi

c. 240 a. C.

EL TAMAÑO DE LA TIERRA

El astrónomo griego Eratóstenes de Cirene realizó el primer cálculo preciso de la circunferencia de la Tierra. Para ello observó la diferencia del ángulo de incidencia de la luz solar en Alejandría y Siena (recuadro, dcha.).

EL MÉTODO DE ERATÓSTENES

Eratóstenes comprendía que la Tierra era esférica, y no plana, y pudo estimar su circunferencia a partir de mediciones tomadas en las ciudades de Siena (actual Asuán) y Alejandría, en Egipto. Sabía que, durante el solsticio de verano, el sol se alineaba perfectamente con un pozo en Siena. Ese mismo día, calculó el ángulo de los rayos de sol a partir de la sombra proyectada por una columna de Alejandría. Midiendo la distancia entre Siena y Alejandría (contando minuciosamente los pasos), pudo calcular la circunferencia de la Tierra en 250 000 estadios, o 39 250 km, una cifra extraordinariamente próxima a la hoy aceptada de 40 075 km.

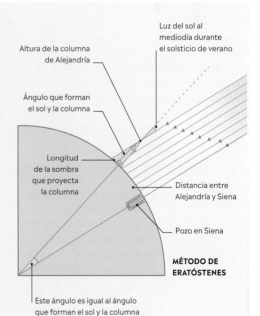

Altura de la columna de Alejandría

Luz del sol al mediodía durante el solsticio de verano

Ángulo que forman el sol y la columna

Longitud de la sombra que proyecta la columna

Distancia entre Alejandría y Siena

Pozo en Siena

MÉTODO DE ERATÓSTENES

Este ángulo es igual al ángulo que forman el sol y la columna

c. 150 a. C.
LA DISTANCIA DE LA LUNA

Con un ingenioso método, el astrónomo griego Hiparco de Nicea obtuvo la primera estimación precisa de la distancia entre la Tierra y la Luna. Contó con dos personas observando un eclipse en latitudes diferentes, cerca del Helesponto (en la actual Turquía) y en Alejandría (Egipto). Cuando el Sol estaba eclipsado por completo en el Helesponto, aún era visible un reborde en Alejandría. La cantidad (o ángulo) de Sol visible y la trigonometría permitieron a Hiparco calcular la distancia en 77 veces el radio de la Tierra.

◁ **Hiparco** representado en un grabado

c. 90 a. C. Posidonio de Apamea (en la actual Siria) usa la posición relativa de la estrella Canopo en Alejandría y Rodas para tratar de calcular el tamaño de la Tierra.

160 A. C.

◁ **Hiparco** observando las estrellas

134 a. C.
MAPA ESTELAR

Se cuenta que la aparición de una nueva estrella (probablemente una supernova o cometa) en la constelación de Escorpio inspiró a Hiparco a crear el primer catálogo estelar exhaustivo. Este contenía la situación de 850 estrellas con arreglo a un sistema de latitud y longitud, dispuestas en 46 constelaciones, junto con su magnitud (su brillo vistas desde la Tierra). Compilado a lo largo de décadas de observaciones, la versión original se perdió, pero el texto fue transmitido y luego mejorado por el astrónomo del siglo I d.C. Tolomeo de Alejandría.

◁ **Mecanismo** de Anticitera

c. 100 a. C.
EL MECANISMO DE ANTICITERA

Recuperado en 1901 de un pecio hallado cerca de una isla griega, el mecanismo de Anticitera es un ingenio de cálculo antiguo. Aunque muy deteriorado, se conserva un tercio del aparato. Las modernas reconstrucciones informáticas indican que los 30 engranajes de bronce conservados servían para calcular eclipses y los movimientos de la Luna y otros cuerpos celestes. Es un testimonio único de la sofisticación de la astronomía y la ingeniería griegas.

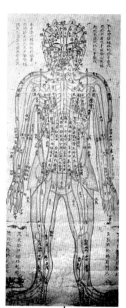

c. 90 a. C.
ACUPUNTURA

La primera referencia escrita al empleo de agujas en la acupuntura aparece en el *Shiji (Memorias históricas)* de Sima Qian. La inserción de agujas en puntos de presión clave para controlar el *qi* o fuerza vital del paciente se convirtió en un componente esencial de la práctica médica china.

◁ **Tabla** de acupuntura china

La medicina tradicional china reconoce 361 puntos de acupuntura.

c. 60 a. C.
UNA NUEVA TEORÍA DE LA SALUD

El médico griego Asclepíades de Bitinia rechazó la teoría de los humores y sostuvo que por el cuerpo fluían partículas invisibles (semejantes a los átomos de Demócrito) que al verse perturbadas causaban enfermedades. Para restaurar su circulación adecuada prescribía dieta, masajes y ejercicio.

c. 50 a. C. **Se inventa el soplado** de vidrio con un tubo largo en Siria.

c. 40 a. C. **El romano Marco Terencio Varrón** identifica el vínculo entre el agua estancada y la malaria.

1 A. C.

△ **Asclepíades** de Bitinia

45 a. C. **Se introduce** el calendario juliano.

c. 15 a. C. **El arquitecto romano Vitruvio** escribe *De architectura.*

44 a. C.
CIELOS OSCUROS

Una gran erupción del volcán Etna, en Sicilia, lanzó ceniza a la atmósfera, bloqueó parcialmente el sol y causó una caída general de las temperaturas. En Italia murieron muchos árboles por las heladas; en Egipto no llegó la crecida del Nilo, causando una gran hambruna en 43–41 a. C.; y se registraron malas cosechas tan lejos como en China. A la erupción del volcán se atribuyeron fenómenos como un cometa rojo y tres soles en el cielo. El cambio climático afectó a la producción de alimentos, causó un aumento de la enfermedad y pudo contribuir a la inestabilidad política que desató la guerra civil en Italia.

▷ **Ríos de lava** en la ladera del Etna

c. 50-70
LA FARMACOPEA DE DIOSCÓRIDES

Pedanio Dioscórides, médico griego del ejército romano, pasó unos 20 años compilando *De materia medica*, exhaustiva farmacopea que describe los usos medicinales de cientos de hierbas y plantas. Fue un texto fundamental sobre la identificación y las propiedades de las plantas hasta el siglo XIX.

▷ *De materia medica,* página de una edición del siglo IX

78-139
ZHANG HENG
El polímata chino Zhang Heng sirvió en la corte imperial de la dinastía Han en Nanyang. Además de trabajar como astrónomo real, fue famoso como ingeniero e inventor, y también fue un poeta notable.

Siglo I El médico indio Charaka compila el *Charaka Samhita,* compendio de medicina ayurvédica.

77 El historiador romano Plinio el Viejo publica los primeros libros de su *Historia natural* en 37 volúmenes.

1 d. C.

c. **25-50 El estudioso romano Aulo Cornelio Celso** escribe *De medicina,* tratado enciclopédico del conocimiento médico.

c. 40-70
MÁQUINA DE VAPOR

El ingeniero griego Herón de Alejandría escribió varios tratados sobre mecánica, física y matemáticas, basados en la observación y en los resultados de sus experimentos. A lo largo de su carrera, Herón inventó un gran número de ingenios, entre ellos la eolípila o «motor de Herón», en el que una esfera de latón rota movida por la fuerza del vapor, en el primer ejemplo de máquina de vapor conocido.

◁ **Eolípila de Herón** (reconstrucción)

△ **Cai Lun,** inventor del proceso de fabricación del papel

105
INVENCIÓN DEL PAPEL

Según la tradición, Cai Lun, eunuco de la corte imperial china, inventó el proceso de fabricación del papel en el año 105. Probablemente existían ya formas primitivas del papel, pero Cai Lun introdujo el uso de bambú, cáñamo, trapos, redes de pesca y corteza de árbol macerados y reducidos a pulpa para obtener una superficie lisa.

169
LA ANATOMÍA DE GALENO

En 169, el emperador Marco Aurelio nombró médico personal al cirujano más famoso de Roma, Claudio Galeno. Por su larga experiencia quirúrgica, tenía un conocimiento cabal de la anatomía humana y la ciencia médica. Su obra, basada en la teoría de los cuatro humores, fue influyente hasta bien entrado el siglo XV.

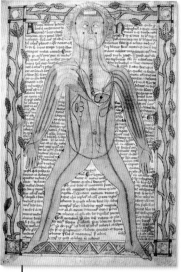

△ El sistema circulatorio según Galeno

132
EL PRIMER SISMÓMETRO

Zhang Heng inventó el sismómetro, un ingenio capaz de detectar terremotos incluso lejanos e indicar la dirección de su origen. En forma de urna, contenía un péndulo sensible, que al verse perturbado depositaba una bola metálica en uno de ocho receptáculos en forma de rana.

△ Sismómetro de Zhang Heng (reconstrucción)

c. 105–135 Los médicos griegos
Areteo de Capadocia y Rufo y Sorano de Éfeso escriben tratados de referencia sobre anatomía y patología.

199

c. 120 El científico chino Zhang Heng concluye, tras la observación de eclipses, que la Luna refleja la luz del Sol.

185 Astrónomos chinos registran la observación de una «estrella invitada», más tarde identificada como supernova.

El *Almagesto* de Tolomeo cataloga más de mil estrellas y 48 constelaciones.

△ El universo geocéntrico de Tolomeo, grabado del siglo XVII

c. 150
UN UNIVERSO GEOCÉNTRICO

El *Almagesto* explica las observaciones astronómicas a partir de las cuales Tolomeo de Alejandría elaboró su teoría de los movimientos de los cuerpos celestes. Esta se basaba en gran medida en la idea de las esferas celestes, y Tolomeo empleó las matemáticas para crear un modelo de Sistema Solar geocéntrico, con una Tierra inmóvil en el centro.

▽ Diagrama de *Los nueve capítulos sobre el arte matemático*

c. 200
UN ENFOQUE MATEMÁTICO CHINO

Los nueve capítulos sobre el arte matemático, compilación del trabajo de generaciones de estudiosos chinos del siglo X a. C. en adelante, se completó alrededor del año 200 d. C. Presentaba problemas matemáticos junto con soluciones y metodologías, y tenía por tanto un enfoque más práctico que el de la matemática griega, más teórica.

c. 300
CONTROL NATURAL DE PLAGAS

A inicios del siglo IV, en los huertos de cítricos de China, los agricultores descubrieron una nueva manera de proteger sus cultivos de insectos herbívoros: las hormigas tejedoras o verdes son depredadoras de tales plagas, y se favorecía su presencia en los árboles para controlarlas de modo natural.

△ **Hormigas tejedoras** (*Oecophylla smaragdina*)

263 En China, Liu Hui escribe *Haidao Suanjing* (*Manual matemático de la isla del mar*), comentario sobre *Los nueve capítulos sobre el arte matemático.*

c. 300 En *Sun Zi Suanjing*, el matemático chino Sun Zi da instrucciones para la numeración con varillas.

200

c. 200 En el manuscrito Bajshali, los matemáticos indios emplean un punto simple como marcador, precedente del símbolo del cero.

c. 300 El alquimista griego Zósimo describe por primera vez el arsénico en su compendio de los escritos de alquimistas egipcios antiguos.

▽ Libro VI de la *Arithmetica* de Diofanto, edición del siglo XVII

c. 250
SURGE EL ÁLGEBRA

El matemático griego Diofanto de Alejandría escribió una serie de libros bajo el título colectivo de *Arithmetica,* de los que solo se conservan seis. Contienen una colección de unos 130 problemas resueltos por medio de ecuaciones, que introducen un innovador sistema para la notación de cantidades desconocidas que constituyen los cimientos del álgebra.

Fermat anotó su «último teorema» en el margen de una copia de la *Arithmetica* de Diofanto.

△ *Las siete artes liberales,* de
Giovanni di Ser Giovanni (c. 1460)

c. 410–420
SIETE DISCIPLINAS

En *Las nupcias de Mercurio con Filología*, Marciano Capella distinguía siete artes liberales: gramática, dialéctica, retórica, geometría, aritmética, astronomía y música. En la parte dedicada a la astronomía, describe un modelo geocéntrico del universo en el que el Sol y tres planetas orbitan alrededor de la Tierra, pero Mercurio y Venus orbitan alrededor del Sol.

c. 309 Chen Zhuo recopila la obra de astrónomos chinos anteriores en un sistema unificado en un catálogo de casi 1500 estrellas.

c. 475 El matemático chino Zu Chongzi escribe *Zhui Shu (Método de interpolación)*, en el que calcula π con siete decimales (3,1415926).

499

346 Matemáticos indios usan por primera vez un sistema decimal para la aritmética.

Antes de 499
CALENDARIO MAYA

En el siglo v, los astrónomos mayas habían desarrollado un sistema calendárico que combinaba ciclos o cuentas de distinta duración: el Tzolkin, o cuenta de los días, era un calendario sagrado de 20 meses de 13 días que cubría un periodo de 260 días; el Haab, el ciclo solar, era un ciclo de 18 meses de 20 días, más 5 días sin nombre para completar un año de 365 días. La combinación de estas cuentas permitía identificar cualquier día en un periodo de 52 años. Los aztecas adoptaron un sistema similar.

▷ Calendario de piedra azteca

c. 510
LA LUZ DE LA LUNA

El matemático y astrónomo indio Aryabhata presentó varias ideas innovadoras en su gran obra *Aryabhatiya*. Una de sus propuestas más controvertidas, mayormente rechazada por los astrónomos de su época, fue la teoría de que la Tierra rota sobre su eje, siendo esta la causa del ciclo del día y la noche. También propuso que la Luna, y otros planetas que brillan en el cielo nocturno, no tienen luz propia, sino que reflejan la luz del Sol.

◁ **La Luna** reflejando la luz solar

El *Brahmasphutasiddhanta* se escribió en verso en sánscrito, sin notación matemática alguna.

c. 560 Alejandro de Trales (hoy Aydin, en Turquía) escribe los *Doce libros de medicina*, que incluyen descripciones de trastornos psíquicos como la melancolía.

610 El médico chino Chao Yuanfang compila un amplio tratado médico sobre muchas enfermedades, entre ellas la viruela.

500

c. 520 La teoría del ímpetu del filósofo griego bizantino Juan Filópono, similar al concepto de inercia, rompe con el pensamiento aristotélico.

Siglo VI En el *Brihat Samhita*, el astrónomo indio Varahamihira describe la aparición periódica de cometas.

542
LA PESTE BUBÓNICA

La peste bubónica se propagó por el Imperio bizantino a inicios del siglo VI y llegó a la capital, Constantinopla, en 542. El historiador romano Procopio registró el brote y detalló síntomas como las bubas (ganglios linfáticos hinchados) en ingles, axilas y cuello.

△ **Ilustración medieval** de la peste bubónica

△ **Ábaco** chino

c. 570
CÁLCULOS ARITMÉTICOS

Uno de los muchos comentarios sobre el tratado matemático chino del siglo II *Los nueve capítulos sobre el arte matemático* identificaba 14 métodos diferentes de cálculo aritmético, entre ellos, la primera descripción conocida del cálculo con ábaco, que solo se había mencionado de pasada en textos anteriores.

△ **Página** del *Brahmasphutasiddhanta*

628
EL CERO Y LOS NÚMEROS NEGATIVOS

En el *Brahmasphutasiddhanta*, revisión de un texto tradicional indio sobre astronomía y matemáticas, el matemático indio Brahmagupta aportó sus propias ideas sobre álgebra y geometría y, sobre todo, expuso por primera vez reglas para cálculos que emplean un símbolo para el cero y también números negativos. También se considera a Brahmagupta el primero en describir la gravedad como una fuerza de atracción.

c. 660 El médico griego Pablo de Egina compila el *Epítome de medicina* a partir de fuentes anteriores, entre ellas Galeno, pero también describe técnicas médicas nuevas como la cauterización.

c. 725 Un riguroso estudio astronómico dirigido por Yi Xing lleva a la reforma del calendario chino.

c. 725 **El monje inglés Beda** escribe el influyente tratado *De temporum ratione* (*Sobre el cómputo del tiempo*).

△ Cometa y su cola

672/3-735
BEDA
El erudito Beda, monje del reino inglés de Northumbria, es conocido sobre todo por su *Historia eclesiástica del pueblo inglés*, pero también aplicó su conocimiento de la astronomía a refinar el calendario.

635
COLAS DE COMETAS

A partir de sus observaciones, los astrónomos chinos llegan a la conclusión de que no es la dirección en la que se desplazan los cometas la que determina la de la cola, sino que esta señala siempre en dirección contraria al Sol. Posteriormente se descubrió que estas colas consisten en gas y polvo liberado del núcleo del cometa por la radiación solar.

▷ **Astrolabio**
andalusí del siglo XI

c. 750
EL ASTROLABIO

El astrolabio, desarrollado en la Grecia helenística, fue una ayuda inestimable para los cálculos astronómicos. Fue adoptado con entusiasmo por los astrónomos islámicos, quienes refinaron el diseño. El primer tratado islámico sobre el astrolabio lo escribió Ibrahim al-Fazari en Bagdad a mediados del siglo VIII.

▷ Yabir ibn Hayyan (Geber)

c. 770-799
CLASIFICACIÓN DE SUSTANCIAS

Yabir ibn Hayyan, conocido también por su nombre latino Geber, es considerado el padre de la química árabe, y se le atribuyen numerosos tratados de alquimia. Dichos textos incluyen teorías sobre la clasificación de las sustancias en, por ejemplo, metales y no metales, y la distinción entre ácidos y álcalis y sus respectivas propiedades (abajo).

c. 770 Al-Asmai, estudioso de la escuela de Basora (Irak), inicia los estudios islámicos de zoología y anatomía animal.

c. 810 Se funda en Bagdad la Bayt al-Hikmah o «Casa del Saber», biblioteca pública y academia.

750

762 Se funda Bagdad, la primera ciudad islámica planificada, que pronto se convierte en un centro de erudición e investigación científica.

805 Jabril ibn Bujtishu sucede a su abuelo Jurjis como médico de la corte de Al-Mansur y funda el primer hospital de Bagdad.

ÁCIDOS Y BASES

Las sustancias capaces de ceder iones de hidrógeno (H+) se llaman ácidos, mientras que las que los toman se llaman bases (o álcalis). Ácidos y bases reaccionan neutralizándose entre sí, y producen agua y una sal. Son ácidos comunes, por ejemplo, el zumo de limón y el vinagre, y bases, el bicarbonato y la lejía. Ácidos y bases se detectan usando indicadores (como el papel tornasol), y su fuerza se representa por la escala de pH.

La escala de pH
La fuerza relativa (acidez o alcalinidad) se muestra en la escala de pH, que indica la concentración de iones de hidrógeno en una solución. Va de 0 (la más ácida) a 14 (la más alcalina).

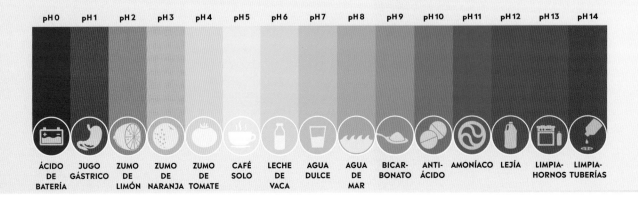

pH 0	pH 1	pH 2	pH 3	pH 4	pH 5	pH 6	pH 7	pH 8	pH 9	pH 10	pH 11	pH 12	pH 13	pH 14
ÁCIDO DE BATERÍA	JUGO GÁSTRICO	ZUMO DE LIMÓN	ZUMO DE NARANJA	ZUMO DE TOMATE	CAFÉ SOLO	LECHE DE VACA	AGUA DULCE	AGUA DE MAR	BICAR-BONATO	ANTI-ÁCIDO	AMONÍACO	LEJÍA	LIMPIA-HORNOS	LIMPIA-TUBERÍAS

△ El *Sutra del diamante* chino

c. 890
DESTILACIÓN DE ALCOHOL

El polímata y médico persa Al-Razi, conocido también por su nombre latino Rhazes, fue un firme defensor de la ciencia experimental. En el curso de sus experimentos, perfeccionó una técnica para destilar alcohol a partir del vino usando un alambique: el vino se calentaba en este recipiente, los vapores del vino se condensaban en el caño del alambique, y luego se recogía la destilación resultante, el alcohol (del árabe *al kuhl*, «esencia»).

868
LIBROS IMPRESOS

El libro impreso más antiguo conocido, una edición china del *Sutra del diamante*, texto budista traducido del sánscrito, se descubrió en China en 1907. Fechado el 11 de mayo de 868, probablemente no es el primer libro impreso de su clase, pues la calidad de la impresión sugiere cierta experiencia en la técnica xilográfica, pero sí es el más antiguo conservado.

◁ **Alambique árabe** antiguo

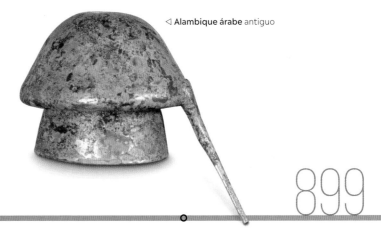

c. 820-845 En la Casa del Saber, Al-Kindi traduce y comenta textos griegos e indios y escribe sobre diversos temas científicos.

c. 855 Alquimistas chinos describen el descubrimiento de la pólvora, mezcla de azufre, carbón y nitrato potásico.

876 Matemáticos indios emplean por primera vez un símbolo específico para el cero, en lugar de un mero espacio o punto.

899

▽ *Álgebra* de Al-Juarismi

«No debe avergonzarnos reconocer y adoptar la verdad, venga de la fuente que venga.»

AL-KINDI, *SOBRE LA FILOSOFÍA PRIMERA* (c. 840)

c. 830
CÁLCULO ALGEBRAICO

Entre los estudiosos de la Casa del Saber de Bagdad estaba el polímata persa Al-Juarismi, cuyo *Compendio de cálculo por reintegración y comparación* fue un texto fundacional de la disciplina emergente del álgebra. Allí explica el método para resolver ecuaciones de primer y segundo grado, completando o balanceando los lados de una ecuación. El nombre actual de la disciplina, álgebra, procede del árabe *al-jabr* (reintegración o compleción) del título del tratado.

c. 900-925
DUDAS SOBRE GALENO

Notable en muchas disciplinas científicas, el estudioso persa Al-Razi fue el médico más destacado del mundo islámico y autor de muchos tratados médicos importantes que ofrecían conocimientos nuevos en campos como la pediatría, la obstetricia y los trastornos mentales. No sin polémica, en *Dudas sobre Galeno* cuestionó la teoría griega de los cuatro humores.

◁ **Tratado médico de Al-Razi,**
traducción del siglo XIII

c. 998
MARES QUE DESAPARECEN

El estudioso persa Al-Biruni propuso que en el pasado toda la tierra emergida había estado cubierta por el mar. Llegó a esta conclusión a partir de pruebas fósiles: en el desierto arábigo encontró conchas y huesos de animales obviamente marinos, presumiblemente muertos al retroceder las aguas.

△ Concha de cauri fósil

c. 910–c. 932 En Kairuán (Túnez), el médico judío Isaac ben Salomón Israeli escribe influyentes estudios sobre enfermedades y sus remedios.

900

976 Primera aparición del sistema numérico indo-arábigo en Europa, en la *Crónica albeldense* española.

c. 990 El médico andalusí Al-Zahrawi publica el *Libro de la práctica médica*, que se convertirá en una obra de referencia en la Europa medieval.

984
LA REFRACCIÓN DE LA LUZ

Ibn Sahl, matemático persa que vivió y trabajó en Bagdad, estudió la óptica y escribió el tratado *Sobre los espejos y lentes ardientes*, donde describía las propiedades de espejos y lentes curvos. También se lo considera el primero en proponer una ley de la refracción, que desarrolló a partir del análisis matemático de sus hallazgos experimentales.

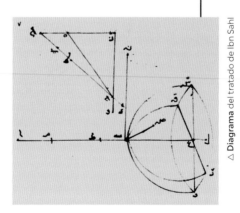

△ **Diagrama** del tratado de Ibn Sahl

Al-Razi fue el primer médico en distinguir como enfermedades la viruela y el sarampión.

1011-1021
UNA TEORÍA
DE LA VISIÓN

Escrito a lo largo de un periodo de diez años, el *Libro de óptica* en siete volúmenes del estudioso árabe Ibn al-Haytham (latinizado como Alhacén) presentó una nueva teoría de la visión. Basándose en sus experimentos, Alhacén rechazó la noción de Tolomeo de que la vista era el resultado de los rayos de luz emitidos por el ojo, y propuso en su lugar que la luz recibida por el ojo causaba la visión.

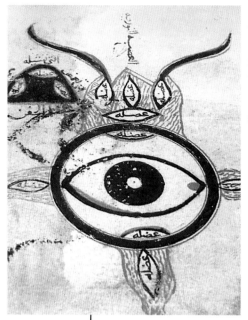

△ Diagrama del *Libro de óptica*

980-1037
IBN SINA (AVICENA)

El filósofo, médico y científico persa Ibn Sina, más conocido en Occidente como Avicena, fue un prolífico e influyente autor entre cuyas obras se cuentan el *Canon de medicina* y una enciclopedia de ciencia y filosofía, *El libro de la curación*.

c. 998 Gerberto de Aurillac (Francia) es uno de los primeros europeos en estudiar textos clásicos e islámicos, e introduce el ábaco en Europa.

c. 1030 El astrónomo persa Al-Biruni explica la rotación de la Tierra y propone que esta podría orbitar alrededor del Sol.

c. 1040 Pi Sheng comienza a imprimir con bloques de arcilla, cada uno con un carácter chino.

1049

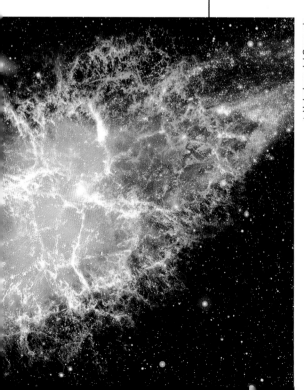

△ Nebulosa del Cangrejo

▽ El *Canon de medicina*

1025
EL CANON DE MEDICINA

La gran obra de Avicena, el *Canon de medicina*, exhaustiva enciclopedia de los conocimientos médicos islámicos de la época elaborada a lo largo de 20 años, cubría rigurosamente la anatomía, la fisiología, la farmacología y el diagnóstico y tratamiento de distintas enfermedades. Fue una obra de referencia durante siglos.

1006
OBSERVACIÓN DE EXPLOSIONES ESTELARES

La primera descripción detallada de una supernova, la explosión de una estrella que hoy se sabe fue la masiva SN 1006, procede de Ali ibn Ridwan, de El Cairo. Otra explosión estelar, la supernova que formó la nebulosa del Cangrejo, SN 1054, fue observada por astrónomos chinos y árabes en 1054.

1088
LAS PRIMERAS UNIVERSIDADES
Las grandes universidades medievales
se desarrollaron a partir de centros
eclesiásticos del saber a finales del siglo XI.
La primera fue la Universidad de Bolonia,
fundada en 1088, seguida por instituciones
similares en Oxford (1096) y París (1150).

1088
ENSAYOS DEL ESTANQUE DE LOS SUEÑOS
En *Ensayos del estanque de los sueños*, escrito
en la China Song, Shen Kuo describió por
primera vez la brújula de aguja magnética
y propuso su utilidad para la navegación.
En relación con ello, explicó también su
hallazgo del fenómeno de la declinación
magnética, el ángulo de diferencia entre
el norte geográfico y el magnético.

◁ **Brújula de la China Song**

▽ Estudiantes medievales en Bolonia

El primer avistamiento registrado del cometa Halley fue en 240 a. C.

1121 El astrónomo persa Al-Jazini
propone la teoría de que la gravedad
varía con la distancia respecto al
centro de la Tierra.

1050

1073 Omar Jayam establece
un observatorio en Isfahán, con
la intención de actualizar
el calendario persa.

1094 Su Song publica una
descripción detallada del sofisticado
reloj astronómico de agua que había
construido en Kaifeng (China).

1066
REGISTRO DEL COMETA HALLEY
El cometa hoy conocido como de Halley
(en referencia al astrónomo inglés Edmond
Halley) se ve a simple vista cada 75-79 años,
cuando su órbita se acerca más a la Tierra.
Los astrónomos de la antigüedad dejaron
constancia de sus apariciones, tenidas
como de mal agüero en muchas culturas.
Fue visible en particular en 1066, y se
recoge como acontecimiento importante
en el tapiz de Bayeux, que representa
la invasión normanda de Inglaterra y la
batalla de Hastings.

◁ **El tapiz de Bayeux,** con el
cometa Halley visible en lo alto

LA CUENTA DEL TIEMPO

Hoy es posible mantener una cuenta del tiempo precisa gracias a relojes atómicos, cuyo margen de error puede ser de un segundo cada 100 millones de años. En lugar de usar un péndulo u otro mecanismo, los relojes atómicos emplean las minúsculas oscilaciones naturales de los átomos. Un átomo de cesio-133 a cero absoluto (0 K) oscila más de 9000 millones de veces por segundo y de manera extremadamente regular, por lo que es idóneo para una cuenta del tiempo precisa.

Cómo funciona un reloj atómico

Someter átomos a una frecuencia específica de radiación de microondas los hace oscilar entre los estados energéticos X e Y. Este proceso sirve para calcular un segundo.

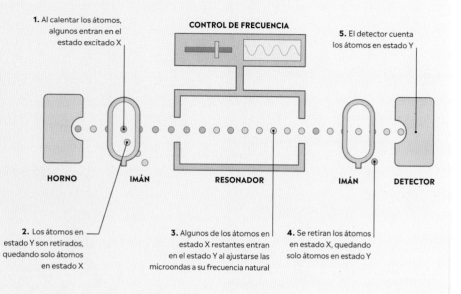

1. Al calentar los átomos, algunos entran en el estado excitado X

CONTROL DE FRECUENCIA

5. El detector cuenta los átomos en estado Y

HORNO   IMÁN   RESONADOR   IMÁN   DETECTOR

2. Los átomos en estado Y son retirados, quedando solo átomos en estado X

3. Algunos de los átomos en estado X restantes entran en el estado Y al ajustarse las microondas a su frecuencia natural

4. Se retiran los átomos en estado X, quedando solo átomos en estado Y

1126 El arzobispo Raimundo de Toledo (España) inicia un programa de traducción de textos árabes, griegos y hebreos al latín.

c. 1150 Se publican los tres textos del *Trotula* sobre medicina femenina (uno de ellos atribuido a Trota de Salerno, médica de dicha ciudad italiana).

c. 1155 Cartógrafos chinos producen el primer mapa impreso, de China occidental.

1199

1150 El matemático indio Bhaskara II muestra que cualquier número tiene dos raíces cuadradas, una positiva y otra negativa, y que dividir un número por cero da como resultado el infinito.

c. 1170-1200 Maimónides (Moisés ben Maimón), polímata judío sefardí exiliado en Egipto, escribe una serie de influyentes tratados médicos.

---

c. 1150

EL ARISTOTELISMO REVIVE

Ibn Rushd, conocido en Europa como Averroes, fue en gran medida el introductor de las ideas de Aristóteles entre los lectores del ámbito islámico, y más adelante entre los estudiosos europeos. Escribió una serie de comentarios explicativos sobre la obra de Aristóteles para reconciliarla con la teología islámica, y añadió ideas propias, entre ellas una elaboración de la teoría del movimiento de Aristóteles que distingue entre el peso y la masa de un cuerpo.

▷ Comentarios de Averroes

**1031-1095
SHEN KUO**

El estadista y polímata chino Shen Kuo es conocido sobre todo por los enciclopédicos *Ensayos del estanque de los sueños*, compendio de todos los aspectos de la ciencia y la tecnología chinas de su época, incluidas varias aportaciones originales.

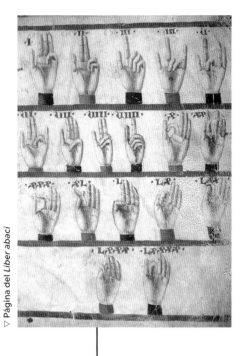

▷ Página del *Liber abaci*

1200

1202
ADOPCIÓN DE LOS NUMERALES INDO-ARÁBIGOS

En su innovador tratado matemático *Liber abaci (El libro del cálculo)*, Leonardo de Pisa (Italia), más tarde conocido como Fibonacci, propuso el uso del sencillo sistema numérico indo-arábigo, en lugar de los engorrosos números romanos que se utilizaban entonces en Europa. También es reconocido por introducir en Europa la serie numérica conocida hoy como sucesión de Fibonacci.

1247
CIENCIA FORENSE

La ciencia forense estaba en su infancia cuando el médico chino Song Ci escribió la obra *Xi Yuan Ji Lu (Casos recopilados de injusticia rectificada)*, que incluye la primera descripción conocida de la entomología forense. Se dice que resolvió un asesinato al observar las moscas atraídas por las minúsculas trazas de sangre en la hoz del perpetrador.

▷ Song Ci

Siglo XIII Textos médicos chinos incluyen referencias a los ritmos circadianos en el ser humano.

c. 1248 El médico andalusí Ibn al-Baitar compila su farmacopea.

1220-1235 El obispo inglés Robert Grosseteste describe la verdadera naturaleza del color en *De luce (Sobre la luz)*.

1242 El médico árabe Ibn al-Nafis describe la circulación de la sangre entre el corazón y los pulmones en *Sharh Tashrih al-Qanun*.

c. 1260 Los cirujanos italianos Ugo y Teodorico Borgognoni usan vino para desinfectar heridas y esponjas empapadas en narcóticos como anestesia.

1267
UN ENFOQUE EMPÍRICO

Las traducciones de textos clásicos e islámicos alcanzaron una mayor difusión en Europa en el siglo XIII, y movieron a Roger Bacon a escribir su *Opus majus (Gran obra)*, un resumen de los conocimientos acumulados hasta el momento en todas las ciencias, para cuyo estudio proponía un enfoque empírico y experimental.

▷ **Bacon realizando un experimento**, de *Symbola aureae* de Michael Maier

1220-1292
ROGER BACON

Roger Bacon, fraile franciscano y filósofo, nació en Somerset (Inglaterra), estudió en la Universidad de Oxford y más tarde enseñó allí y en la Universidad de París. Escribió sobre temas tan diversos como filosofía, lingüística y ciencias.

«La ciencia experimental es la reina de las ciencias y la meta de toda especulación.»

ROGER BACON, *OPUS TERTIUM* (c. 1267)

c. 1272
TABLAS DE MOVIMIENTOS PLANETARIOS

La primera serie de tablas astronómicas compilada en la Europa cristiana fue encargada por Alfonso X de Castilla y preparada por astrónomos judíos en Toledo a partir de cálculos de Al-Zarqali. Estas *Tablas alfonsíes* permitían calcular con precisión la posición de los planetas y sus eclipses en cualquier momento. Más tarde se tradujeron al latín y se convirtieron en la obra de referencia definitiva hasta el siglo XVI.

▷ *Tablas alfonsíes*

1276
REFORMA DEL CALENDARIO

Guo Shoujing era ya un ingeniero civil y astrónomo renombrado cuando el emperador Kublai Kan le encargó la reforma del calendario chino. Para reunir la información necesaria, Guo acometió la construcción de 27 nuevos observatorios, que equipó con sofisticados ingenios astronómicos, muchos de estos de su propia invención.

▷ **Observatorio de Gaocheng,** en China

1299

1269 El físico francés Pierre de Maricourt describe los polos magnéticos y las leyes de la atracción y la repulsión magnética.

1290
LA OBLICUIDAD DE LA ECLÍPTICA

El astrónomo francés Guillaume de Saint-Cloud describió en 1290 sus observaciones de la posición del Sol a lo largo del año, que le permitieron explicar la trayectoria aparente del Sol, la eclíptica. Como el eje de la Tierra está inclinado en relación con una línea perpendicular a su plano orbital, su ecuador lo está también con respecto a la eclíptica, en el fenómeno conocido como oblicuidad de la eclíptica. Saint-Cloud calculó correctamente el ángulo de inclinación en unos 23,4°.

La esfera celeste y la eclíptica
Para el observador en la Tierra, el Sol parece recorrer el cielo a lo largo del año, en una trayectoria conocida como eclíptica. La posición de la eclíptica se puede representar en una esfera celeste imaginaria con la Tierra como centro.

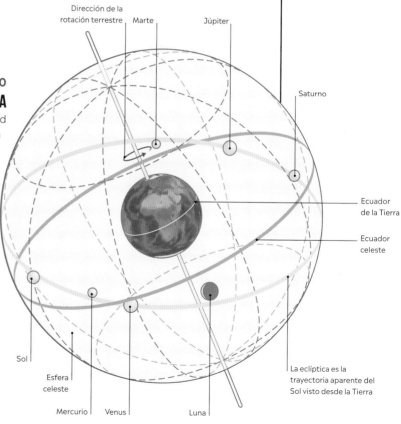

Dirección de la rotación terrestre

Marte

Júpiter

Saturno

Ecuador de la Tierra

Ecuador celeste

Sol

Esfera celeste

Mercurio

Venus

Luna

La eclíptica es la trayectoria aparente del Sol visto desde la Tierra

1310
LOS COLORES DEL ARCO IRIS

El fraile dominico Teodorico de Freiberg (Alemania) ofreció la primera explicación satisfactoria del fenómeno del arco iris. Experimentó proyectando luz sobre lentes, esferas de cristal y espejos para simular el paso de la luz solar a través de gotas de agua, e identificó así con éxito los procesos de refracción y reflexión que dan lugar al arco iris.

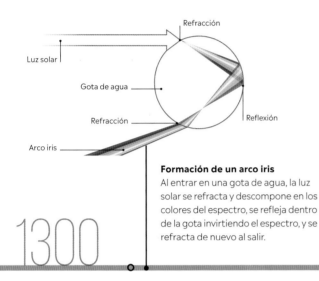

Refracción

Luz solar

Gota de agua

Refracción

Reflexión

Arco iris

Formación de un arco iris
Al entrar en una gota de agua, la luz solar se refracta y descompone en los colores del espectro, se refleja dentro de la gota invirtiendo el espectro, y se refracta de nuevo al salir.

1300

△ Examen del ojo en *Cyrurgia*

1306-1320
UN MANUAL DE CIRUGÍA

Henri de Mondeville, cirujano experimentado que trabajó en Montpelier y Bolonia, con amplios conocimientos de anatomía, dedicó más de una década a escribir *Cyrurgia*, uno de los primeros manuales quirúrgicos, que dejó inacabado al morir.

1323 Guillermo de Ockham publica *Summa logicae (Suma de lógica)*, donde propone un enfoque empírico en la adquisición de conocimientos.

c. 1300 Los primeros relojes que emplean pesas aparecen en Europa Occidental tras la invención de un escape eficiente.

1315 Mondino de Luzzi realiza sus primeras disecciones públicas en Bolonia (Italia). Al año siguiente publica *Anatomia*, primer manual específico de anatomía.

c. 1285-1349
GUILLERMO DE OCKHAM

El filósofo, científico y teólogo inglés Guillermo de Ockham (u Occam) es recordado entre otras cosas por la «navaja de Ockham», el principio por el que se prefieren las explicaciones que requieren el menor número de supuestos.

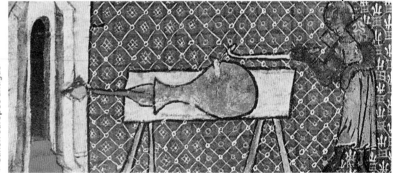

▽ Cañón europeo antiguo

c. 1340
SE GENERALIZA EL EMPLEO DE LA ARTILLERÍA

En China se desarrollaron armas de fuego rudimentarias ya en el siglo XII, pero los verdaderos cañones que disparaban un proyectil desde un cilindro surgieron de forma gradual, y no se usaron habitualmente en el campo de batalla hasta bien entrado el siglo XIV. Armas similares aparecieron en Oriente Medio y Europa por el mismo tiempo, y su primer uso importante fue en la guerra de los Cien Años (1337-1453).

1346
LA PESTE NEGRA ASOLA EUROPA

La pandemia de peste bubónica se propagó de Asia a Europa, donde causó la muerte de aproximadamente la mitad de la población. Esto conllevó un declive inevitable del progreso científico y tecnológico durante más de un siglo, pero dio pie a un auge de los estudios médicos.

△ **Entierro de víctimas** de la peste negra en Tournai (Francia), ilustración de los *Anales* de Gilles de Muisit

1349

1348 El médico francés Guy de Chauliac distingue por primera vez entre peste bubónica y neumónica o pulmonar cuando la peste negra llega a Aviñón (Francia).

c. 1349 El filósofo inglés John de Dumbleton propone que durante la contracción o la expansión (como la condensación y la rarefacción), una sustancia conserva el mismo número de partes.

> «No debe hacerse con más lo que puede hacerse con menos.»
>
> GUILLERMO DE OCKHAM, *SUMMA LOGICAE* (1323)

△ Gráficos de Nicole Oresme

c. 1349
REPRESENTACIÓN GRÁFICA

La aportación más importante del matemático francés Nicole Oresme fue un sistema para representar gráficamente el cambio de una función. Similar a los diagramas de barras actuales, sus gráficos empleaban coordenadas rectangulares, que llamó latitud y longitud, para plasmar la distribución de cantidades, como el cambio de la velocidad en relación con el tiempo. Su obra se adelantó en 300 años al sistema de coordenadas de René Descartes y ayudó a poner los cimientos de la geometría analítica.

1363
ENCICLOPEDIA MÉDICA

El médico francés Guy de Chauliac completó su gran obra de referencia en siete volúmenes, la *Chirurgia magna*, cinco años antes de su muerte. Aunque en su tiempo se consideró un tratado exhaustivo y autorizado, era una guía más académica que práctica, y no incluía muchas de las innovadoras ideas de los médicos italianos.

En 1351, la peste negra
se había cobrado unos
25 millones de vidas en Europa.

c. 1375 **El matemático indio Madhava** funda la escuela de astronomía y matemáticas de Kerala.

1350

1376 **Virdimura** es la primera mujer que obtiene la licencia como cirujana en la escuela de medicina de Salerno, en Sicilia.

1364
EL ASTRARIO DE DE DONDI

Construido a lo largo de unos 16 años, el complejo reloj astronómico del ingeniero italiano Giovanni de Dondi, llamado astrario, fue celebrado como una maravilla de su época. El mecanismo de relojería se hallaba dentro de una estructura de siete caras con diales e indicadores para el Sol, la Luna y los planetas que informaban de sus posiciones, además de mostrar fechas importantes de los calendarios religioso y legal. De Dondi publicó también el *Planetarium*, una descripción de su construcción lo bastante detallada como para permitir una moderna reconstrucción.

◁ **Astrario** (reconstrucción)

1377
ROTACIÓN TERRESTRE

En su *Libro del cielo y del mundo*, el científico francés Nicole Oresme argumentó en contra de las pruebas de la Tierra estacionaria aristotélica, y sugirió que era más probable que la Tierra rotara sobre su eje, y no que las inmensas esferas celestes giraran a su alrededor. Consideró, sin embargo, que los argumentos para ambos modelos no eran concluyentes, y prefirió optar por el de Aristóteles.

◁ **Nicole Oresme** en su escritorio

1377-1446
FILIPPO BRUNELLESCHI

Figura clave del Renacimiento italiano, arquitecto, ingeniero, pintor y escultor, Brunelleschi vivió y trabajó en Florencia, y diseñó muchos de los mejores edificios de esta ciudad, incluida la cúpula de la catedral.

1377 Ibn Jaldún, historiador y científico árabe, propone que los humanos proceden de los monos.

c. 1415 Filippo Brunelleschi usa espejos para demostrar la técnica matemática de la perspectiva lineal.

1439

▽ Observatorio de Samarcanda

1420-1429
UN CENTRO DEL SABER EN SAMARCANDA

El sultán timúrida Ulugh Beg tenía solo 16 años cuando accedió al cargo de gobernador de Samarcanda, ciudad del actual Uzbekistán. En su juventud le interesaron más la astronomía y las matemáticas que los asuntos de estado, e hizo de Samarcanda un gran centro de saber científico, fundando allí una madrasa e invitando a muchos estudiosos del mundo islámico a la ciudad. En 1424 encargó construir un observatorio enorme, equipado con los instrumentos más sofisticados disponibles.

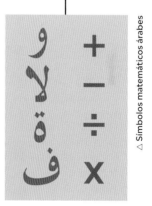
△ Símbolos matemáticos árabes

1430-1439
SÍMBOLOS MATEMÁTICOS

Aunque el matemático granadino Ali al-Qalasadi no fue el primero en usar caracteres del alfabeto árabe para representar operaciones matemáticas, popularizó la idea de los símbolos algebraicos al usarlos sistemáticamente en sus escritos.

△ **Biblia de Gutenberg**

1440-1449
IMPRENTA DE TIPOS MÓVILES

Después de casi diez años de desarrollo, en 1449 Johannes Gutenberg empezó a imprimir textos con una imprenta de tipos móviles, la primera máquina de este tipo inventada en Europa. En un año pasó de imprimir poemas a producir libros completos, y en 1454 produjo una tirada de 180 biblias. Su invento tuvo implicaciones revolucionarias: la producción de textos en serie no solo permitió la rápida difusión de ideas, sino que desafió el monopolio virtual del saber por parte de la Iglesia, al eliminar la dependencia de los manuscritos elaborados por escribas monásticos.

> «Como una estrella nueva, dispersará la oscuridad de la ignorancia.»
>
> JOHANNES GUTENBERG, SOBRE SU IMPRENTA

1440

1464 El matemático alemán Regiomontano (Johannes Müller) publica *De triangulis omnimodis (De todo tipo de triángulos)*, un manual de trigonometría.

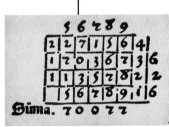

△ **Tabla** de la *Aritmética de Treviso*

1453
LA CAÍDA DE CONSTANTINOPLA

Constantinopla fue tomada por el Imperio otomano en mayo de 1453, después de un asedio de 53 días. La conquista empujó a un gran número de habitantes de la ciudad al exilio en Italia, adonde llevaron una tradición cultural que se remontaba a la Grecia clásica y vastos conocimientos filosóficos y científicos. Esta migración influyó en el emergente Renacimiento italiano y estimuló la revolución científica que lo acompañó.

▷ **El asedio de Constantinopla**, miniatura de Jean Le Tavernier

1478
ACCESO AL SABER

La publicación de la *Aritmética de Treviso* marcó el inicio de una oleada de manuales impresos de matemáticas, posibilitada por la invención de la imprenta de tipos móviles. Les siguieron libros sobre otros temas, que hicieron accesible y económico el conocimiento para un amplio público lector.

Década de 1480

EL ESTUDIO DEL VUELO DE LEONARDO

Los cuadernos de Leonardo da Vinci contienen gran cantidad de dibujos y escritos sobre temas muy diversos, desde esbozos de pinturas a estudios científicos y técnicos. Llaman especialmente la atención las observaciones del artista sobre distintos aspectos del vuelo, que incluyen análisis de la anatomía de animales voladores y diseños para máquinas voladoras.

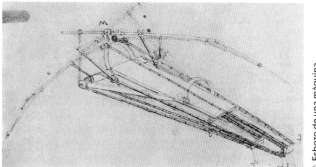

△ Esbozo de una máquina voladora de Leonardo

1452–1519
LEONARDO DA VINCI

Figura sobresaliente del Alto Renacimiento, Leonardo fue un auténtico polímata: pintor, científico, ingeniero y arquitecto consumado. Su carrera empezó en su Florencia natal, pero le llevó a Milán, a Roma y luego Francia, donde murió a los 67 años.

1489 El matemático alemán Johannes Widman emplea en un tratado los símbolos + y – para representar las operaciones de suma y resta.

c. **1495 Leonardo especula** que los fósiles son restos petrificados de antiguos organismos.

1499

1489 Leonardo comienza a realizar dibujos anatómicos basados en disecciones de cadáveres de animales y humanos.

1490 Leonardo describe la capilaridad, el flujo de líquidos por un espacio estrecho sin ayuda de la gravedad.

1496 Regiomontano presenta las teorías de Tolomeo a un amplio público lector al publicar su *Epítome del Almagesto de Tolomeo.*

1492

COLÓN LLEGA A AMÉRICA

Habiendo zarpado de España y atravesado el Atlántico en el intento de descubrir una ruta a Asia por el oeste, Cristóbal Colón llegó a las Bahamas, que tomó por las Indias orientales. No era consciente aún de que había llegado a un continente desconocido para los europeos y ausente en los mapas que había empleado. El descubrimiento de América dio pie a una completa revisión de la concepción del mundo de los geógrafos, además de disparar una carrera por acumular territorios entre las potencias coloniales europeas.

△ **Colón** llega a las Bahamas

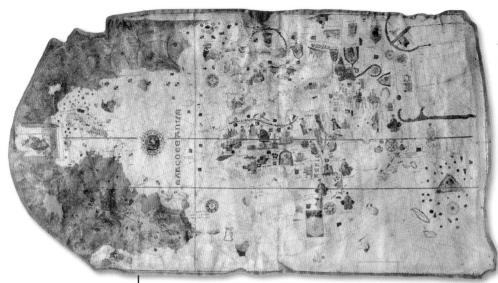

1500
CARTOGRAFÍA DEL NUEVO MUNDO

El navegador y cartógrafo español Juan de la Cosa fue el maestre de la *Santa María*, la mayor de las tres carabelas empleadas en la travesía del Atlántico de Colón en 1492. De la Cosa realizó siete viajes al continente a lo largo de los 17 años siguientes, y en 1500 supervisó la creación del primer mapamundi que incluyó la costa de América (el área en verde a la izquierda del mapa).

◁ **Mapa** de Juan de la Cosa

De la Cosa acompañó a Cristóbal Colón en sus tres primeras expediciones a América.

1512 **El relojero alemán Peter Henlein** fabrica en Núremberg el primer reloj de bolsillo, capaz de funcionar 40 horas sin darle cuerda.

1517 **El médico italiano Girolamo Fracastoro** mantiene que los fósiles eran originalmente materia orgánica.

1500

c. 1500 **El astrónomo indio Nikalantha Somajayi** escribe *Aryabhatiyabhasya*, comentario sobre el matemático del siglo VI Aryabhata.

1513 **El astrónomo polaco-prusiano Nicolás Copérnico** escribe el *Commentariolus*, donde ya bosqueja un universo heliocéntrico.

▷ **Página** de *Instrucciones de medición* de Durero

1512
EL TEODOLITO

El cartógrafo alemán Martin Waldseemüller ofreció la primera descripción del teodolito, un instrumento topográfico al que llamó *polymetrum*, en la *Margarita philosophica*.
El invento consistía en un telescopio montado de modo que giraba libremente, y se usaba para medir ángulos entre puntos visibles en los planos tanto horizontal como vertical, lo cual facilitó la tarea de la medición del terreno y el desarrollo de la triangulación.

△ Teodolito antiguo

1525
MATEMÁTICAS DE DURERO

El artista alemán Alberto Durero publicó una de las primeras obras sobre matemática y geometría aplicadas. Sus *Instrucciones de medición* ofrecían a artistas y canteros valiosas indicaciones para construir polígonos regulares.

1537
CIENCIA BALÍSTICA

La primera obra sobre balística, la *Nova scientia*, fue obra del matemático italiano Niccolò Tartaglia, quien empleó principios matemáticos para mostrar que las balas de cañón no se movían en línea recta sino en una trayectoria curva, y proporcionó tablas de elevación para los artilleros.

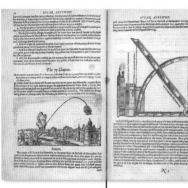

△ Páginas de *Nova scientia*

1527
SALES, SULFUROS Y MERCURIOS

El químico alemán Paracelso (Theophrastus von Hohenheim) elaboró una clasificación de las sustancias químicas basada en la división entre sales, sulfuros y mercurios. Adepto de una filosofía mística fundamentada en la alquimia, consideraba sólidas las sales, volátiles los mercurios e inflamables los sulfuros. Creía que cambiar la proporción de azufre en un metal podía convertirlo en otro diferente, lo cual apuntaba a la posibilidad de transmutar el plomo en oro.

▷ **Retrato** de Paracelso por Rubens

1539

1526 El matemático y topógrafo flamenco Gemma Frisius accede a la Universidad de Lovaina; más tarde producirá la primera obra que describe todo el método de la triangulación.

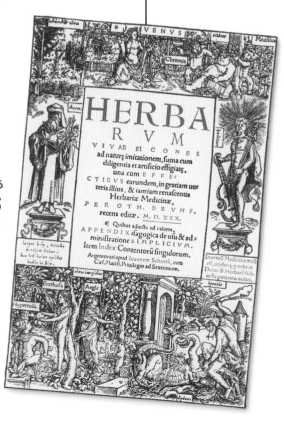

1530-1536
DESCRIPCIONES NATURALISTAS DE PLANTAS

Publicada en tres volúmenes, *Herbarum vivae eicones* (*Imágenes de plantas vivas*), del monje cartujo alemán Otto Brunfels, es la primera obra de botánica moderna. Contiene más de 130 plantas ilustradas del natural, con un nivel de detalle que marcó la pauta para los botánicos venideros, y se apartaba de la tradición de los herbarios medievales, basados más en el folclore que en la observación científica.

▷ **Portada** de *Herbarum vivae eicones*

▽ Globo del siglo XVII

1541

GLOBO TERRÁQUEO DE MERCATOR

El cartógrafo neerlandés Gerardus Mercator completó su
detallado globo terráqueo en 1541. Los globos terráqueos
de la época servían a los navegantes para calcular las horas
del amanecer y el ocaso; líneas loxodrómicas —diagonales
en la superficie del globo— marcaban líneas de
rumbo constante.

1543

EL MODELO COPERNICANO

El astrónomo polaco-prusiano Nicolás
Copérnico publicó una exposición completa
de su teoría heliocéntrica en *De revolutionibus
orbium coelestium*. Su modelo reemplazaría
al sistema del astrónomo del siglo II Tolomeo,
según el cual la Tierra ocupaba el centro del
Sistema Solar.

◁ **Página de** *De revolutionibus
orbium coelestium*

1540

**1542 El botánico alemán Leonard
Fuchs** publica *De historia stirpium*
(*Historia de las plantas*), donde describe
unas 500 plantas con sus usos terapéuticos.

1544 Georg Hartmann, fabricante
de instrumentos alemán, describe
el fenómeno de la inclinación
magnética, o ángulo de inmersión.

**1545 El italiano Gerolamo
Cardano** descubre los
números complejos y trata
sobre ellos en su *Ars magna*.

1473-1543
NICOLÁS COPÉRNICO

Copérnico, nacido en Toruń (en
la actual Polonia), estudió teología
antes de dedicarse a la medicina y la
astronomía. Sus observaciones y
cálculos matemáticos lo llevaron
a formular la revolucionaria
teoría de un Sistema
Solar heliocéntrico.

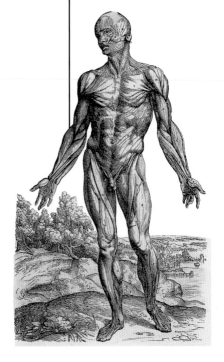

1543

ARTE Y CIENCIA DE LA ANATOMÍA

El médico flamenco Andrés Vesalio
revolucionó el estudio de la anatomía
al publicar *De humani corporis fabrica*
(*De la estructura del cuerpo humano*).
Basada en la observación directa mediante
la disección de cadáveres, su obra corrigió
muchos errores sobre el cuerpo derivados
de los conocimientos clásicos, y la gran
calidad de sus ilustraciones fue de gran
ayuda para numerosas generaciones
de estudiantes de medicina.

◁ **Ilustración** de *De humani corporis fabrica*

1546
CLASIFICACIÓN DE ROCAS Y MINERALES

En *De natura fossilium (De la naturaleza de los fósiles)*, el estudioso alemán Georgius Agricola clasificó minerales, rocas y fósiles según su geometría, poniendo así los cimientos de la ciencia geológica moderna.

△ **Fósil** de *Pentremites spicatus*

1551
CIENCIA ISLÁMICA

Astrónomo, matemático e inventor de gran talento, el científico árabe otomano Taqi al-Din Muhammad ibn Ma'ruf al-Shami al-Asadi describió un mecanismo para una turbina de vapor movida por un espetón giratorio, produjo tablas astronómicas mejoradas e inventó un reloj mecánico movido por pesas.

◁ **Taqi al-Din Muhammad ibn Ma'ruf al-Shami al-Asadi** trabajando

1551 El naturalista suizo Konrad von Gesner cataloga todos los animales conocidos en *Historiae animalium*, una de las primeras obras de zoología.

1552 El médico italiano Bartolomeo Eustachi describe las glándulas suprarrenales y el funcionamiento del oído interno.

1554

1546 El italiano Girolamo Fracastoro publica *De contagione et contagiosis morbis (Del contagio y de las enfermedades contagiosas)*, donde plantea una teoría de los mecanismos de contagio de la enfermedad.

1552 El médico azteca Martín de la Cruz describe preparaciones tradicionales para tratar muchas enfermedades en el *Librito de las hierbas medicinales de los indios*.

HELIOCENTRISMO

En el modelo heliocéntrico del Sistema Solar de Copérnico, los planetas orbitan alrededor del Sol, y la Tierra es el tercer planeta más cercano a él. Los aparentes movimientos de los planetas en el cielo terrestre se explican como efecto de nuestra situación particular. Así, por ejemplo, Venus y Mercurio siempre están cerca del Sol porque sus órbitas siempre se encuentran hacia el Sol desde la Tierra, mientras que Marte, Júpiter y Saturno se mueven generalmente hacia el este pero describen vueltas retrógradas, al «adelantar» la Tierra sus órbitas. Explicar esto a partir del anterior modelo geocéntrico —como hizo Tolomeo— requería incluir complejas subórbitas adicionales, llamadas epiciclos.

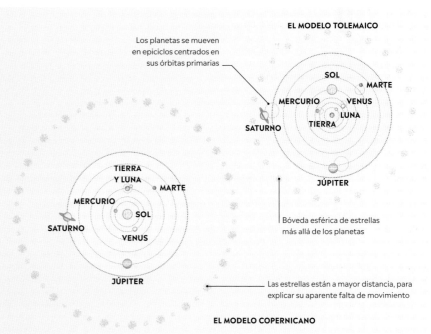

EL MODELO TOLEMAICO

Los planetas se mueven en epiciclos centrados en sus órbitas primarias

SOL
MARTE
MERCURIO · VENUS
LUNA
SATURNO · TIERRA
JÚPITER

Bóveda esférica de estrellas más allá de los planetas

TIERRA Y LUNA
MARTE
MERCURIO
SOL
SATURNO
VENUS
JÚPITER

Las estrellas están a mayor distancia, para explicar su aparente falta de movimiento

EL MODELO COPERNICANO

1556
ESTUDIO DE LOS METALES

El alemán Georgius Agricola publicó la primera guía práctica de la ingeniería de minas: *De re metallica (Sobre los metales)*, obra en doce volúmenes que incluía secciones sobre la identificación de vetas de minerales metalíferos, los mejores medios de extracción, las pruebas de calidad del mineral y el procesado del metal extraído.

◁ **Ilustración** de *De re metallica*

1560 Giambattista della Porta funda la primera sociedad científica del mundo, la Academia Secretorum Naturae, en Nápoles.

1564
PROBABILIDAD

El primer estudio matemático de las leyes de la probabilidad, *Liber de ludo aleae (Libro de los juegos de azar)*, fue obra del matemático italiano Girolamo Cardano. Aficionado al juego, calculó con éxito la probabilidad de obtener determinados números con uno o más dados, y descubrió la ley de los grandes números, que explica el resultado de realizar el mismo experimento muchas veces.

△ **Efigie de Girolamo Cardano** en una medalla

1562 Gabriele Falloppio, profesor de cirugía en Padua (Italia), publica una descripción de los órganos reproductores humanos.

1555

1557
IGUALDAD MATEMÁTICA

En *La piedra de afilar de Witte*, el físico y matemático galés Robert Recorde introdujo el signo «igual» para expresar la igualdad de dos expresiones matemáticas. La elegancia y claridad de las dos líneas paralelas de igual longitud le ganaron pronto una aceptación general.

1569
MAPAS DEL MUNDO

Para los cartógrafos fue un desafío representar la Tierra en una superficie plana, hasta que el cartógrafo flamenco Gerardus Mercator resolvió el problema: aumentó de manera gradual la distancia entre paralelos (líneas de latitud) hacia los polos, pero mantuvo constante la distancia entre meridianos (líneas de longitud), y así su proyección convertía en rectas las líneas de rumbo constante. Los mapas de Mercator fueron útiles para la navegación marítima, pero más tarde fueron criticados por distorsionar las masas de tierra próximas a los polos y el ecuador.

▷ **Mapamundi de 1569** con la proyección Mercator

SUPERNOVAS

Cuando una estrella masiva colapsa al final de su vida, desencadena una explosión llamada supernova, cuyas características dependen de las de la estrella moribunda. Una supernova de tipo Ia se da cuando un núcleo estelar ya muerto (una enana blanca) se transforma violentamente en una estrella de neutrones superdensa. Otros tipos los genera el colapso de estrellas masivas.

Supernova de tipo II
Hacia el final de su vida, las estrellas masivas forman capas de elementos cada vez más pesados alrededor de su núcleo. La supernova se desencadena cuando la fusión nuclear no puede sostenerlos.

4. Una potente onda de choque atraviesa la estrella y desencadena la supernova con una gran ola de fusión nuclear

Presión hacia fuera

Compresión de la gravedad

1. Mientras la fusión continúa, la presión hacia fuera desde el núcleo impide el colapso de las capas exteriores

2. La fusión del hierro absorbe más energía de la que libera, y la fusión en el núcleo cesa abruptamente

3. El núcleo colapsa y forma una estrella de neutrones; las capas superiores caen y rebotan

Emisión de neutrinos

1570 El cartógrafo flamenco Abraham Ortelius publica el primer atlas mundial moderno, el *Theatrum orbis terrarum*.

1572 El matemático italiano Rafael Bombelli establece unas reglas para el uso de los números imaginarios.

1574

1571 Durante un viaje por México, el explorador español Francisco Hernández registra más de 3000 plantas desconocidas para la ciencia europea, entre ellas algunas del jardín botánico azteca de Texcoco, con sus usos medicinales.

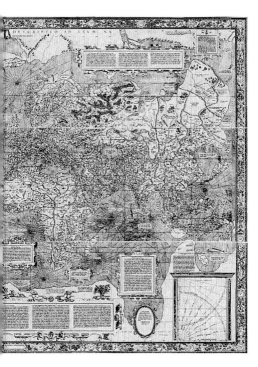

1546-1601
TYCHO BRAHE

La aportación de Brahe a la astronomía fue enorme: desde su observatorio de Uraniborg, en la isla de Hven, registró la posición de más de 770 estrellas, y determinó la trayectoria de un cometa más allá de la Luna.

△ Ilustración de *De stella nova*

1572

LA SUPERNOVA DE TYCHO

Durante dos semanas de noviembre de 1572, el astrónomo danés Tycho Brahe observó un objeto brillante en la constelación de Casiopea. Era una supernova, debida a la explosión de una estrella, y demostraba que el universo no era inmutable.

1578

MEDICINA AZTECA

El *Códice Florentino*, compilado por el sacerdote español Bernardo de Sahagún con la ayuda de colaboradores aztecas, incluye información de gran valor sobre los remedios herbales y minerales aztecas y sobre el impacto devastador de la viruela.

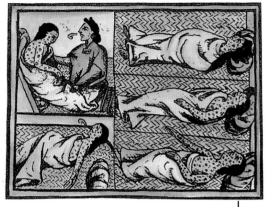

▽ **La viruela**, ilustración de Sahagún

1577 Taqi al-Din construye un observatorio en Estambul con los últimos instrumentos astronómicos, pero el sultán otomano lo hace demoler poco después.

1575

1575 El italiano Francesco Maurolico es el primero en emplear la inducción matemática, técnica usada en las demostraciones.

1577 Tycho Brahe y otros astrónomos observan desde Europa el llamado Gran Cometa (hoy designado C/1577 V1).

1576

SE DESCRIBE LA FIEBRE TIFOIDEA

El médico y matemático italiano Girolamo Cardano ofreció la primera descripción clínica de la fiebre tifoidea, enfermedad debida a la higiene deficiente y a la contaminación alimentaria, y caracterizada por fiebre, diarrea aguda y erupciones cutáneas. Se propagaba rápidamente en las ciudades hacinadas y entre los ejércitos.

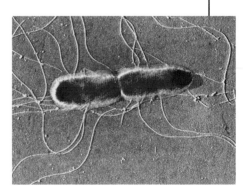

△ **Bacteria** causante de la fiebre tifoidea

1580

DIFERENCIAS SEXUALES EN LAS PLANTAS

El médico veneciano Prospero Alpini descubrió la capacidad de las flores para autopolinizarse observando el crecimiento de las palmeras datileras en Egipto, así como que había árboles macho y hembra.

◁ **Palmera datilera**

1582

EL CALENDARIO GREGORIANO

Tras un minucioso estudio, el papa Gregorio XIII adoptó el llamado calendario gregoriano, que corregía el error acumulado por el anterior calendario juliano, usado desde 45 a. C. Al principio, únicamente los estados católicos adoptaron el nuevo calendario.

◁ **Debate sobre la reforma del calendario** ante el papa Gregorio XIII

1580 Hieronymus Fabricius, profesor de anatomía y cirugía en Italia, describe las válvulas de las venas.

1584

1581

EXPERIMENTOS CON PÉNDULO

El astrónomo italiano Galileo Galilei comenzó a hacer experimentos que determinarían que un péndulo vuelve casi a la altura de partida (prueba de la conservación de la energía) y que el cuadrado de su periodo (el tiempo de una oscilación) es proporcional a su longitud.

▷ **Galileo** observa el movimiento de un candelero

▷ Andrea Cesalpino

1583

CLASIFICACIÓN BOTÁNICA

En *De plantis*, el botánico italiano Andrea Cesalpino desarrolló un método científico de clasificación botánica en el que agrupaba las plantas en cinco grandes grupos, según la forma de sus frutos, semillas y raíces, en vez de —como hasta entonces— alfabéticamente o por su uso médico.

«La propiedad maravillosa del péndulo [...] es que realiza todas sus vibraciones [...] en tiempos iguales.»

GALILEO GALILEI, CARTA A GIOVANNI BATTISTA BALIANI (1639)

1589-1604
EXPERIMENTOS DE GALILEO CON LA GRAVEDAD

Dejando caer objetos desde una torre, el astrónomo italiano Galileo Galilei demostró que la aceleración de dos cuerpos del mismo material al caer es igual, sin importar su masa. Esto contradecía la teoría tradicional propuesta por Aristóteles, según la cual los objetos más pesados caerían más rápido. Contribuyó a establecer la disciplina científica moderna de la dinámica (el estudio de los objetos en movimiento), y minó la aceptación acrítica de ideas científicas que se remontaban a la antigüedad clásica.

◁ **Galileo** realiza su experimento en Pisa

1564-1642
GALILEO GALILEI

Galileo realizó trabajos importantes en muchas áreas de la física, pero su confirmación del Sistema Solar heliocéntrico de Copérnico hizo que la Iglesia le sometiera a juicio y lo obligara a retractarse.

1586 En *Elementos de hidrostática,* el matemático flamenco Simon Stevin resuelve cuestiones clave sobre la presión de un líquido sobre las paredes de un recipiente.

1592 Galileo Galilei inventa el termoscopio, predecesor del termómetro.

1585

1593 El botánico flamenco Carolus Clusius, considerado el padre de la botánica, es nombrado director del primer jardín botánico de los Países Bajos.

△ *Astronomiae instauratae progymnasmata* de Tycho Brahe

△ **Ilustración** de *Historia natural y moral de las Indias*

1586
ESTUDIO DE LOS COMETAS

En *Astronomiae instauratae progymnasmata (Programa para el establecimiento de la astronomía),* Tycho Brahe detalló sus observaciones de cometas, entre ellos uno aparecido en octubre de 1585.

1590
LA VIDA EN AMÉRICA

El misionero jesuita español José de Acosta ofreció la primera descripción extensa de la vida animal y vegetal de América en su *Historia natural y moral de las Indias*. Esta incluía información valiosa sobre las costumbres de los pueblos indígenas y la geografía física de la zona, y Acosta fue de los primeros en especular que los indígenas americanos procedían originalmente de Asia.

LA GRAVEDAD

El modo más sencillo de comprender la gravedad es imaginarla como una fuerza de atracción que tira de los objetos hacia el suelo y mantiene a los planetas en órbita alrededor del Sol. Todo objeto con masa tiene un efecto gravitatorio sobre cualquier otro objeto con masa, cuya fuerza depende de la masa de los objetos y la distancia entre ellos.

Gravedad y masa

Para dos objetos a una distancia fija (d), la fuerza de la gravedad (F) está en proporción directa con el producto de sus masas (m).

Gravedad y distancia

Para dos objetos de masa fija, la fuerza de la gravedad es inversamente proporcional al cuadrado de la distancia entre ellos.

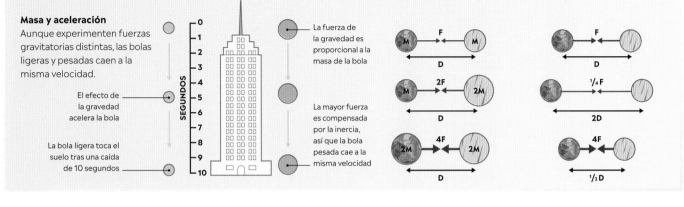

Masa y aceleración

Aunque experimenten fuerzas gravitatorias distintas, las bolas ligeras y pesadas caen a la misma velocidad.

El efecto de la gravedad acelera la bola

La bola ligera toca el suelo tras una caída de 10 segundos

SEGUNDOS

0 — 1 — 2 — 3 — 4 — 5 — 6 — 7 — 8 — 9 — 10

La fuerza de la gravedad es proporcional a la masa de la bola

La mayor fuerza es compensada por la inercia, así que la bola pesada cae a la misma velocidad

---

1596 Abraham Ortelius propone que los continentes de África y América estuvieron una vez unidos.

1598 Tycho Brahe publica *Astronomiae instauratae mechanica*, que incluye un catálogo de más de mil estrellas.

1599

1597 El alemán Andreas Libavius ofrece la primera descripción de las propiedades del zinc en *Alchemia*.

1599 El naturalista italiano Ulisse Aldrovandi comienza a publicar su tratado sobre aves en tres volúmenes.

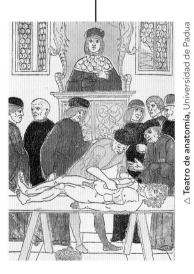

△ **Teatro de anatomía**, Universidad de Padua

1594

TEATRO ANATÓMICO

Hieronymus Fabricius inauguró el primer teatro público para disecciones anatómicas en Padua (Italia). Con capacidad para 300 alumnos, la oportunidad que ofrecía para la observación directa revolucionó la formación médica.

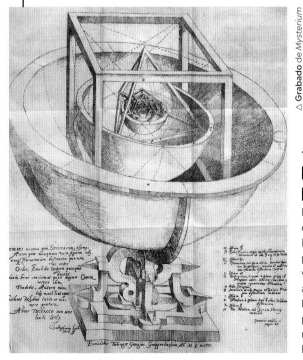

△ **Grabado** de *Mysterium cosmographicum*

1596

MOVIMIENTOS PLANETARIOS

En *Mysterium cosmographicum*, el astrónomo alemán Johannes Kepler explicó las órbitas de los planetas en términos geométricos, vinculando su distancia del Sol a las proporciones derivadas de los sólidos platónicos (los cinco poliedros regulares). Sus hallazgos respaldaban el modelo copernicano heliocéntrico del Sistema Solar.

◁ **Ilustración** de *Uranometria*

1603
ATLAS CELESTE

Uranometria, del astrónomo alemán Johann Bayer, fue el primer atlas en cubrir toda la esfera celeste, incluido el cielo del hemisferio sur. Mostraba 2000 estrellas, y el método de Bayer de etiquetar con letras griegas las estrellas de una misma constelación aportó coherencia a la anterior nomenclatura.

1600

1604 En *Astronomiae pars optica*, Johannes Kepler explica el fenómeno del paralaje y describe cómo el ojo enfoca la luz.

1605 El filósofo inglés Francis Bacon expone el método científico en *El avance del saber*.

1602 El matemático inglés Thomas Harriot estudia los ángulos de desviación de la luz y deduce la ley de la refracción.

1604 Hieronymus Fabricius publica sus estudios sobre la circulación de la sangre en los embriones y pone los cimientos de la embriología.

> El campo magnético de la Tierra se invirtió por última vez hace unos 42 000 años.

1600
UNA TIERRA MAGNÉTICA

En *De magnete, magneticisque corporibus, et de magno magnete tellure (Sobre los imanes, los cuerpos magnéticos y el gran imán terrestre)*, el científico inglés William Gilbert concluyó que la Tierra es como un imán gigante, lo cual explica por qué la aguja de la brújula apunta hacia el norte. También introdujo el término «polo magnético».

△ **Ilustración** de *De magnete*

▷ Hans Lippershey

1608
INVENCIÓN DEL TELESCOPIO

El fabricante de instrumentos neerlandés Hans Lippershey construyó el primer telescopio óptico conocido. Como fabricante de lentes para anteojos, Lippershey comprobó que dos lentes convexas situadas en los extremos de un tubo aumentaban los objetos lejanos.

1609
EL TELESCOPIO DE GALILEO

Al saber de los telescopios desarrollados en otros lugares, el astrónomo italiano Galileo Galilei decidió construir uno propio. Sus primeros intentos solo tenían tres aumentos, pero al cabo consiguió construir un telescopio de 30 aumentos, que permitía observar en detalle por primera vez cuerpos celestes hasta entonces invisibles para el ojo humano.

▷ **Galileo** presenta su telescopio

1609 Thomas Harriot
realiza el primer dibujo de la Luna vista a través del telescopio.

1609

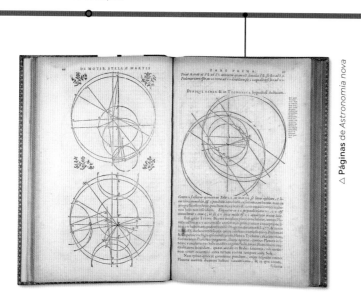

△ **Páginas** de *Astronomia nova*

1609
LAS LEYES DE KEPLER

Tras varios años estudiando la órbita de Marte, Johannes Kepler formuló en *Astronomia nova* las dos primeras de sus tres leyes del movimiento planetario: la primera afirma que los planetas orbitan alrededor del Sol en trayectorias elípticas, no circulares como hasta entonces se creía; y la segunda, que los planetas se mueven más rápido en sus órbitas cuanto más cerca se encuentran del Sol.

1571-1630
JOHANNES KEPLER

El astrónomo alemán Kepler fue una figura clave en el desarrollo de la astronomía, y sus tres leyes del movimiento planetario aportaron una base teórica y matemática sólida al modelo heliocéntrico de Copérnico.

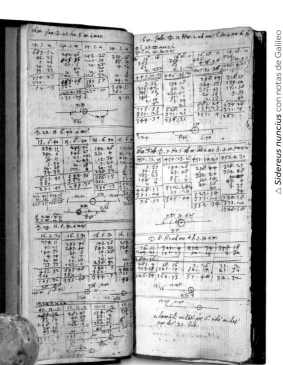

△ *Sidereus nuncius* con notas de Galileo

1610

LAS LUNAS DE JÚPITER

Con la ayuda de su recién construido telescopio, Galileo observó varios puntos de luz moviéndose cerca de Júpiter. Comprendió que eran satélites del planeta, los primeros descubiertos aparte de la Luna. Su descripción, en *Siderius nuncius (Mensajero sideral)*, de los luego llamados Ío, Ganímedes, Europa y Calisto, reforzó la idea copernicana de que el Sistema Solar no giraba alrededor de la Tierra.

▷ **Los satélites** de Júpiter

1610 Galileo Galilei es el primero en observar las manchas solares.

1614 El matemático escocés John Napier idea los logaritmos como medio para realizar cálculos aritméticos complejos.

1610 El astrónomo francés Nicolas-Claude Fabri de Peiresc es el primero en observar la nebulosa de Orión.

1611 Johannes Kepler publica *Dioptrice*, tratado sobre óptica que explica los principios en los que se basan el microscopio y el telescopio.

1617 El matemático neerlandés Willebrod Snell describe un nuevo método para medir el radio de la Tierra usando la triangulación.

1614

EXPERIMENTOS FISIOLÓGICOS

En *Ars de statica medicina (Arte de la medicina estática)*, el profesor de anatomía italiano Santorio Santorio describió sus experimentos sobre la respiración y el peso. Midiendo el consumo de líquidos y alimentos y comparándolo con la materia excretada, determinó que el cuerpo «perspira» o consume energía, inaugurando así el estudio del metabolismo.

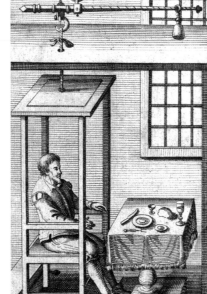

▷ **Santorio** realizando un experimento

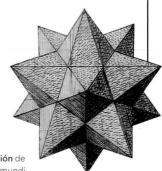

▷ **Ilustración** de *Harmonices mundi*

1619

TERCERA LEY DEL MOVIMIENTO PLANETARIO

La obra *Harmonices mundi (Armonía del mundo)*, de Johannes Kepler, contenía su tercera ley del movimiento planetario, según la cual existe una proporción fija entre el periodo (el tiempo que dura una órbita) de un planeta y la distancia entre este y el Sol.

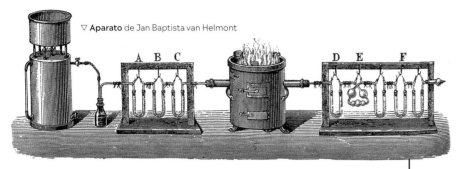

▽ **Aparato** de Jan Baptista van Helmont

1620
DIÓXIDO DE CARBONO

El químico flamenco Jan Baptista van Helmont estableció que durante las reacciones químicas se emitían sustancias distintas del aire. Las llamó «gases», y determinó que el gas producido al quemar carbón es el mismo que produce la fermentación del mosto de la uva, siendo así el primero en identificar el dióxido de carbono.

1620
EL MICROSCOPIO

El fabricante de lentes neerlandés Zacharias Janssen creó el primer microscopio compuesto, con una lente para enfocar el objeto y otra para aumentar la imagen, y que permitió observar por primera vez objetos y organismos minúsculos.

▷ **Microscopio** de Zacharias Janssen (reproducción)

1620 Francis Bacon escribe *Novum organum*, reformulación definitiva de sus ideas sobre el método científico.

1624

1621 El inglés Robert Burton describe diversos trastornos mentales en *Anatomía de la melancolía*.

«La melancolía [...] es un hábito, un mal grave, un humor asentado.»

ROBERT BURTON, *ANATOMÍA DE LA MELANCOLÍA* (1621)

MOVIMIENTO PLANETARIO

Las tres leyes de Kepler sobre el movimiento planetario reflejan los efectos de las leyes más fundamentales del movimiento y la gravedad universal. Se aplican no solo a los planetas en órbita alrededor de estrellas; también a muchos otros cuerpos celestes en órbita alrededor de otro mucho más masivo bajo la influencia de la gravedad. Las órbitas tienen una forma ovalada, llamada elipse, con el cuerpo mayor en uno de los dos puntos focales, o focos, a cada lado del centro de la elipse.

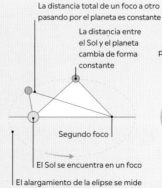

La distancia total de un foco a otro pasando por el planeta es constante

La distancia entre el Sol y el planeta cambia de forma constante

Segundo foco

El Sol se encuentra en un foco

El alargamiento de la elipse se mide por su diferencia respecto al círculo

Primera ley
Todas las órbitas planetarias son elipses, con el Sol en uno de los dos focos. Como resultado, la distancia entre un planeta y el Sol cambia constantemente.

El planeta se mueve más lento cuando está lejos del Sol

A lo largo del mismo periodo de tiempo, las áreas sombreadas son iguales

Sol

El planeta se mueve más rápido cerca del Sol

Segunda ley
El segmento de línea entre el planeta y el Sol barre áreas iguales a lo largo de periodos de tiempo iguales.

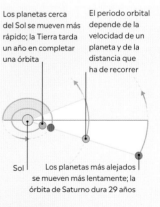

Los planetas cerca del Sol se mueven más rápido; la Tierra tarda un año en completar una órbita

El periodo orbital depende de la velocidad de un planeta y de la distancia que ha de recorrer

Sol

Los planetas más alejados se mueven más lentamente; la órbita de Saturno dura 29 años

Tercera ley
El cuadrado del periodo orbital es proporcional al cubo del eje semimayor de la órbita (la mitad de la dimensión más larga de la elipse).

1627
ESTUDIOS DEL DESARROLLO FETAL

En *De formato foetu (Sobre la formación del feto)*, el anatomista flamenco Adriaan van den Spiegel describió el desarrollo del feto humano en el útero, contribuyendo así a la comprensión de su morfología y estableciendo la embriología como disciplina científica.

▷ **Ilustración** de *De formato foetu*

1630
CRECIMIENTO ARBÓREO

Jan Baptista van Helmont plantó un sauce que regó solo con agua de lluvia durante cinco años. Al comprobar que había ganado 74 kg de peso, y que el suelo había perdido solo una cantidad minúscula, concluyó que el aumento se debía a algún proceso químico. El experimento fue un primer paso hacia el descubrimiento de la fotosíntesis.

◁ Jan Baptista van Helmont

1627 Johannes Kepler
completa y publica las *Tablas rudolfinas*, catálogo de casi 1500 estrellas.

1625

1626 El médico italiano Santorio añade una escala graduada a un termoscopio y crea así el primer termómetro.

1578-1657
WILLIAM HARVEY

El médico inglés Harvey llevó a cabo diversos experimentos hasta llegar a formular su teoría de la circulación: cortó las venas de peces y serpientes, y bloqueó la circulación con ligaduras en brazos humanos para observar dónde la sangre atrapada causaba hinchazón.

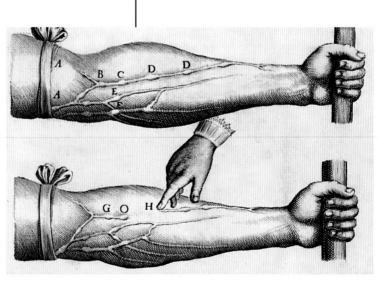

△ **Ilustración** de *De motu cordis*

1628
LA CIRCULACIÓN DE LA SANGRE

En *De motu cordis (Sobre el movimiento del corazón)*, William Harvey resolvió el antiguo problema de cómo circula la sangre por el cuerpo. Harvey descubrió que el corazón bombea sangre por las arterias, y esta regresa luego de la periferia corporal por las venas.

LA FOTOSÍNTESIS

Mientras que los animales se alimentan de otros organismos o sus productos, las plantas fabrican su propio alimento por medio del proceso de la fotosíntesis (del griego *photo*, «luz», y *synthesis*, «composición»). En este proceso químico, la luz, el agua y el dióxido de carbono intervienen para producir glucosa (un azúcar simple) y oxígeno. La planta usa la glucosa para liberar energía y formar sustancias como proteínas y celulosa, y expulsa el oxígeno a la atmósfera.

Plantas verdes

La fotosíntesis tiene lugar en unas minúsculas estructuras situadas cerca de la superficie de las hojas de las plantas, los cloroplastos, que contienen un pigmento verde, la clorofila.

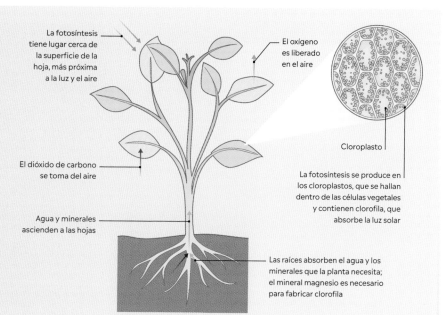

La fotosíntesis tiene lugar cerca de la superficie de la hoja, más próxima a la luz y el aire

El oxígeno es liberado en el aire

Cloroplasto

La fotosíntesis se produce en los cloroplastos, que se hallan dentro de las células vegetales y contienen clorofila, que absorbe la luz solar

El dióxido de carbono se toma del aire

Agua y minerales ascienden a las hojas

Las raíces absorben el agua y los minerales que la planta necesita; el mineral magnesio es necesario para fabricar clorofila

---

1632 El cirujano italiano Marco Severino publica el primer manual sobre patología quirúrgica.

1632 El clérigo inglés William Oughtred introduce el signo de multiplicación en *Clavis mathematicae* (*La clave de las matemáticas*).

1634

1631
MEDICIÓN PRECISA

El matemático francés Paul Vernier creó un instrumento para obtener mediciones precisas de objetos diminutos. Consistía en dos escalas deslizantes, con marcas en la secundaria que permitían un ajuste fino de las lecturas medidas.

△ **Calibrador** de latón de Vernier

1632
EL JUICIO DE GALILEO

La publicación por Galileo de *Diálogos sobre los dos máximos sistemas del mundo*, en los que defendía el sistema heliocéntrico copernicano, le llevó a un juicio de la Inquisición romana por herejía. Fue condenado a arresto domiciliario, y todas sus obras fueron prohibidas.

△ **Galileo** ante la Inquisición papal

La disección de Thomas Parr
William Harvey fue el primero en proponer que la sangre fluye continuamente desde y hasta el corazón. Este cuadro de c. 1900 lo representa diseccionando el cadáver de Thomas Parr, que murió en 1635 a la supuesta edad de 152 años.

EL SISTEMA CIRCULATORIO HUMANO

El sistema circulatorio transporta oxígeno y nutrientes por el cuerpo humano y elimina productos de desecho. Todo el proceso depende de una serie de tubos y válvulas, además de una bomba continua: el corazón. El corazón humano late unas 100 000 veces al día, bombeando unos cinco litros de sangre por el cuerpo.

Que la sangre circula por el cuerpo lo descubrió el médico inglés del siglo XVII William Harvey. Hasta entonces, y desde la época romana, los médicos creían que la sangre se generaba en el hígado y la consumían los músculos.

El sistema circulatorio humano se describe como un sistema doble, pues la sangre pasa por el corazón dos veces en cada circuito por el cuerpo. Las arterias llevan sangre desde el corazón hacia los órganos, mientras que las venas la devuelven al corazón. La arteria pulmonar lleva sangre del corazón a los pulmones, donde se oxigena, y luego la sangre vuelve al corazón a través de la vena pulmonar. La aorta es la arteria principal que lleva sangre del corazón al resto del cuerpo. Para llegar hasta las extremidades, las arterias se ramifican en conductos menores llamados capilares.

La sangre es expulsada del corazón por dos cámaras musculosas, los ventrículos. La sangre sale por la aorta, impulsada por el ventrículo del lado izquierdo del corazón. Las dos venas principales que llevan sangre de vuelta al corazón son la vena cava superior y la vena cava inferior. La vena cava superior trae sangre de la cabeza, el cuello, el pecho y los brazos. La vena cava inferior es la mayor de las venas, y trae sangre de vuelta al corazón desde las partes media e inferior del cuerpo.

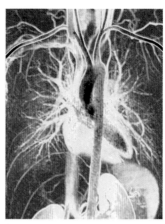

Imagen médica y circulación
La tecnología de la imagen permite estudiar los vasos sanguíneos y la circulación en pacientes vivos. Esta imagen es de una angiografía por resonancia magnética.

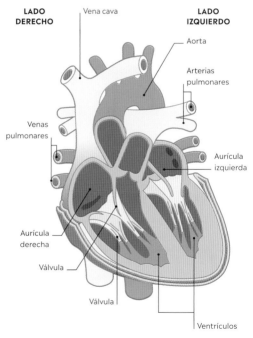

DENTRO DEL CORAZÓN
El corazón es una bomba muscular. El ventrículo derecho bombea sangre sin oxígeno a los pulmones. El ventrículo izquierdo, envuelto por una capa muscular más gruesa, bombea sangre oxigenada a todo el cuerpo. El flujo en el interior del corazón es controlado por válvulas, las cuales impiden que la sangre fluya hacia atrás.

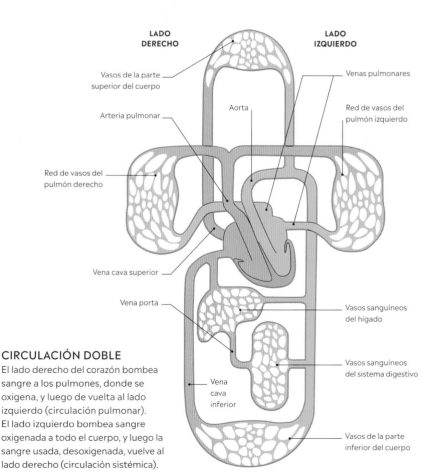

CIRCULACIÓN DOBLE
El lado derecho del corazón bombea sangre a los pulmones, donde se oxigena, y luego de vuelta al lado izquierdo (circulación pulmonar). El lado izquierdo bombea sangre oxigenada a todo el cuerpo, y luego la sangre usada, desoxigenada, vuelve al lado derecho (circulación sistémica).

1642
CALCULADORA ANTIGUA

El matemático francés Blaise Pascal inventó una máquina de cálculo matemático, la pascalina o máquina aritmética. Pensada originalmente como ayuda para los cálculos fiscales, empleaba un sistema de engranajes que colocaba números en columnas adyacentes para realizar operaciones de suma y resta.

▷ **La máquina** de Pascal

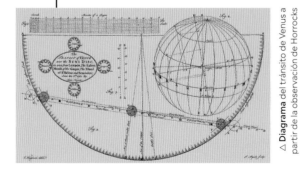

1637
ENCICLOPEDIA CHINA

El estudioso chino Song Yingxing publicó el *Tiangong Kaiwu*, enciclopedia sobre una amplia serie de aplicaciones prácticas de la ciencia a la agricultura, la metalurgia, el transporte, la hidráulica, la fabricación de papel y la producción de pólvora.

△ Ilustración de la enciclopedia de Song

1637 El matemático francés Pierre de Fermat anota su teorema en el margen de un viejo manual.

1642 *De Medicina Indorum* (*Medicina de las Indias*), del médico neerlandés Jacobus Bontius, describe una serie de enfermedades tropicales.

1635

▷ René Descartes

1639
PREDICCIÓN DEL TRÁNSITO DE VENUS

El astrónomo inglés Jeremiah Horrocks predijo y observó el tránsito de Venus, raro acontecimiento astronómico en el que se ve a Venus pasar ante el disco del Sol. El fenómeno se produce en pares, separados los dos tránsitos por ocho años y cada par del siguiente por unos 120 años, y lo emplearon los astrónomos para calcular el tamaño del Sistema Solar.

1637
COORDENADAS CARTESIANAS

En un apéndice a su *Discurso del método*, el filósofo y matemático francés René Descartes introdujo un sistema para situar puntos en un plano empleando coordenadas horizontales (x-) y verticales (y-). Su sistema lo emplean los matemáticos para crear gráficos desde entonces.

△ **Diagrama** del tránsito de Venus a partir de la observación de Horrocks

Se han producido siete tránsitos de Venus desde la invención del telescopio.

▷ **Torricelli** mostrando su barómetro

1644
EL BARÓMETRO

El físico italiano Evangelista Torricelli, ayudante de Galileo, hizo el primer barómetro creando un vacío en un tubo de vidrio sellado y parcialmente lleno de mercurio. Comprendió que el ascenso y descenso del mercurio se debía a lo que llamó un «océano de aire», y permitiría medir la presión atmosférica. Su experimento lo convirtió también en el primero en crear un vacío sostenido.

1646 Blaise Pascal descubre que la atmósfera es menos densa a mayor altitud, gracias a unos experimentos realizados por su cuñado Florin Périer.

1649 El científico francés Pierre Gassendi propone que la forma de los átomos determina las propiedades de la materia.

1649

1644 El astrónomo italiano Giovanni Odierna publica el primer libro sobre la vida microscópica, que incluye una descripción del ojo de una mosca.

1647
MAPA LUNAR

Estimulado por la teoría de que se podía calcular la longitud en el mar con la sombra proyectada por la Luna durante un eclipse, el astrónomo polaco Johannes Hevelius pasó cinco años observando las estrellas desde su observatorio casero en Gdansk. El resultado fue el primer atlas de la Luna, cuyas 40 láminas hermosamente grabadas la muestran en sus diversas fases.

▷ **Mapa lunar** de Hevelius

△ **Otto von Guericke** demuestra el vacío

1650

1652 El médico danés Thomas Bartholin ofrece la primera descripción completa del sistema linfático humano.

1653 En su *Tratado sobre el equilibrio de los líquidos*, Blaise Pascal propone que la presión de un líquido en un sistema cerrado pequeño es igual en todas las direcciones.

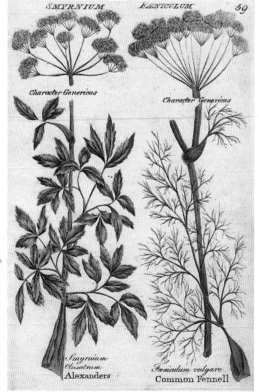

▽ Ilustraciones de *El médico inglés*

> «En verdad fue el ser mi cuerpo enfermizo lo que me dio fácilmente la aptitud de saber que la salud es la mayor de las bendiciones terrenas.»

WILLIAM CULPEPER, *EL MÉDICO INGLÉS* (1652)

1652

PLANTAS MEDICINALES

Con *El médico inglés*, escrito en inglés en lugar de latín, el botánico británico Nicolas Culpeper trató de hacer más accesible la medicina a los más pobres, incluyendo remedios de hierbas fácilmente disponibles, como la artemisa para los dolores del parto.

1658
ANATOMÍA COMPARADA

El biólogo neerlandés Jan Swammerdam fue el primero en describir los glóbulos rojos, tras observarlos al microscopio en la pata de una rana. También reunió información sobre la metamorfosis de las orugas en mariposas, y descubrió que la abeja principal en una colmena es una reina, y no un macho como hasta entonces se creía.

1654
LA FUERZA DEL VACÍO

El científico alemán Otto von Guericke demostró la fuerza del vacío extrayendo todo el aire de una esfera formada por dos semiesferas de cobre (los llamados hemisferios de Magdeburgo). La presión atmosférica sobre el vacío era tan fuerte que ni dos recuas de caballos las podían separar.

△ **Corazón de abeja,** por Jan Swammerdam

1655 El matemático inglés John Wallis crea un símbolo para el infinito y desarrolla un modo de hallar tangentes de una curva.

1655 El científico inglés Robert Hooke propone que los cráteres lunares se deben a grandes burbujas de lava volcánica.

1659

▽ Blaise Pascal

1653
EL TRIÁNGULO DE PASCAL

Blaise Pascal publicó el *Tratado del triángulo aritmético* como parte de sus estudios de probabilidad con los dados. El famoso diagrama triangular en el que cada número de las capas sucesivas se obtiene sumando los dos de arriba constituye una de las bases de la teoría de la probabilidad.

1656 Christiaan Huygens construye el primer reloj de péndulo, sin precedentes en su nivel de precisión.

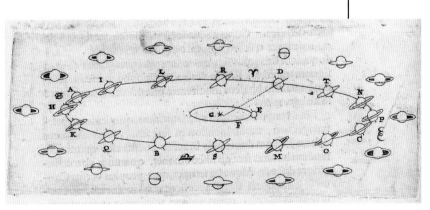
△ **Estudio de Saturno** por Christiaan Huygens

1655
ESTUDIOS DE SATURNO

Con la ayuda de un telescopio refractor, el científico neerlandés Christiaan Huygens descubrió Titán, el primer satélite de Saturno identificado. También teorizó que el planeta estaba rodeado por un anillo fino y plano, lo cual confirmó cuatro años más tarde mediante la observación.

1661
CAPILARES SANGUÍNEOS

Observando una red de finos tubos en la superficie del pulmón de una rana, el biólogo italiano Marcello Malpighi descubrió los capilares. Especuló que estos conectaban arterias y pulmones, permitiendo a la sangre regresar al corazón.

▽ **Estudio de Malpighi** de los pulmones de una rana

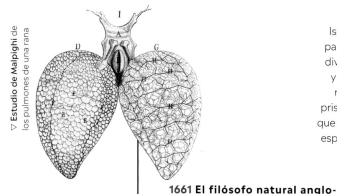

1666
ANÁLISIS DE LA LUZ BLANCA

El físico y matemático inglés Isaac Newton empleó un prisma para refractar la luz blanca, que se dividía en rayos de luz de colores, y recombinó estos en luz blanca refractándolos a través de otro prisma. Newton había descubierto que la luz blanca se compone de un espectro de colores, que aparecen siempre en el mismo orden.

1661 El filósofo natural anglo-irlandés Robert Boyle define «elemento» como una sustancia que no puede descomponerse.

1660

1660 Se funda en Londres la Royal Society, la institución científica británica más antigua.

▷ **Bomba de aire** de Boyle

▷ **Estudio** del corcho de Robert Hooke

1627-1691
ROBERT BOYLE

Nacido en Lismore (Irlanda), Boyle realizó un importante trabajo en física, hidrostática y ciencias de la Tierra, pero es más conocido como uno de los fundadores de la química moderna e impulsor del trabajo experimental. Como otros en su tiempo, creía en la alquimia.

1662
LEY DE BOYLE

Tras experimentar con una bomba de aire, Robert Boyle formuló la ley que afirma que, a temperatura constante, la presión de un gas es inversamente proporcional a su volumen, y por lo tanto su presión desciende al aumentar su volumen.

1665
DESCUBRIMIENTO DE LA CÉLULA

Observando la superficie de corteza de alcornoque con un microscopio de tres lentes, Robert Hooke vio un entramado como una colmena. Había descubierto las células vegetales, e inauguraba así la biología celular. Publicó sus descubrimientos en *Micrographia*, una obra repleta de ilustraciones extraordinariamente detalladas.

△ Isaac Newton y su experimento de refracción

1666-1667 El inglés Richard Lower y el francés Jean-Baptiste Denis realizan los primeros intentos de transfusión de sangre de animal a humano.

1669

ESTRATIGRAFÍA

El geólogo danés Nicolás Steno advirtió que las llamadas «lenguas de piedra» se parecían a los dientes de los tiburones modernos, y que se trataba de hecho de dientes fosilizados de tiburones antiguos. Propuso que tales fósiles habían quedado enterrados por la deposición de capas sucesivas, estableciendo así los principios de la estratigrafía.

△ Dientes de tiburón fosilizados

1669

1666 El italiano Giovanni Cassini observa que Marte tiene un casquete polar.

1668 El químico inglés John Mayow describe la respiración: señala que el corazón bombea sangre hasta los pulmones y que estos ponen en contacto el aire con la sangre.

1668 El italiano Francesco Redi refuta la teoría de la generación espontánea (según la cual surgirían seres vivos de la materia inerte) mediante experimentos con moscas.

CÉLULAS, TEJIDOS Y ÓRGANOS

Constituyentes básicos de todos los seres vivos, las células pueden trabajar solas —como las sanguíneas— u organizarse en tejidos. Estos se componen de células de estructura y función similares que operan juntas como una sola. Los tejidos se combinan en órganos, como el cerebro o el corazón, y estos en sistemas, como el nervioso o el circulatorio.

Sistemas
Distintos órganos se combinan formando sistemas. El corazón y los vasos sanguíneos, por ejemplo, forman el sistema circulatorio.

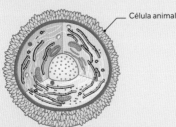

Célula animal

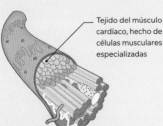

Tejido del músculo cardíaco, hecho de células musculares especializadas

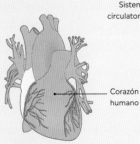

Corazón humano

Sistema circulatorio

Células
Hay cientos de tipos de células diferentes, con funciones únicas determinadas por los genes y la localización.

Tejidos
Células del mismo tipo se unen y forman tejidos como piel, hueso o músculo cardíaco (arriba).

Órganos
Tejidos diversos forman los órganos del cuerpo. El corazón tiene músculo y tejido conjuntivo, entre otros.

Plasma solar
Los átomos del Sol, casi todos ionizados, forman un plasma caliente. El movimiento de esta materia con carga eléctrica produce potentes campos magnéticos con efectos espectaculares, como las fulguraciones.

LOS ESTADOS DE LA MATERIA

La materia existe en formas o estados diferentes. Es la disposición de las partículas en una sustancia la que determina su estado y muchas de sus propiedades. Los tres estados «clásicos» de la materia son sólido, líquido y gaseoso.

En un sólido, las partículas están muy juntas y fijas, y no pueden moverse libremente. Los sólidos mantienen su tamaño y su forma, mientras la temperatura y la presión permanezcan iguales. En un líquido, las partículas están más separadas que en un sólido, y no están fijas. Los líquidos tienden a mantener su tamaño, pero cambian de forma para acomodarse al recipiente que los contenga. En un gas, las partículas no están ni juntas ni fijas, y se desplazan con energía en el espacio. Un gas puede cambiar de forma y de tamaño para caber en un

recipiente. La materia puede pasar de uno a otro estado por una transición de fase, que pueden causar cambios de presión y temperatura (abajo).

Hay un cuarto estado de la materia, el plasma, que puede resultarnos menos familiar, pero es el estado más común en el universo. Suele formarse cuando se calienta un gas a temperaturas extremas, arrancando electrones de sus átomos y haciendo que la sustancia se ionice (adquiera carga eléctrica). El Sol y otras estrellas están hechos de plasma, y en la Tierra hay plasma en los rayos de tormenta y en las luces de neón, por ejemplo. Además de sólido, líquido, gas y plasma, hay muchos otros estados de la materia, como los condensados de Bose-Einstein y el plasma de quark-gluones, que no existen en la naturaleza.

Metal inusual
Con un punto de fusión de –39 °C, el mercurio es el único metal líquido a temperatura ambiente. Esto lo hace útil para muchos dispositivos, como termómetros, interruptores y barómetros.

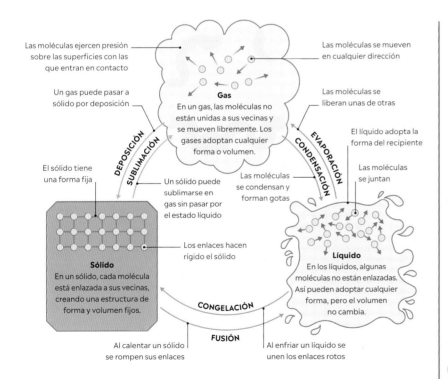

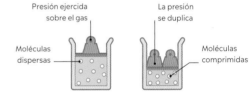

LEY DE BOYLE
La presión de un gas es inversamente proporcional a su volumen. Así, si se duplica la presión, el volumen se reduce a la mitad mientras la temperatura no cambie.

LEY DE CHARLES
Al aplicar calor a un gas, su volumen aumenta proporcionalmente. Sus moléculas se mueven más rápido y requieren más espacio si la presión no varía.

LEY DE GAY-LUSSAC
La presión de un gas es proporcional a su temperatura. Por tanto, si se duplica la temperatura (medida usando la escala Kelvin), la presión también se duplica.

CAMBIOS DE ESTADO
Los estados cambian por medio de una transición de fase, es decir, una transformación de la estructura y las propiedades. A bajas temperaturas, la materia es sólida; al calentarla se funde y pasa a líquido, que al hervirlo se convierte en gas. Esto sucede a temperaturas distintas para sustancias diferentes. Así, por ejemplo, el agua hierve a 100 °C, y el nitrógeno a –196 °C.

1670
AISLAMIENTO DEL FÓSFORO

El químico alemán Hennig Brand fue el primero en descubrir un elemento nuevo desde la antigüedad. Al evaporar orina en busca de un procedimiento alquímico para producir oro, obtuvo una sustancia ligera y cerosa que relucía en la oscuridad, a la que llamó fósforo («portador de la luz»).

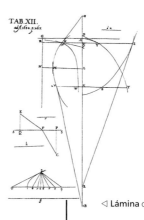

1674
CÁLCULO

El matemático alemán Gottfried Leibniz concibió el cálculo infinitesimal, la rama de las matemáticas que se ocupa de las tasas de cambio y la suma de factores infinitamente pequeños. Publicó la mayor parte de su trabajo en la revista *Acta Eruditorum*. Por el mismo tiempo, Isaac Newton desarrolló su propia versión del cálculo infinitesimal.

◁ **Lámina** de *Acta Eruditorum* (1684)

1670

1670 Robert Boyle
descubre el hidrógeno al verter ácido sobre hierro.

MICROORGANISMOS

También llamados microbios, los microorganismos son organismos demasiado pequeños para poder verlos a simple vista. La mayoría de los organismos de la Tierra —como bacterias, virus y muchas plantas, animales, hongos y algas— solo se ven al microscopio. Algunos son patógenos; otros son beneficiosos para nuestra existencia. Todas las superficies del cuerpo humano —desde la piel hasta la mucosa intestinal— albergan millones de microorganismos, muchos de los cuales nos protegen de la enfermedad.

La escala de tamaño
Los microorganismos varían en tamaño desde una milésima de metro (1 mm) en el caso de los ácaros hasta una millonésima de metro (1 micrómetro o micra) en el de las bacterias y diez veces menos en el de los virus.

△ **Ilustraciones** de animálculos

1675
ANIMÁLCULOS

Tras construir un microscopio de 275 aumentos, el científico neerlandés Antonie van Leeuwenhoek pudo ver organismos diminutos, y fue el primero en descubrir los protozoos, a los que llamó «animálculos».

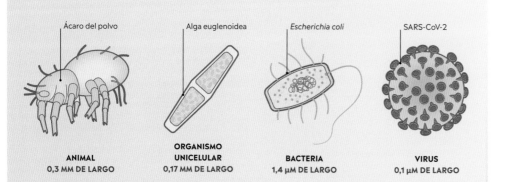

Ácaro del polvo | Alga euglenoidea | *Escherichia coli* | SARS-CoV-2

ANIMAL
0,3 MM DE LARGO

ORGANISMO UNICELULAR
0,17 MM DE LARGO

BACTERIA
1,4 µM DE LARGO

VIRUS
0,1 µM DE LARGO

△ **Ole Römer** en su observatorio

El primer avistamiento registrado del cometa Halley se produjo en 239 a. C. en China.

1676
LA VELOCIDAD DE LA LUZ

La velocidad de la luz se consideró infinita hasta que el astrónomo danés Ole Römer la midió por primera vez. Al observar eclipses del satélite Ío por Júpiter, comprobó que el periodo entre eclipses se acortaba cuando la Tierra estaba más cerca de Júpiter. Comprendió que esto se debía a la menor distancia a recorrer por la luz del eclipse, lo cual permitía calcular su velocidad.

1678 Christiaan Huygens propone que la luz se compone de ondas que vibran mientras la luz viaja.

1679 Gottfried Leibniz describe un sistema aritmético binario.

1682 El astrónomo inglés Edmond Halley observa el cometa cuyo regreso más tarde predecirá.

1684

1680 El fisiólogo italiano Giovanni Borelli funda la biomecánica con su estudio de la contracción muscular.

1684 Giovanni Cassini descubre dos satélites de Júpiter (Dione y Tetis), habiendo encontrado ya otros dos.

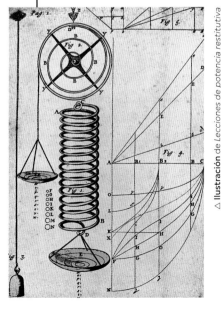

△ Ilustración de *Lecciones de potencia restitutiva*

1678
LA LEY DE HOOKE

Robert Hooke observó que materiales elásticos como los metales cambian de forma cuando se someten a una fuerza, y formuló su famosa ley (descrita en *Lecciones de potencia restitutiva, o el resorte*) que sostiene que la deformación es proporcional a la cantidad de fuerza aplicada, idea que llevó al desarrollo del muelle.

1656-1742
EDMOND HALLEY
Gran figura de la astronomía, Halley elaboró el primer mapa estelar de las constelaciones del sur, ingenió un método para observar el tránsito de Venus, y cartografió las órbitas de 24 cometas, entre ellos el que lleva su nombre (cuyo regreso en 1758 predijo).

1694
LA REPRODUCCIÓN SEXUAL EN LAS PLANTAS

En *De sexu plantarum epistola (Epístola sobre el sexo de las plantas)*, el botánico alemán Rudolf Camerarius expuso su descubrimiento del proceso de reproducción sexual en las plantas. Estudiando arbustos de morera, identificó los órganos masculinos (anteras) y femeninos (pistilos) de las plantas con flor, y describió la función del polen.

▷ Morera

1686
LA ESPECIE BIOLÓGICA

El naturalista inglés John Ray formuló la primera definición científica de especie, como grupo de animales o plantas con las mismas características y capaces de reproducirse entre sí. Esta sería la base de la taxonomía, la clasificación científica de las especies.

◁ John Ray

1689 El médico inglés Walter Harris publica uno de los primeros libros sobre medicina pediátrica.

1685

1686 Edmond Halley propone que los vientos se forman por un patrón de circulación atmosférica causado por el calor del Sol.

1690 Johannes Hevelius publica su último mapa estelar, que incluye muchos nombres de constelaciones usados aún hoy, como el Lince.

1687
LEYES DEL MOVIMIENTO

En *Principia mathematica*, Isaac Newton formuló su teoría de la gravedad y las leyes del movimiento, entre ellas que la velocidad de un cuerpo se mantendrá constante mientras no actúe otra fuerza sobre él, y que los cuerpos ejercen fuerzas iguales y opuestas entre sí.

«Todo cuerpo continúa en su estado de reposo o movimiento uniforme en línea recta, mientras no cambie dicho estado una fuerza ejercida sobre el mismo.»

PRIMERA LEY DEL MOVIMIENTO DE ISAAC NEWTON, DE *PRINCIPIA MATHEMATICA* (1687)

△ **Cuaderno de notas**
de Isaac Newton

1696
CIENCIA Y RELIGIÓN

En *Una nueva teoría de la Tierra*, el teólogo y científico inglés William Whiston trató de ofrecer explicaciones científicas para relatos bíblicos como el diluvio universal, que atribuyó al paso de un cometa cerca de la Tierra. Fue un paso más hacia el abandono de las explicaciones religiosas para los fenómenos naturales, y un intento temprano de escrutinio científico de la Biblia.

◁ *El arca de Noé en el monte Ararat,* de Simon de Myle

1697 El químico alemán Georg Stahl propone que, cuando algo arde, se libera en el aire una sustancia llamada flogisto.

1697 El matemático suizo Johann Bernoulli resuelve un problema relativo a la trayectoria de los objetos; la solución tiene implicaciones para la balística.

1698 Se publica póstumamente *Cosmotheereos* de Christiaan Huygens, donde especulaba que podía haber vida en otros planetas.

1698
BOMBA DE VAPOR

El ingeniero militar inglés Thomas Savery creó la primera máquina de vapor funcional para extraer agua de pozos de minas inundados. El agua se canalizaba a un depósito cerrado, donde el vapor a presión la elevaba y extraía del pozo.

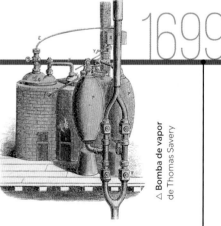

△ **Bomba de vapor** de Thomas Savery

1699

1643-1727
ISAAC NEWTON

La búsqueda de un esquema mecánico para el universo llevó al matemático inglés Isaac Newton a realizar avances en la óptica y el cálculo y a la formulación de su teoría de la gravedad, fundamento de la física durante más de 250 años.

1699
FISIOLOGÍA COMPARADA

Al diseccionar un chimpancé, el médico inglés Edward Tyson vio que el cerebro y otros órganos internos eran muy semejantes a los de los humanos. Diseccionó otros animales, entre ellos delfines y serpientes de cascabel, y se considera el fundador de la fisiología comparada.

▷ **Ilustración** de *Pongo pygmaeus* (orangután) de Edward Tyson

LAS LEYES DEL MOVIMIENTO

Inercia
La Voyager 1 viaja por un espacio casi vacío, donde prácticamente no actúan fuerzas sobre ella; así, sigue moviéndose indefinidamente.

Las leyes del movimiento de Isaac Newton son el fundamento de la mecánica clásica. Explican la relación entre el movimiento de un objeto y las fuerzas que actúan sobre él, y permiten predecir con precisión cómo se moverán bajo la influencia de tales fuerzas los objetos, desde balas de cañón hasta cohetes.

La primera ley del movimiento introduce el concepto de inercia, es decir, la tendencia de un objeto a continuar en el estado de movimiento en el que se encuentra mientras no intervenga alguna fuerza. Esto contradice directamente la idea clásica de que un objeto solo se sigue moviendo si alguna fuerza continúa actuando sobre él. La segunda ley describe la relación entre la fuerza aplicada a un objeto, su masa y la aceleración resultante: cuanto más pesado sea

el objeto, menos lo acelerará una fuerza dada. Según la tercera ley del movimiento, para toda acción hay una reacción igual y opuesta. Así, por ejemplo, a la fuerza ejercida por el Sol se opone la fuerza igual que ejerce la Tierra sobre el Sol (aunque esta tenga un efecto mucho menor, debido a la masa mucho mayor del Sol).

Estas tres leyes fueron la base para el avance del conocimiento sobre los sistemas físicos, y se aplicaron para explicar, por ejemplo, el comportamiento de los gases. Desarrollos más recientes de la física —como la relatividad (pp. 186–187 y 197) y la mecánica cuántica (pp. 180–181)— han descrito el comportamiento de objetos muy pequeños, muy rápidos o muy masivos, pero las leyes de Newton siguen siendo una buena aproximación para los fenómenos cotidianos.

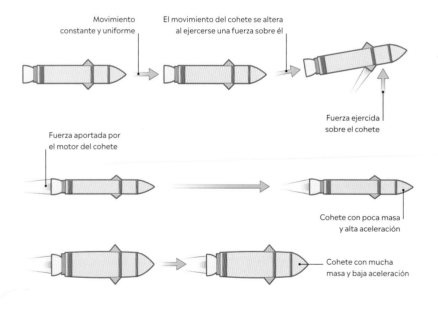

Movimiento constante y uniforme

El movimiento del cohete se altera al ejercerse una fuerza sobre él

Fuerza ejercida sobre el cohete

Fuerza aportada por el motor del cohete

Cohete con poca masa y alta aceleración

Cohete con mucha masa y baja aceleración

Acción en forma de empuje hacia atrás generado por la combustión

Reacción en forma de movimiento hacia delante

PRIMERA LEY DEL MOVIMIENTO
La primera ley del movimiento de Newton afirma que un objeto en reposo permanece en reposo, y un objeto en movimiento permanece en movimiento con velocidad y dirección constantes, mientras no actúen fuerzas externas sobre él. Así pues, un objeto (como un cohete) no se acelerará si no actúa una fuerza (como la de un cohete acelerador) sobre él.

SEGUNDA LEY DEL MOVIMIENTO
La segunda ley afirma que la aceleración (a) de un objeto depende de su masa (m) y de la fuerza (F) que se le aplique. Esto se expresa en la fórmula $F = ma$. La consecuencia es que un objeto de menor masa se acelerará más por efecto de una fuerza dada que un objeto de masa mayor.

TERCERA LEY DEL MOVIMIENTO
La tercera ley afirma que siempre que un objeto ejerce fuerza sobre otro, este ejerce una fuerza igual y en sentido contrario a la del primero. En otras palabras, toda acción tiene una reacción igual y opuesta. Así, por ejemplo, el empuje hacia delante de un cohete puede considerarse la reacción al empuje hacia atrás producido por el combustible al arder.

Acción y reacción
He aquí un ejemplo real de lo que afirma la tercera ley del movimiento: al empujar los remeros agua hacia atrás con los remos (acción), el agua ejerce un empuje hacia delante sobre la embarcación, que avanza.

DUALIDAD ONDA-PARTÍCULA

En algunos experimentos, las ondas se comportan como partículas, y estas como ondas. Esto hace que sea imposible describir objetos de escala cuántica (la de los átomos y objetos aún menores) como una cosa u otra. A la luz, por ejemplo, se le atribuyen características tanto de onda como de partícula. Esta dualidad onda-partícula es un concepto importante en la física cuántica.

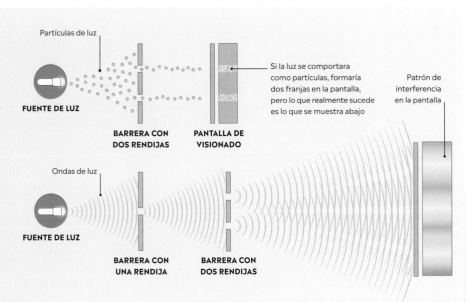

Partículas de luz

FUENTE DE LUZ

BARRERA CON DOS RENDIJAS

PANTALLA DE VISIONADO

Si la luz se comportara como partículas, formaría dos franjas en la pantalla, pero lo que realmente sucede es lo que se muestra abajo

Patrón de interferencia en la pantalla

Ondas de luz

FUENTE DE LUZ

BARRERA CON UNA RENDIJA

BARRERA CON DOS RENDIJAS

Comportamiento de onda

La luz dividida en dos haces por un par de rendijas en una barrera se difracta e interfiere consigo misma, produciendo un patrón de franjas claras y oscuras en una pantalla.

1700

1704 El anatomista italiano Antonio Valsalva publica la primera descripción detallada de la fisiología del oído humano.

1705 Edmond Halley predice el regreso en 1758 del que se conocerá como cometa Halley.

1707 Denis Papin, ingeniero francés, inventa la máquina de vapor a presión.

1706 El matemático galés William Jones representa con la letra griega π la proporción entre la circunferencia y el diámetro de un círculo.

▷ Georg Ernst Stahl

1703
TEORÍA DEL FLOGISTO

Partiendo de trabajos anteriores (p. 81), el químico alemán Georg Ernst Stahl se propuso obtener pruebas experimentales de la existencia del flogisto (supuesto elemento implicado en la combustión). Stahl se equivocaba en cuanto al flogisto, pero su trabajo suscitó experimentos que llevaron al descubrimiento del oxígeno.

OPTICKS:
OR, A
TREATISE
OF THE
REFLEXIONS, REFRACTIONS,
INFLEXIONS and COLOURS
OF
LIGHT.
by S. Isaac Newton
ALSO
Two TREATISES
OF THE
SPECIES and MAGNITUDE
OF
Curvilinear Figures.

LONDON,
Printed for SAM. SMITH, and BENJ. WALFORD,
Printers to the Royal Society, at the Prince's Arms in
St. Paul's Church-yard. MDCCIV.

1704
ÓPTICA DE NEWTON

En *Óptica*, su gran obra sobre la naturaleza de la luz, Newton detalló sus experimentos de refracción con prismas y lentes y de difracción con láminas de vidrio, y exploró también la naturaleza del calor, los fenómenos eléctricos y la posible causa de la gravedad.

◁ **Portada de la *Óptica*** de Newton

«¿No son los rayos de luz cuerpos minúsculos emitidos por sustancias que brillan?»

ISAAC NEWTON, *ÓPTICA* (1704)

▽ Máquina atmosférica de Thomas Newcomen

1712

LA MÁQUINA DE NEWCOMEN

El primer motor de vapor realmente funcional, la «máquina atmosférica» del inventor inglés Thomas Newcomen, mejoró enormemente el rendimiento logrado por la anterior máquina de Savery (p. 81). Como la de este, su máquina creaba el vacío en un cilindro a base de enfriar vapor de agua. El vacío creado en el cilindro tiraba de una viga hacia abajo; esta viga estaba colocada como un balancín, de modo que al llenarse el vacío del cilindro con vapor, la viga volvía a subir. Este movimiento de vaivén accionaba una bomba que extraía el agua de la mina inundada.

1714

LA JERINGA

Un cirujano militar francés, Dominique Anel, inventó una jeringa de succión de punta fina para extraer suciedad e infecciones de las heridas de los soldados. Su invento siguió usándose durante siglos, sobre todo para tratar afecciones del conducto lagrimal.

◁ **Jeringa lagrimal** de Dominique Anel

1714 Daniel Gabriel Fahrenheit crea un termómetro de mercurio que emplea la escala que luego llevará su nombre.

1719

c. **1713 El matemático suizo Jacob Bernoulli** descubre la secuencia conocida como números de Bernoulli.

1715

INOCULACIÓN DE LA VIRUELA

Las noticias de una técnica usada en el Imperio otomano para combatir la viruela, la variolación, llegaron a Europa. La aristócrata británica Lady Mary Wortley Montagu, que había vivido en Constantinopla, contribuyó a difundir su uso tras demostrar su eficacia en su propia hija.

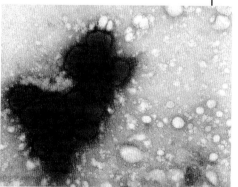

△ **Virus** de la viruela

1718

MOVIMIENTO PROPIO DE LAS ESTRELLAS

Al comparar sus observaciones con las de los astrónomos de la antigüedad, el astrónomo inglés Edmond Halley —entonces profesor de la Universidad de Oxford— demostró el movimiento propio de las estrellas «fijas» vistas desde la Tierra. Sus mediciones revelaron que las estrellas Arturo, Sirio y Aldebarán se habían movido más de medio grado con respecto a las posiciones anotadas por el astrónomo griego Hiparco casi dos milenios antes.

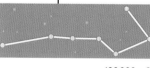

100 000 a. C.

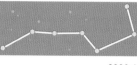

2000 d. C.

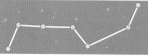

100 000 d. C.

△ **Forma cambiante** del arado de la Osa Mayor

1725
UN NUEVO CATÁLOGO ESTELAR

La *Historia coelestis* de John Flamsteed, publicada póstumamente, catalogó las posiciones de casi 3000 estrellas y fue una obra de referencia durante muchos años. Flamsteed había sido el astrónomo real durante más de 40 años, y tuvo el honor de poner la primera piedra del observatorio de Greenwich en Londres en 1675.

▷ **John Flamsteed** en el observatorio de Greenwich

1720

1721 El cirujano flamenco Jan Palfijn introduce el fórceps para facilitar los partos.

1723 El físico alemán Jacob Leupold publica el primero de los nueve volúmenes de su *Theatrum machinarum generale*, primer tratado sistemático sobre ingeniería mecánica.

1721 El relojero inglés George Graham inventa el péndulo de mercurio para los relojes, diseñado para evitar la expansión y contracción de la barra del péndulo con la temperatura.

1724 El emperador ruso Pedro el Grande funda la Academia de Ciencias de San Petersburgo e invita a estudiosos extranjeros a impartir clases allí.

▷ **Experimento** del aro de Gravesande

«Las plantas muy probablemente obtienen a través de las hojas parte de su nutrición del aire.»

STEPHEN HALES, *ESTÁTICA VEGETAL* (1727)

1720
EXPANSIÓN TÉRMICA

En *Physices elementa mathematica, experimentis confirmata* (*Elementos matemáticos de filosofía natural confirmados por experimentos*), Willem Gravesande aportó pruebas experimentales de las leyes de la mecánica de Newton. Una de sus demostraciones, diseñada para demostrar la expansión térmica, consistía en una esfera metálica que, una vez calentada, no pasaba ya por un aro.

1728

OBSERVATORIOS INDIOS

Jai Singh II, soberano del reino de Jaipur, ordenó la construcción de cinco observatorios astronómicos (o Jantar Mantar) en distintas ciudades del norte de India; estos reúnen un total de 19 estructuras, entre ellas el mayor reloj solar del mundo. Diseñados para la observación a simple vista, estos instrumentos sirvieron para predecir eclipses y otros fenómenos astronómicos.

1728

ODONTOLOGÍA TEMPRANA

El médico francés Pierre Fauchard publicó *El cirujano dentista*, texto sobre odontología que incluía la primera descripción del uso de aparatos de ortodoncia. Fauchard identificaba 103 problemas bucales diferentes y proponía tratamientos para ellos, y también sugería limitar el consumo de azúcar para reducir el riesgo de caries.

▷ Dentadura postiza de Fauchard

1729

▷ Jantar Mantar

1728 El astrónomo inglés James Bradley explica los cambios periódicos en la posición de estrellas fijas por aberraciones lumínicas.

1727

ESTUDIOS DE FISIOLOGÍA

En *Estática vegetal*, obra pionera que registra experimentos de fisiología vegetal y animal, el científico inglés Stephen Hales se ocupó de la circulación del agua en las plantas, incluida la transpiración, por la que el líquido que asciende por la planta se pierde por evaporación por las hojas.

▷ Demostración de Hales del consumo de agua de las plantas

△ El niño volador de Gray

1729

ELECTRICIDAD ESTÁTICA

Con una serie de experimentos pioneros, el científico inglés Stephen Gray demostró que algunos cuerpos conducen la electricidad y otros no. Un experimento famoso, el del «niño volador», reveló cómo la electricidad fluye por ciertos materiales, a los que llamó «conductores», pero no por otros («aislantes»).

1730
AISLAMIENTO DEL COBALTO

El químico sueco Georg Brandt fue el descubridor del cobalto, el primer metal identificado por un individuo de nombre conocido. Lo hizo separándolo del bismuto, un metal conocido desde la antigüedad y asociado a menudo al cobalto. Tras separar ambas sustancias, Brandt sometió ambas a pruebas químicas y de otro tipo, y demostró de paso que es el cobalto y no el bismuto el que da al vidrio un color azul.

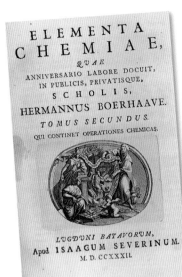

ELEMENTA
CHEMIAE,
QVAE
ANNIVERSARIO LABORE DOCUIT,
IN PUBLICIS, PRIVATISQUE,
SCHOLIS,
HERMANNUS BOERHAAVE.
TOMUS SECUNDUS.
QUI CONTINET OPERATIONES CHEMICAS.

LUGDUNI BATAVORUM,
Apud ISAACUM SEVERINUM.
M. D. CCXXXII.

1732
ELEMENTOS DE QUÍMICA

Elementa chemiae (*Elementos de química*), de Hermann Boerhaave, fue una obra de referencia durante el resto del siglo. Profesor de botánica y medicina en la Universidad de Leiden (Países Bajos), Boerhaave realizó también aportaciones importantes a la fisiología y la ciencia médica en general, y fomentó la investigación directa en lugar del recurso a los textos clásicos.

◁ **Portada** de *Elementa chemiae*

△ **Cobalto**

1730

1732 El inventor inglés John Kay inventa la lanzadera volante, un primer paso en la mecanización de la manufactura textil que impulsó la revolución industrial.

1735 El meteorólogo inglés George Hadley describe la llamada célula de Hadley, el patrón de circulación del viento que genera los alisios.

1730 El científico francés René de Réaumur construye un termómetro de alcohol con una escala graduada de 0° (punto de congelación del agua) a 80° (punto de ebullición).

1735
CRONÓMETRO MARINO

En respuesta a un premio ofrecido por el Parlamento británico 21 años antes, John Harrison presentó el primer cronómetro marino, hoy llamado H1, en 1735. El ingenio estaba diseñado para compensar los cambios de temperatura y el balanceo del barco, y funcionaba sin necesidad de lubricación. Al ofrecer una cuenta precisa del tiempo, permitía a los marineros calcular con mayor precisión la longitud (posición este-oeste) en los océanos.

▷ **Cronómetro H1** de John Harrison

CIRCULACIÓN ATMOSFÉRICA

La atmósfera terrestre circula de modo constante alrededor del globo como viento. El Sol calienta el aire tropical en zonas de baja presión, y este circula luego hacia los fríos polos. Sin embargo, dada la forma y la rotación de la Tierra, así como el grosor de la atmósfera, la circulación se da en forma de «células» gigantes, en los trópicos, las zonas templadas y los polos.

Células de circulación

El aire tropical cálido asciende, se enfría, se hunde y se recicla; el aire polar frío se aleja de los polos, se calienta y se recicla también. La célula templada tiene aire cálido que fluye hacia los polos y asciende al encontrarse con el aire polar frío.

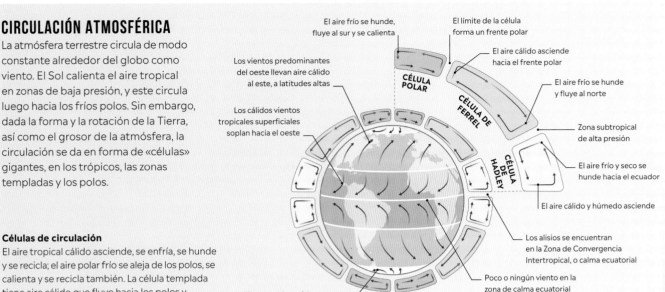

El aire frío se hunde, fluye al sur y se calienta

El límite de la célula forma un frente polar

Los vientos predominantes del oeste llevan aire cálido al este, a latitudes altas

El aire cálido asciende hacia el frente polar

CÉLULA POLAR

Los cálidos vientos tropicales superficiales soplan hacia el oeste

CÉLULA DE FERREL

El aire frío se hunde y fluye al norte

Zona subtropical de alta presión

CÉLULA DE HADLEY

El aire frío y seco se hunde hacia el ecuador

El aire cálido y húmedo asciende

Los alisios se encuentran en la Zona de Convergencia Intertropical, o calma ecuatorial

Vientos polares fríos y secos

Poco o ningún viento en la zona de calma ecuatorial

1736 El cirujano francés Claudius Aymand practica la primera operación de apendicitis con éxito.

1736 El médico estadounidense William Douglass describe la escarlatina.

1739

1736 El matemático suizo Leonhard Euler publica su *Mechanica*, considerado el primer manual sistemático de mecánica, y que analiza las matemáticas que gobiernan el movimiento.

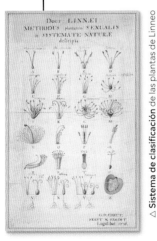

△ Sistema de clasificación de las plantas de Linneo

1700-1782
DANIEL BERNOULLI

Nacido en el seno de una familia de matemáticos suizos, Bernoulli trabajó como profesor de matemáticas, botánica, fisiología y física. Activo en muchos campos de estudio, logró avances en mecánica, astronomía y ciencia marítima.

Mayor presión, menor velocidad

Mayor presión, menor velocidad

Menor presión, mayor velocidad

Velocidad y presión

Al estrecharse el diámetro de un conducto por el que pasa un fluido, la velocidad de flujo aumenta a la vez que la presión se reduce, permitiendo circular sin impedimento el mismo volumen de fluido.

1738

PRINCIPIO DE BERNOULLI

En *Hydrodynamica*, Bernoulli investigó las fuerzas ejercidas por los fluidos y postuló lo que se conocería como principio de Bernoulli: la energía potencial de un fluido, medida en términos de presión estática (la fuerza que ejerce sobre un cuerpo en reposo), se reduce al aumentar su velocidad.

1735

CLASIFICACIÓN NATURAL

En *Systema naturae (Sistema de la naturaleza)*, el naturalista sueco Carlos Linneo introdujo una nueva clasificación de los seres vivos. Dividió el mundo natural en tres reinos —animal, vegetal y mineral— y estableció la convención, empleada aún hoy, de identificar cada especie por medio de dos nombres latinos.

1743
LA FORMA DE LA TIERRA

El matemático francés Alexis-Claude Clairaut fue un niño prodigio, y tenía solo 30 años cuando publicó su *Teoría de la forma de la Tierra, basada en los principios de la hidrostática*. Allí explicaba cómo calcular la fuerza gravitatoria a cualquier latitud. La teoría propuesta, luego conocida como teorema de Clairaut, confirmó la idea de Isaac Newton de que la Tierra es un esferoide achatado por los polos.

△ Alexis-Claude Clairaut

1740

1740 El rey Federico el Grande de Prusia revitaliza la Academia Prusiana de las Ciencias de Berlín.

1743 Benjamin Franklin y otros se reúnen en Filadelfia para fundar la Sociedad Filosófica Estadounidense, la primera sociedad científica del país.

1740 El inventor inglés Benjamin Huntsman introduce un nuevo proceso mejorado de crisol para fundir acero.

1744 El cartógrafo francés César-François Cassini supervisa la triangulación de Francia, el primer estudio geográfico nacional.

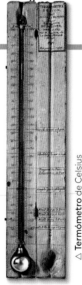
△ Termómetro de Celsius

1742
TERMÓMETRO CENTÍGRADO

El astrónomo suizo Anders Celsius inventó el termómetro centígrado. Originalmente estableció 0° como punto de ebullición y 100° como punto de congelación, pero el físico francés Jean Pierre Christin invirtió las cifras al año siguiente, fijando la escala que aún usamos hoy.

1743
EL PRINCIPIO DE D'ALEMBERT

En su *Tratado de dinámica*, el filósofo francés Jean d'Alembert explicó lo que vendría a conocerse como el principio de D'Alembert. Este afirma que, en un sistema cerrado de cuerpos en movimiento, acciones y reacciones están en equilibrio. Su tratado aplicaba esta regla a la solución de problemas de mecánica.

△ Jean d'Alembert

George Washington, Thomas Jefferson y Alexander Hamilton fueron miembros tempranos de la Sociedad Filosófica Estadounidense.

1706-1790
BENJAMIN FRANKLIN

Nacido en Boston (EE. UU.), Franklin fue un polímata cuyos intereses abarcaron la literatura, la política, la diplomacia y la ciencia. Entre sus inventos prácticos figuran el pararrayos, los anteojos bifocales y la estufa salamandra.

1746
ALMACENAR CARGA ELÉCTRICA

Trabajando por separado, el alemán Ewald Georg von Kleist y el neerlandés Pieter van Musschenbroek inventaron la llamada botella de Leiden, el primer medio práctico para almacenar energía estática. Se trataba de una botella de vidrio llena de alcohol, con un tapón de corcho atravesado por un clavo de metal.

▷ Botella de Leiden

1749

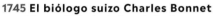

1745 El biólogo suizo Charles Bonnet publica su *Tratado de insectología*, que describe sus observaciones de la reproducción por partenogénesis y la metamorfosis de los áfidos.

1746 El minerólogo francés Jean-Étienne Guettard elabora el primer mapa geológico de Francia.

1749
UNA NUEVA HISTORIA NATURAL

En 1749, el conde de Buffon, polímata francés, publicó el primero de los 36 volúmenes de su *Historia natural*, compendio de los conocimientos de la época sobre animales y minerales; la sección prevista sobre las plantas no llegó a escribirla. El estilo literario de Buffon hizo de la obra uno de los textos científicos más leídos de su época.

▷ *Historia natural* de Buffon

1750
EL CIELO AUSTRAL

Una expedición liderada por el astrónomo francés Nicolas de Lacaille viajó al Cabo de Buena Esperanza para estudiar el cielo del hemisferio sur. Observando todas las noches desde un observatorio especialmente construido, Lacaille registró unas 10 000 estrellas a lo largo de los dos años siguientes, y dio a muchas de ellas los nombres que todavía hoy conservan. Asimismo, identificó y nombró 14 nuevas constelaciones.

◁ **La galaxia M83,**
descubierta por Lacaille

1751 Robert Whytt, pionero escocés de la neurología, publica *Un ensayo sobre los movimientos vitales y otros involuntarios de los animales*, donde distingue entre acciones involuntarias y conscientes.

1750

1752 La Ley de asesinatos permite a las escuelas médicas de Inglaterra diseccionar los cadáveres de asesinos ejecutados para realizar estudios anatómicos.

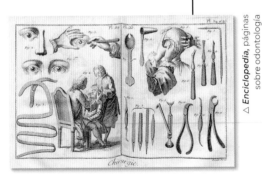

△ *Enciclopedia*, páginas sobre odontología

1751
LA ENCICLOPEDIA ILUSTRADA

Se publica en Francia el primer volumen de la *Encyclopédie, ou Dictionnaire raisonné des sciences, des arts et des métiers*, generalmente conocida como la *Enciclopedia*. Editada por Jean d'Alembert y Denis Diderot, la obra llegó a tener 28 volúmenes, y se considera el texto científico por excelencia de la Ilustración del siglo XVIII.

1752
CONDUCCIÓN DEL RAYO

Para demostrar que los rayos son una forma de descarga eléctrica, Benjamin Franklin describió un experimento consistente en hacer volar una cometa durante una tormenta. Consciente del peligro, recomendaba aislarse para no ser electrocutado, para lo cual proponía desviar la energía que recorre el hilo de la cometa a una botella de Leiden. El experimento inspiró la invención del pararrayos que protege de daños a los edificios durante las tormentas.

▷ **Benjamin Franklin**
realizando su experimento

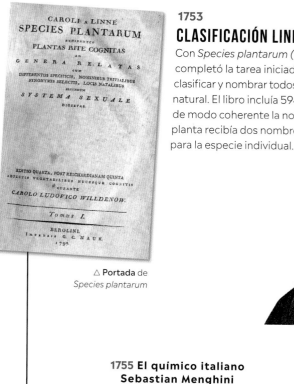

△ **Portada** de
Species plantarum

1753
CLASIFICACIÓN LINNEANA

Con *Species plantarum (Especies de plantas)*, Carlos Linneo completó la tarea iniciada dos décadas antes de catalogar, clasificar y nombrar todos los organismos conocidos del mundo natural. El libro incluía 5940 plantas, y fue el primero en aplicar de modo coherente la nomenclatura linneana, por la que cada planta recibía dos nombres latinos, uno para el género y otro para la especie individual.

1756
AISLAMIENTO DEL DIÓXIDO DE CARBONO

Tras experimentar con caliza calentada, el químico escocés Joseph Black anunció que había aislado el dióxido de carbono, al que llamó «aire fijo». Más tarde demostró que la respiración de los animales produce el mismo gas.

◁ **Joseph Black**

1755 El químico italiano Sebastian Menghini estudia los efectos del alcanfor en animales.

1758 La reaparición del cometa Halley confirma la precisión de la predicción hecha por Edmond Halley 53 años atrás.

1759

1754 Dorothea Erxleben es la primera mujer licenciada en medicina, en la Universidad de Halle (Alemania).

1756 El minerólogo Johann Lehmann estudia estratos rocosos en el macizo del Harz y los montes Metálicos de Alemania, fomentando así el uso de la estratigrafía en geología.

1759 John Harrison completa su cronómetro marino H4, que incorpora la mayoría de las características necesarias para calcular la longitud en el mar.

CLASIFICACIÓN DE LA VIDA

Los seres vivos se clasifican según sus características. Así, se distinguen cinco reinos: plantas, animales, hongos, protistas (como las amebas) y procariotas (como las bacterias). El sistema de los cinco reinos se sigue usando, pero hay muchos organismos que no encajan perfectamente en ninguno de ellos. Más recientemente, y basado en pruebas moleculares modernas, se ha propuesto un sistema de tres dominios o superreinos: bacterias, arqueas (semejantes, pero distintas de las bacterias) y eucariotas (que incluyen plantas, animales y hongos).

Categorías taxonómicas
Todos los seres vivos se clasifican por especie, género, familia, orden, clase, filo, reino y dominio. Los seres humanos pertenecen al género *Homo* y a la especie *Homo sapiens*.

 DOMINIO Los tigres —y todos los animales, plantas, hongos y protistas— pertenecen al dominio de los eucariotas, definido por células con envoltura nuclear.

 REINO El reino animal lo forman organismos multicelulares que obtienen energía del alimento. La mayoría de los animales tienen nervios y músculos.

 FILO Los tigres y otros miembros del filo de los cordados tienen columna vertebral u otra estructura de refuerzo a lo largo del cuerpo.

 CLASE Los tigres son mamíferos, es decir, tienen sangre caliente, pelo y amamantan a sus crías. La mayoría de los mamíferos paren crías vivas.

 ORDEN Los miembros del orden de los carnívoros tienen dientes especializados para morder y desgarrar, y se alimentan principalmente de carne.

 FAMILIA Los tigres pertenecen a la familia de los félidos, formada por carnívoros de cráneo corto y garras desarrolladas. La mayoría de ellos tienen uñas retráctiles.

 GÉNERO *Panthera* fue originalmente un género de grandes felinos con manchas. Hoy el rasgo definitorio es un cráneo aplanado y convexo.

 ESPECIE El tigre (*Panthera tigris*) es la única especie rayada del género *Panthera*.

▷ Johann Heinrich Lambert

1760
FOTOMETRÍA

En *Photometria*, el suizo Johann Heinrich Lambert estableció un sistema para medir el brillo o intensidad percibida de la luz. Introdujo el término «albedo» para designar la fracción de luz reflejada por una superficie; la propiedad de una superficie que refleja por igual en todas direcciones se conoce aún como lambertiana.

1761
LA ATMÓSFERA DE VENUS

Animados por el astrónomo francés Joseph-Nicolas Delisle, científicos de muchos países viajaron a distintas partes del globo para observar el tránsito de Venus entre la Tierra y el Sol. En el curso del estudio, el ruso Mijaíl Vasilievich Lomonósov, que se hallaba cerca de San Petersburgo, determinó que Venus tiene atmósfera.

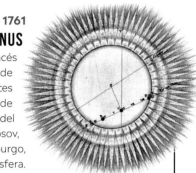

△ Dibujo del tránsito de Venus

1761 El anatomista italiano Giovanni Morgagni publica *De sedibus et causis morborum (Sobre la localización y las causas de las enfermedades)*, un hito en la anatomía patológica que desafió la idea de la enfermedad como desequilibrio de los humores.

1761 Joseph Black descubre el calor latente, la energía liberada o absorbida por una sustancia al cambiar de estado.

1760

1760
ESTUDIOS SOBRE TERREMOTOS

Mientras trabajaba en la Universidad de Cambridge, John Michell publicó la obra *Conjeturas sobre la causa y observaciones sobre los fenómenos de los terremotos*, inspirada en parte por el catastrófico terremoto que devastó Lisboa en 1755. Basando sus observaciones en su conocimiento de los estratos geológicos de Inglaterra, identificó el epicentro del terremoto de Lisboa, y además señaló el papel de las fallas de la corteza terrestre en la actividad sísmica.

▷ **Terremoto** de Lisboa

1711-1765
MIJAÍL VASILIEVICH LOMONÓSOV

Nacido en el extremo norte de Rusia, Lomonósov fue una figura renacentista cuyos intereses abarcaron la física, la astronomía, la geología, la química (en la que contribuyó a desacreditar la teoría del flogisto), la historia y la gramática rusa.

1764
INDUSTRIA TEXTIL

El tejedor y carpintero inglés James Hargreaves inventó la hiladora Jenny, máquina de múltiples husos que permitía a un solo trabajador operar ocho o más carretes a la vez. El ingenio aceleró el proceso de producción y supuso un paso clave en la industrialización de la manufactura de textiles.

▷ **La hiladora Jenny** de Hargreaves

1762 El industrial inglés John Roebuck patenta un método para hacer maleable el hierro fundido «por la acción de un horno de carbón hueco».

1762 Muere el astrónomo James Bradley, que llegó a medir y catalogar la localización de 60 000 estrellas.

1762 Lomonósov publica su obra pionera sobre geología: *Sobre los estratos de la Tierra.*

1764

1764 Robert Whytt publica *Sobre las enfermedades nerviosas, hipocondríacas o histéricas.*

▷ Joseph-Louis Lagrange

1762
CÁLCULO DE VARIACIONES

Joseph-Louis Lagrange, nacido en Italia y nacionalizado francés, publicó los resultados de su trabajo sobre el cálculo de variaciones, expresión acuñada seis años después por el suizo Leonhard Euler. Apoyándose uno en el trabajo del otro, desarrollaron conjuntamente un nuevo enfoque de la mecánica, y dieron nombre a las ecuaciones de Euler-Lagrange.

«Pretendo reducir la teoría de esta ciencia [la mecánica] [...] a fórmulas generales.»

JOSEPH-LOUIS LAGRANGE, *MECÁNICA ANALÍTICA* (1788)

1736-1819
JAMES WATT

Formado como fabricante de instrumentos, James Watt trabajó en la Universidad de Glasgow, en su Escocia natal. Mientras trataba de reparar una máquina de Newcomen (p. 85), tuvo la idea para la máquina de vapor mejorada que le haría mundialmente famoso.

1766
IDENTIFICACIÓN DEL HIDRÓGENO

A los 35 años, el científico inglés Henry Cavendish publicó su primer trabajo sobre lo que llamó «aires facticios». Un gas que identificó como «aire inflamable», obtenido experimentalmente por la acción de ácidos sobre limaduras de hierro, era de hecho el hidrógeno, al que atribuyó correctamente una proporción de dos a uno con el oxígeno en el agua.

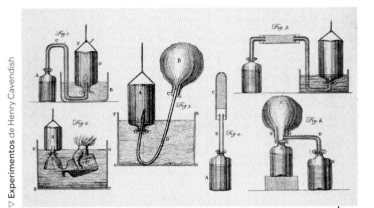

▷ Experimentos de Henry Cavendish

1765 El biólogo italiano Lazzaro Spallanzani refuta la teoría de la generación espontánea en su primera obra científica publicada.

1765

1765 Leonhard Euler publica *Theoria motus corporum solidorum seu rigidorum (Teoría del movimiento de los cuerpos sólidos o rígidos)*.

1765
LA MÁQUINA DE WATT

Consciente de los defectos de la máquina de vapor creada por Thomas Newcomen medio siglo antes, el ingeniero escocés James Watt concibió un modelo en el que el vapor se condensaba en un cilindro secundario aparte del pistón, evitando así la pérdida de calor y conservando energía. En uso comercial once años después, la máquina de Watt y sus sucesoras fueron la principal fuente de energía para las fábricas británicas.

◁ **Máquina de vapor** de James Watt (réplica)

El vehículo a vapor de Cugnot

1769
EL PRIMER AUTOMÓVIL

El automóvil más antiguo fue un vehículo a vapor de tres ruedas, diseñado por el ingeniero militar francés Joseph Cugnot para transportar cañones. Una versión mayor, también de tres ruedas y con la caldera soportada por la rueda delantera, se probó al año siguiente: viajaba a menos de 4 km/h, resultaba inestable y no tardó en ser abandonado.

1766 El inventor suizo Horace-Bénédict de Saussure inventa un electrómetro temprano: un instrumento capaz de medir la carga eléctrica.

1767 Se publica la primera edición de *The Nautical Almanac* bajo la supervisión del astrónomo británico Nevil Maskelyne.

1768 El químico francés Antoine Baumé inventa el hidrómetro graduado, que introduce la escala que lleva su nombre.

1769

1767
ESTUDIO DE LA ELECTRICIDAD

En la obra *La historia y el estado presente de la electricidad*, el científico inglés Joseph Priestley revisaba el conocimiento existente sobre la electricidad y aportaba ideas para estudios futuros. Sus propios experimentos probaron que el carbono era conductor, refutando así la idea de que solo lo eran el agua y los metales.

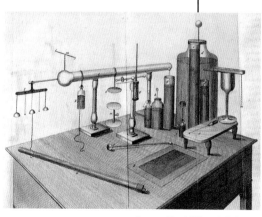

△ **Ilustración** del libro de Priestley

Banksia ericifolia

1769
RUMBO AL SUR

En la expedición al Pacífico dirigida por el capitán James Cook que llegó a Tahití en 1769, el botánico inglés Joseph Banks identificó varios cientos de nuevas especies de plantas.

The Nautical Almanac tabuló las distancias lunares para ayudar a los marineros a determinar la longitud observando la Luna.

1771
UN VIAJE GLOBAL

Viaje alrededor del mundo, del almirante francés Louis-Antoine de Bougainville, describe su circunnavegación del globo en 1766-1769. Los naturalistas a bordo de sus barcos reunieron numerosas muestras, entre ellas plantas de un género luego nombrado en su honor.

▷ Flores de *Bougainvillea*

1772
PUNTOS DE LAGRANGE

Los puntos de Lagrange, descubiertos por Leonhard Euler y Joseph Louis Lagrange, son los cinco puntos (L1-L5) donde se equilibran las fuerzas gravitatorias entre cuerpos en órbita. Existen por todo el Sistema Solar allí donde un cuerpo masivo orbita alrededor de otro mayor.

Puntos de Lagrange en el sistema Tierra-Luna-Sol
Objetos menores enviados a puntos de Lagrange tienden a mantener su posición en relación con los dos cuerpos mayores, algo útil para situar satélites.

Órbita de la Tierra

60° por delante de la Tierra; son posibles órbitas estables

L4

Órbita de la Luna

La Tierra protege los telescopios de la radiación solar

L3

SOL

L1

L2

TIERRA

Empleado para observar el Sol

Punto opuesto al que ocupa la Tierra

L5

60° por detrás de la Tierra; son posibles órbitas estables

1771 *La historia natural de los dientes humanos,* del cirujano escocés John Hunter, pone los cimientos científicos de la odontología.

1774 El geólogo alemán Abraham Werner publica el primer manual moderno de mineralogía, *De las características externas de los fósiles.*

1770 El matemático suizo Leonhard Euler publica *Elementos de álgebra,* un manual de matemáticas escrito en un estilo accesible.

1772 El químico sueco-alemán Carl Wilhelm Scheele descubre el oxígeno, al que llama «aire de fuego»; publica sus resultados cinco años después.

1774
EL CATÁLOGO MESSIER

El francés Charles Messier publicó en 1774 la primera parte de un catálogo de fenómenos celestes observados por él y su asistente, con 45 entradas denominadas de M1 a M45. A lo largo de la década siguiente, la lista se amplió a 103 objetos, después identificados como galaxias, nebulosas y cúmulos estelares.

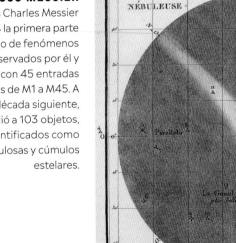

1730-1817
CHARLES MESSIER

Fascinado por la observación del cielo desde joven, Messier trabajó desde los 21 años para el astrónomo más destacado de Francia, Joseph-Nicolas Delisle, registrando sus observaciones. Su catálogo se usa aún hoy para identificar fenómenos celestes.

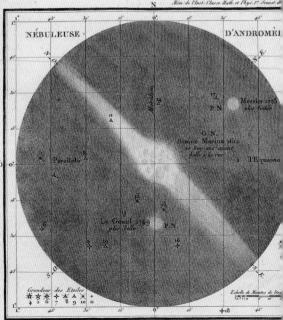

▷ **Esbozo de Charles Messier** de la nebulosa M31 (Andrómeda)

EL CICLO DEL CARBONO

La vida depende del carbono para el alimento, y los humanos, además, para la ropa, la vivienda, el transporte y la energía. El carbono circula a través de los seres vivos hasta la materia inerte, y se almacena en rocas y en la atmósfera. Por el proceso de la fotosíntesis, las plantas extraen carbono de la atmósfera. Las plantas son alimento de animales, que al respirar emiten carbono a la atmósfera y que al morir lo entierran en el suelo. La combustión de carbono mineral en forma de combustibles fósiles devuelve carbono a la atmósfera.

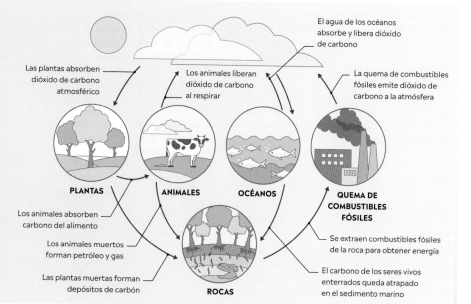

El agua de los océanos absorbe y libera dióxido de carbono

Las plantas absorben dióxido de carbono atmosférico

Los animales liberan dióxido de carbono al respirar

La quema de combustibles fósiles emite dióxido de carbono a la atmósfera

PLANTAS

ANIMALES

OCÉANOS

QUEMA DE COMBUSTIBLES FÓSILES

Los animales absorben carbono del alimento

Se extraen combustibles fósiles de la roca para obtener energía

Los animales muertos forman petróleo y gas

El carbono de los seres vivos enterrados queda atrapado en el sedimento marino

Las plantas muertas forman depósitos de carbón

ROCAS

1774 El químico francés Antoine Lavoisier observa que la respiración animal y la combustión producen ambas dióxido de carbono, y las relaciona con el ciclo del carbono.

1774 En Francia, Nicolas Desmarest publica los resultados de una década de estudios sobre la geología de la región de Auvernia.

1774

▷ **Franz Mesmer** en una sesión

1774
EL MESMERISMO

Franz Mesmer, médico austríaco con consulta en Viena, desarrolló la teoría del «magnetismo animal», que consideraba una fuerza natural presente en todos los seres vivos. Experimentó brevemente con imanes para tratar a pacientes con histeria, pero no tardó en desarrollar técnicas alternativas, entre ellas procedimientos luego identificados como hipnosis.

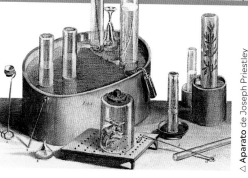
△ **Aparato** de Joseph Priestley

1774
PRIESTLEY AÍSLA EL OXÍGENO

El científico inglés Joseph Priestley aisló el oxígeno, al que llamó «aire deflogistizado». Fue el primero en hacerlo público, pero al menos tres años antes Carl Wilhelm Scheele había obtenido oxígeno por su cuenta. En la primera parte de *Experimentos y observaciones sobre diferentes tipos de aire*, luego ampliado a seis volúmenes, Priestley anunció también el descubrimiento de otros gases hidrosolubles, entre ellos el amoníaco, el dióxido de azufre y el cloruro de hidrógeno.

«Existe una influencia mutua entre los cuerpos celestes, la Tierra y los cuerpos animados.»

FRANZ MESMER, *PROPOSICIONES SOBRE EL MAGNETISMO ANIMAL* (1779)

> «No fue muy difícil [...] percibir que la hierba activa no podía ser otra que la dedalera.»

WILLIAM WITHERING, *UN INFORME SOBRE LA DEDALERA Y ALGUNOS DE SUS USOS MÉDICOS* (1785)

1776
EXTRACCIÓN Y AISLAMIENTO DE FÁRMACOS

Como médico en el Hospital General de Birmingham, en Inglaterra, William Withering dividía su tiempo entre la medicina y los estudios botánicos, y advirtió la importancia de la dedalera en los remedios de hierbas tradicionales. Esto condujo al uso de su principio activo, la digitalina, en el tratamiento de trastornos cardíacos.

◁ *Digitalis purpurea,* o dedalera

1776 La primera máquina de vapor
de James Watt se instala en empresas comerciales y acelera el inicio de la revolución industrial.

1775

1775 El inventor estadounidense David Bushnell construye el *Turtle*, el primer submarino del mundo, mientras estudia en Yale.

▽ **Polilla *Cossus*,** género incluido en la clasificación de Fabricius

1777
MEDIDA DE FUERZAS DÉBILES

El ingeniero francés Charles-Augustin de Coulomb desarrolló la balanza de torsión para la medición de la carga eléctrica, y la utilizó para calcular la fuerza entre partículas eléctricamente cargadas. Con los resultados obtenidos, formuló la ley que lleva su nombre, según la cual la fuerza electrostática es proporcional al producto de las cargas e inversamente proporcional al cuadrado de la distancia entre ellas.

1775
SISTEMA ENTOMOLÓGICO

El zoólogo danés Johan Christian Fabricius publicó su *Systema entomologiae (Sistema entomológico)*, la primera de una serie de obras en las que clarificó y expandió la clasificación de insectos comenzada por Carlos Linneo. Acabó identificando casi 10 000 especies: muchas más de las 3000 conocidas y registradas por Linneo.

▷ **Balanza de torsión** de Coulomb

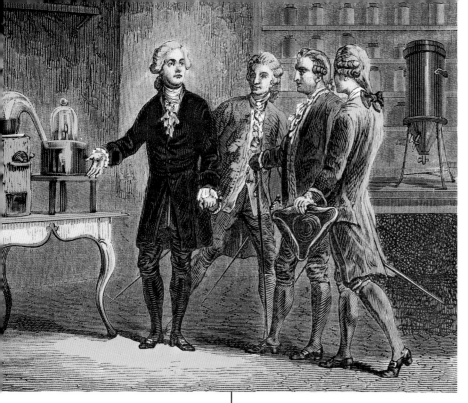

1778
OXÍGENO

Inspirado en parte por el trabajo de Joseph Priestley, el químico francés Antoine Lavoisier publicó *Memoria de Pascua*, donde detallaba su estudio sobre la naturaleza del aire. Habiendo determinado experimentalmente que el aire «deflogistizado» de Priestley constituía tan solo en torno a una sexta parte de la atmósfera que respiramos, y que la otra propiedad química implicada no podía sostener la respiración o combustión por sí sola, acuñó el término «oxígeno» para lo que llamó «nada más que la parte más sana y pura».

◁ **Experimento de respiración** de Lavoisier

1778 El conde de Buffon, aristócrata francés, especula sobre los orígenes del Sistema Solar en *Las épocas de la naturaleza*.

1779 En *Experimentos y observaciones sobre el calor animal*, el químico irlandés Adair Crawford muestra que la respiración produce cambios químicos que afectan a la capacidad calorífica del aire.

1779

1779 El sacerdote italiano Lazzaro Spallanzani experimenta con la inseminación artificial en un perro.

1779 Samuel Crompton crea la «mula de hilar», máquina que industrializa la producción textil en Inglaterra.

1743-1794
ANTOINE LAVOISIER

Lavoisier, aristócrata francés, fue una figura central en la revolución química del siglo XVIII, notable por nombrar el oxígeno y descubrir su papel en la combustión. Su trabajo fue interrumpido por la Revolución francesa, al ser acusado de fraude y guillotinado.

1779
PRINCIPIOS DE LA FOTOSÍNTESIS

El biólogo neerlandés Jan Ingenhousz amplió el trabajo de Joseph Priestley y mostró que las plantas emiten burbujas de oxígeno cuando están expuestas a la luz y dióxido de carbono en la oscuridad, demostrando así que la luz tiene un papel esencial en el modo en que las plantas verdes crean y almacenan energía química, y revelando el principio básico de la fotosíntesis.

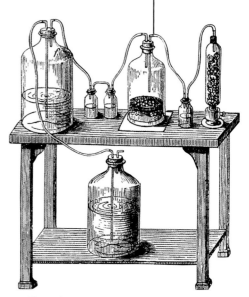

△ **El experimento** de Jan Ingenhousz

1738-1822
WILLIAM HERSCHEL
Nacido en Hanover (Alemania), Herschel emigró a Inglaterra a los 19 años. Tras haber emprendido una carrera como músico, desde 1773 se dedicó a la astronomía. El catálogo estelar que publicó en 1820 incluía unos 5000 objetos.

1782
PRIMER VUELO TRIPULADO
Después de diversos experimentos con paracaídas y modelos a escala, los hermanos franceses Joseph-Michel y Jacques-Étienne Montgolfier construyeron un globo de aire caliente. Tras un exitoso vuelo de prueba que transportó una oveja, un pato y un gallo, Étienne realizó un ascenso atado a un cabo, y poco después los aristócratas Jean-François Pilâtre de Rozier y el marqués de Arlandes realizaron el primer vuelo libre tripulado, que tuvo una duración de 25 minutos.

▷ **Globo** de los hermanos Montgolfier

1780 En Francia, Antoine Lavoisier y Claude Berthollet inician una nueva era de hallazgos químicos con la combustión de compuestos orgánicos y el análisis de los productos para determinar su composición química.

1780

1780 El polímata italiano Felice Fontana descubre la reacción de desplazamiento agua-gas, que permite producir hidrógeno a partir de monóxido de carbono y vapor de agua.

1780 El científico suizo Ami Argand inventa la lámpara de aceite que lleva su nombre.

▽ **El experimento** de Galvani

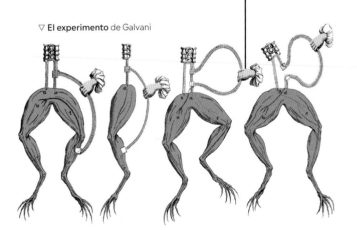

1780
IMPULSOS NERVIOSOS
El físico italiano Luigi Galvani y su esposa Lucia Galeazzi observaron que los músculos de las ranas muertas se contraían al aplicarles una chispa eléctrica. La noticia del resultado, atribuido por Galvani a la «electricidad animal», llegó a oídos de la novelista Mary Shelley, que aprovechó la idea a la hora de escribir *Frankenstein*.

△ **Telescopio de Herschel** (réplica)

1781
DESCUBRIMIENTO DE URANO
El astrónomo William Herschel descubrió un objeto desconocido en la constelación de Géminis empleando un telescopio de fabricación propia. Observaciones posteriores revelaron que era un planeta, el primero descubierto desde la antigüedad y que recibiría el nombre de Urano, por el dios del cielo de la mitología griega.

«A la luz le influye la gravedad de igual modo que a los objetos masivos.»

JOHN MICHELL, CARTA A HENRY CAVENDISH (1783)

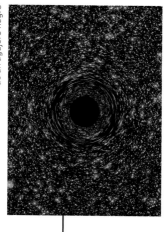

▷ **Simulación por ordenador** de un agujero negro

1783
ESTRELLAS OSCURAS

John Michell, clérigo inglés de amplios intereses científicos, usó la física newtoniana para plantear la idea de los agujeros negros (que llamó «estrellas oscuras»). En un trabajo leído ante la Royal Society de Londres, Michell propuso que algunas estrellas ejercen una atracción gravitatoria tan grande que la luz no puede escapar de ellas (abajo).

1784
ESTRUCTURA CRISTALINA

René-Just Haüy, sacerdote y miembro de la Academia de Ciencias de Francia, publicó *Ensayo sobre una teoría de la estructura de los cristales*, una obra pionera del campo relativamente nuevo de la cristalografía en la que demostró que los cristales se componen de disposiciones ordenadas de moléculas con formas particulares.

▷ **Modelo en madera** de la estructura cristalina de René-Just Haüy

1784

1784 Los científicos franceses Antoine Lavoisier y Pierre-Simon Laplace miden la cantidad de oxígeno consumido y de dióxido de carbono y calor producida en la respiración y la combustión.

1784 En *Experimentos sobre el aire*, el científico inglés Henry Cavendish explica cómo obtuvo agua al hacer explotar dos partes de «aire inflamable» (hidrógeno) y una de «aire deflogistizado» (oxígeno).

AGUJEROS NEGROS

Un agujero negro se forma cuando una estrella mucho más masiva que el Sol se queda sin combustible. El núcleo colapsa con suficiente violencia para superar las fuerzas de repulsión entre partículas subatómicas que confieren a la materia su estructura, y se forma un punto superdenso infinitamente pequeño llamado singularidad, que crece al atraer materia de su entorno. Cuando dicha materia es muy abundante —como sucede en las galaxias en formación—, un crecimiento desbocado puede dar lugar a objetos supermasivos, con una masa de millones de veces la del Sol.

Estructura de un agujero negro
En la teoría de la relatividad general de Einstein, las singularidades deforman el espacio-tiempo a su alrededor y crean un pozo gravitatorio del que ni la luz puede escapar.

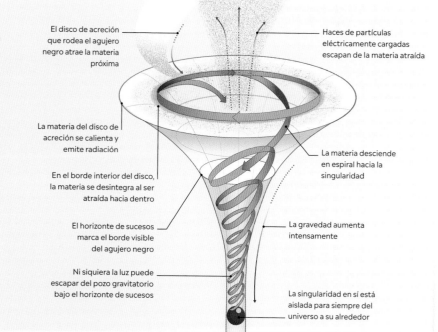

El disco de acreción que rodea el agujero negro atrae la materia próxima

Haces de partículas eléctricamente cargadas escapan de la materia atraída

La materia del disco de acreción se calienta y emite radiación

La materia desciende en espiral hacia la singularidad

En el borde interior del disco, la materia se desintegra al ser atraída hacia dentro

El horizonte de sucesos marca el borde visible del agujero negro

La gravedad aumenta intensamente

Ni siquiera la luz puede escapar del pozo gravitatorio bajo el horizonte de sucesos

La singularidad en sí está aislada para siempre del universo a su alrededor

1785
ATRACCIÓN Y REPULSIÓN

En su *Primera memoria sobre electricidad y magnetismo*, Charles-Augustin de Coulomb elaboró los principios de la ley que lleva su nombre, que había establecido en 1777 (p. 100). Publicaría otras seis memorias, en las que exploraba las leyes de la atracción y repulsión entre cargas eléctricas y polos magnéticos.

▷ **Charles-Augustin de Coulomb**

1787
ESTUDIOS DE MONTAÑAS

Movido por el deseo de estudiar las condiciones geológicas y meteorológicas en condiciones extremas, el estudioso e inventor Horace de Saussure fue uno de los primeros en escalar el Mont Blanc, la montaña más alta de Europa Occidental. Saussure llevaba barómetros, termómetros y otros instrumentos de creación propia hasta la cima de los picos que ascendía, e iba realizando mediciones por el camino.

▷ **Monumento** a Horace de Saussure

1785 Henry Cavendish determina que la atmósfera se compone de una quinta parte de oxígeno y cuatro quintas partes de nitrógeno, además de un gas desconocido.

1785

1785 El químico francés Claude Louis Berthollet descubre las propiedades blanqueadoras del gas cloro.

1786 William Herschel publica los primeros resultados de sus observaciones del cielo profundo, con una lista de mil cúmulos estelares. En los 16 años siguientes añadirá otros 1500 objetos al catálogo.

EL CICLO LITOLÓGICO

En el ciclo litológico de la Tierra, los materiales de la superficie se reciclan en el interior del planeta y regresan luego a la superficie. La meteorización y la erosión descomponen la roca, cuyas partes minerales, transportadas por el viento y el agua, se depositan en capas sedimentarias. Con el tiempo, estas se litifican como roca sedimentaria, que expuesta a un calor y una presión determinados se transforma en roca metamórfica. Un calor aún mayor funde las rocas, y el magma o bien se enfría como roca ígnea intrusiva, o bien sale en una erupción de roca ígnea extrusiva.

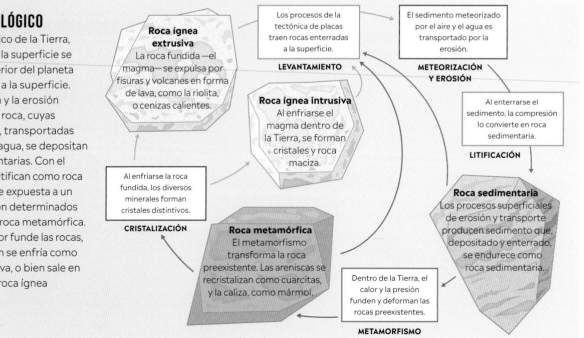

Roca ígnea extrusiva
La roca fundida —el magma— se expulsa por fisuras y volcanes en forma de lava, como la riolita, o cenizas calientes.

Los procesos de la tectónica de placas traen rocas enterradas a la superficie.

LEVANTAMIENTO

El sedimento meteorizado por el aire y el agua es transportado por la erosión.

METEORIZACIÓN Y EROSIÓN

Roca ígnea intrusiva
Al enfriarse el magma dentro de la Tierra, se forman cristales y roca maciza.

Al enterrarse el sedimento, la compresión lo convierte en roca sedimentaria.

LITIFICACIÓN

Al enfriarse la roca fundida, los diversos minerales forman cristales distintivos.

CRISTALIZACIÓN

Roca sedimentaria
Los procesos superficiales de erosión y transporte producen sedimento que, depositado y enterrado, se endurece como roca sedimentaria.

Roca metamórfica
El metamorfismo transforma la roca preexistente. Las areniscas se recristalizan como cuarcitas, y la caliza, como mármol.

Dentro de la Tierra, el calor y la presión funden y deforman las rocas preexistentes.

METAMORFISMO

1789
TEORÍA DE LA COMBUSTIÓN

En *Tratado elemental de química*, generalmente considerado el primer manual moderno de la materia, Antoine Lavoisier propuso una nueva teoría de la combustión, según la cual el oxígeno sostiene la combustión y la respiración, y rechazó la teoría imperante del flogisto.

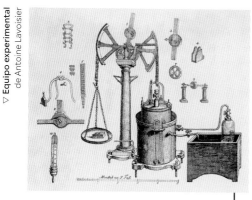

▷ **Equipo experimental** de Antoine Lavoisier

> «He mirado más allá en el espacio que ningún ser humano antes que yo.»

ATRIBUIDO A WILLIAM HERSCHEL (*c.* 1813)

1789
GÉNEROS DE PLANTAS

El botánico francés Antoine Laurent de Jussieu publicó *Genera plantarum*, al que siguieron otras obras relevantes sobre clasificación que desarrollaron el legado de Carlos Linneo, reconociendo la importancia de filos, clases y órdenes en la taxonomía vegetal.

▷ **Lámina** del *Diccionario de ciencia natural* de Jussieu

1788 Joseph-Louis Lagrange publica *Mecánica analítica*, compendio de 16 años de trabajo para simplificar las fórmulas de la mecánica clásica newtoniana.

1789

1789 El químico alemán Martin Klaproth identifica el elemento químico uranio, al que nombra así por el planeta Urano, recientemente descubierto; ese mismo año, descubre el circonio.

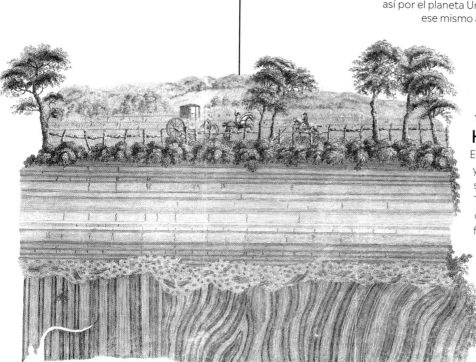

1788
HISTORIA DE LA TIERRA

En *Teoría de la Tierra*, el granjero, químico y geólogo escocés James Hutton expuso su idea de cómo la historia pasada de la Tierra está plasmada en el estado actual de sus rocas. A partir del estudio de formaciones rocosas en su Escocia natal, llegó a la conclusión de que la mayoría no eran el resultado de un acto único de creación, sino de la combinación de materiales distintos en el fondo del océano en los tiempos primigenios. Sus ideas, rechazadas como ateas en la época, acabaron aceptándose y pusieron los cimientos de la geología.

△ **Discordancia de Hutton** en Jedburgh

SEÑALES NERVIOSAS

Las señales nerviosas son impulsos eléctricos que viajan entre neuronas mediante neurotransmisores químicos. Las neuronas tienen una prolongación larga (axón) y otras más cortas (dendritas) que comunican con miles de otras neuronas. Las señales se desencadenan al detectar neuronas receptoras un estímulo (como el tacto). Pasan de una neurona a otra hasta llegar a neuronas eferentes que producen una respuesta (como contraer un músculo). Cuando pisamos un alfiler, la señal viaja del pie al cerebro y de este a los músculos de la pierna en una fracción de segundo.

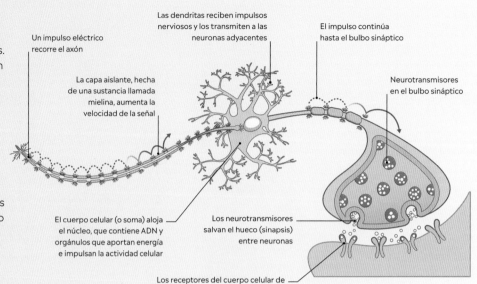

Un impulso eléctrico recorre el axón

Las dendritas reciben impulsos nerviosos y los transmiten a las neuronas adyacentes

El impulso continúa hasta el bulbo sináptico

La capa aislante, hecha de una sustancia llamada mielina, aumenta la velocidad de la señal

Neurotransmisores en el bulbo sináptico

El cuerpo celular (o soma) aloja el núcleo, que contiene ADN y orgánulos que aportan energía e impulsan la actividad celular

Los neurotransmisores salvan el hueco (sinapsis) entre neuronas

Los receptores del cuerpo celular de las neuronas contiguas reciben la señal

1790

1791 El científico italiano Luigi Galvani determina que en los tejidos vivos se halla presente cierta forma de electricidad y que esta interviene en la transmisión de señales nerviosas y la contracción muscular.

1792 El químico alemán Jeremias Richter acuña el término «estequiometría» para designar el principio de las reacciones químicas fijas.

1790 El Congreso de EE. UU. aprueba una Ley de patentes, la primera del país.

1791
SISTEMA MÉTRICO

Poco después de la Revolución francesa, la Academia de Ciencias de Francia creó una comisión para establecer una clasificación racional de los pesos y medidas. El resultado fue el sistema métrico, con metros y kilogramos como unidades básicas, divididos o multiplicados en unidades decimales. El metro en sí se calculó como una diezmillonésima parte de la distancia entre el ecuador y el polo norte.

△ **Pesas métricas**

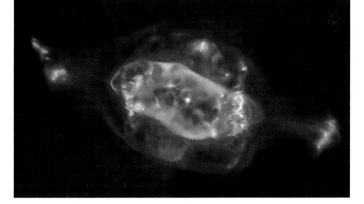

c. 1790
NEBULOSAS PLANETARIAS

William Herschel acuñó el término «nebulosa planetaria» para designar un grupo de nebulosas circulares que observó. Aunque el término se sigue empleando, en rigor no es correcto, pues la forma redonda se debe a gases emitidos por estrellas próximas al final de su vida, y no tiene nada que ver con planetas.

◁ **Nebulosa Saturno,** un descubrimiento temprano de Herschel

1794
TRATAMIENTO DE ENFERMEDADES MENTALES

En *Memorias sobre la locura*, el médico francés Philippe Pinel argumentó que los trastornos mentales se podían tratar y curar, y que debía darse un trato más humano a los considerados enfermos mentales. En vez de las acostumbradas sangrías y purgas, proponía la observación atenta y la conversación prolongada con los pacientes para tratar de comprender las circunstancias individuales de cada caso.

▷ **Philippe Pinel** libera de sus cadenas a enfermos mentales

1793
POLINIZACIÓN POR INSECTOS

En *El secreto de la naturaleza descubierto en la forma y polinización de las flores*, el maestro y naturalista alemán Christian Sprengel reveló el papel polinizador vital de los insectos, hasta entonces tenidos por meros ladrones de néctar.

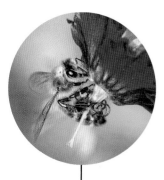

△ **Abeja polinizando** una flor

1794

1794 El químico Antoine Lavoisier es guillotinado, víctima del Terror de la Revolución francesa.

1794 El químico francés Joseph Louis Proust propone la ley de las proporciones constantes, según la cual los compuestos químicos siempre se combinan en proporciones tales.

1794 El físico inglés John Dalton estudia la incapacidad para diferenciar ciertos colores, que él mismo padece.

1794
LA LEYES DE LA VIDA ORGÁNICA

En la primera parte de *Zoonomía, o las leyes de la vida orgánica*, el pensador inglés Erasmus Darwin se ocupó sobre todo del cuerpo humano, pero proponía de pasada que toda la vida de la Tierra pudo haber surgido de lo que llamó «la primera gran causa». Esto se ha visto como una expresión temprana de la idea de la evolución, que su nieto Charles Darwin expondría más tarde en detalle.

◁ **Erasmus Darwin**

«En el vasto tiempo desde que la Tierra comenzó a existir [...] los animales de sangre caliente surgieron de un solo filamento vivo.»

ERASMUS DARWIN, *ZOONOMÍA* (1794)

1796
VACUNA DE LA VIRUELA

Tras extraer pus de las llagas de viruela vacuna de las manos de una lechera, el médico inglés Edward Jenner lo inoculó al hijo pequeño de su jardinero, con la esperanza de que lo inmunizara frente a la viruela, una enfermedad similar pero más letal. Dos años más tarde publicó los resultados de su experimento en *Una investigación sobre las causas y los efectos de las 'variolae vaccinae'*, donde acuñó el término del que acabaría derivando la palabra «vacuna».

1749-1834
GILBERT BLANE

Médico escocés de la marina británica, Blane introdujo ciertas reformas —entre ellas el suministro de zumo de limón, jabón y fármacos, la atención médica y la ventilación adecuada— que, junto con los barcos hospital, transformaron la vida de los marineros.

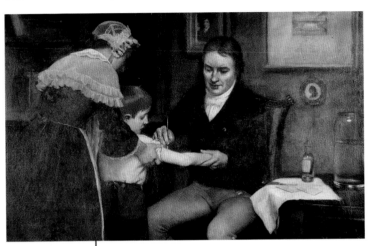

△ Edward Jenner administra una vacuna

1795 Gilbert Blane introduce la obligación de suministrar zumo de limón a los marineros británicos para prevenir el escorbuto, pronto erradicado.

1795

1796 El alemán Carl Friedrich Gauss logra, con solo 19 años, avances importantes en áreas de las matemáticas como la aritmética modular y el estudio de los números primos.

1797 El astrónomo alemán Heinrich Olbers publica los resultados de su trabajo para calcular la órbita de los cometas.

1796
ANATOMÍA COMPARADA

El zoólogo francés Georges Cuvier, fundador de la paleontología, publicó los primeros resultados de sus estudios de esqueletos, en los que determinó que los elefantes africanos e indios eran de especies diferentes, y que los huesos de los mamuts no correspondían a ninguna de las dos, siendo por tanto de una rama extinta. También identificó el mastodonte como especie distinta, y nombró a *Megatherium*, perezoso gigante extinto hallado en América del Sur.

▷ Elefante indio

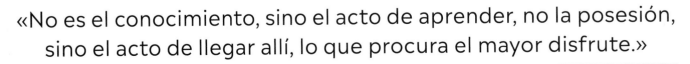

«No es el conocimiento, sino el acto de aprender, no la posesión, sino el acto de llegar allí, lo que procura el mayor disfrute.»

CARL FRIEDRICH GAUSS, CARTA AL MATEMÁTICO HÚNGARO FARKAS BOLYAI (1808)

1799
ALEXANDER VON HUMBOLDT

El naturalista alemán Alexander von Humboldt se embarcó en una serie de viajes a América del Sur en los que realizó avances importantes en la geografía física y vegetal y la meteorología. Entre otras cosas, Humboldt descubrió cómo se mueven el aire y el agua formando franjas climáticas, y rastreó la corriente oceánica que lleva su nombre, que fluye hacia el norte desde la Antártida a lo largo de la costa oeste de América del Sur.

▷ **Distribución de la vegetación por altura,** dibujo de Alexander von Humboldt

△ **Maqueta** de experimento gravitatorio

1798
LA MASA DE LA TIERRA

En el experimento que hoy lleva su nombre, Henry Cavendish determinó la densidad de la Tierra usando una variante de la balanza de torsión de Coulomb. El resultado difería en menos del 1 % a la cifra generalmente aceptada hoy, y su trabajo allanó el camino a cálculos posteriores de la masa y la densidad relativa de la Tierra.

1799

1797 El químico francés **Louis Nicolas Vauquelin** detecta el nuevo elemento cromo en un mineral de plomo rojo de Siberia.

△ **Thomas Malthus**

1798
CRECIMIENTO DEMOGRÁFICO

El clérigo y economista inglés Thomas Malthus publicó la primera edición de *Ensayo sobre el principio de población*, obra pionera sobre demografía. Malthus argumentaba que la población mundial crecía a una tasa superior a la producción de alimentos y otros recursos, y que esto conduciría inevitablemente al hambre.

△ **Benjamin Thompson** en una fábrica de cañones de Múnich

1798
TRANSFERENCIA DE CALOR

El físico de origen estadounidense Benjamin Thompson (después ennoblecido como conde Rumford) aportó importantes avances en el estudio de la generación de calor en *Una investigación experimental sobre la fuente de calor que es provocada por la fricción*. El estudio del calor generado por fricción al perforar cañones le llevó a disentir de la teoría imperante del calor como fluido, el llamado «calórico», que pasaba de los objetos calientes a los fríos.

1800
LA PILA

El científico italiano Alessandro Volta comprendió que eran los metales distintos (hierro y latón) en los experimentos de Galvani con ranas (p. 102) los que producían electricidad al entrar en contacto, y no la electricidad animal. Entonces construyó una pila de discos alternos de cobre y hierro, separados por cartón empapado en salmuera: la primera pila eléctrica.

◁ **Pila** voltaica

1800
LUZ INVISIBLE

En mayo de 1800, William Herschel halló que termómetros situados justo más allá del extremo rojo del espectro visible registraban un aumento de temperatura. Había descubierto un tipo de «luz» invisible a la que llamó rayos calóricos, hoy conocida como radiación infrarroja.

▽ **Equipo experimental** de Herschel

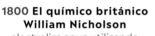

1800 El médico francés Marie François Xavier Bichat clasifica 21 tipos de tejido corporal, cada uno con su función.

1800 El químico británico William Nicholson electroliza agua utilizando la recién inventada pila.

1800

PILAS Y ELECTROQUÍMICA

Pilas y baterías son fuentes de energía portátiles: almacenan energía en forma química para ser convertida en energía eléctrica. En una terminal tienen un electrodo positivo (cátodo) y en la otra, uno negativo (ánodo), separados por un electrolito conductor. Cuando un circuito conecta las terminales, electrones libres fluyen por él del ánodo al cátodo, y en esto consiste la corriente eléctrica. Hay muchos tipos distintos de baterías y pilas, siendo la más común la pila alcalina, cuyos electrolitos son alcalinos.

Cómo descarga una batería alcalina
En una pila, reacciones químicas liberan electrones de átomos metálicos que fluyen de un electrodo al otro, produciendo la corriente eléctrica que hace funcionar dispositivos diversos.

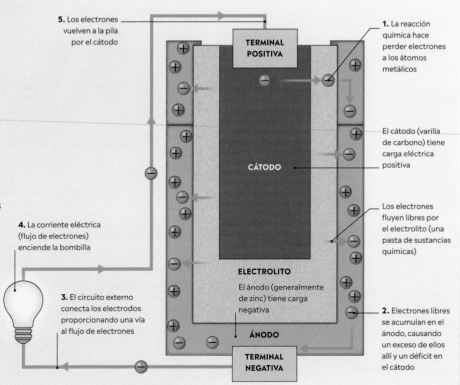

5. Los electrones vuelven a la pila por el cátodo

TERMINAL POSITIVA

1. La reacción química hace perder electrones a los átomos metálicos

El cátodo (varilla de carbono) tiene carga eléctrica positiva

CÁTODO

Los electrones fluyen libres por el electrolito (una pasta de sustancias químicas)

4. La corriente eléctrica (flujo de electrones) enciende la bombilla

3. El circuito externo conecta los electrodos proporcionando una vía al flujo de electrones

ELECTROLITO

El ánodo (generalmente de zinc) tiene carga negativa

ÁNODO

TERMINAL NEGATIVA

2. Electrones libres se acumulan en el ánodo, causando un exceso de ellos allí y un déficit en el cátodo

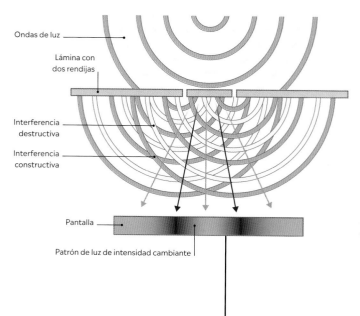

Ondas de luz

Lámina con dos rendijas

Interferencia destructiva

Interferencia constructiva

Pantalla

Patrón de luz de intensidad cambiante

1801
ONDAS LUMÍNICAS E INTERFERENCIA

Desde la publicación de la *Óptica* de Isaac Newton en 1704, la mayoría de los científicos concebía la luz como un haz de partículas. Replicando fenómenos asociados a la luz mediante ondas en un depósito de agua, el científico británico Thomas Young demostró que la luz se comporta como una onda.

Difracción e interferencia de ondas

Al pasar por un hueco, las ondas se difractan. Cuando dos ondas se combinan, se interfieren: dos picos se unen en una onda mayor, mientras que un pico y un valle se anulan mutuamente. Young mostró que la interferencia de las ondas lumínicas crea una serie de franjas claras y oscuras.

1801 El científico alemán Johann Wilhelm Ritter descubre la radiación invisible, hoy llamada ultravioleta, más allá del extremo azul del espectro.

1802 El químico sueco Anders Gustaf Ekeberg descubre el tántalo, metal resistente al ácido, si bien resulta difícil aislarlo en estado puro.

1802

1801
CERES Y LOS ASTEROIDES

El astrónomo italiano Giuseppe Piazzi descubrió Ceres (hoy clasificado como planeta enano), primer y mayor miembro del cinturón de asteroides. Se descubrieron otros tres asteroides antes de 1808, y hoy se conocen más de un millón, la mayoría de unos pocos kilómetros de diámetro.

△ Ceres

1802 El químico francés Joseph-Louis Gay-Lussac deduce que, a presión constante, el volumen de un gas aumenta en proporción con la temperatura.

1745-1827
ALESSANDRO VOLTA

Físico y químico italiano, Volta trabajó un tiempo como profesor de física en su ciudad natal (Como), y por entonces descubrió el gas metano y realizó numerosos experimentos con la electricidad estática. Desarrolló la mayor parte de su carrera en la Universidad de Pavía.

▷ Conchas de la *Historia natural* de Lamarck

1801
CLASIFICACIÓN DE INVERTEBRADOS

El biólogo francés Jean-Baptiste Lamarck estudió medicina y botánica en París antes de ser nombrado profesor del nuevo campo de la historia natural de insectos y gusanos en el Museo Nacional de Historia Natural. Acuñó el término «invertebrado» y desarrolló un sistema para clasificar estos animales tan diversos y poco estudiados hasta el momento. Publicó su trabajo en *Historia natural de los animales sin vértebras*.

1803

1804
ESTUDIOS A GRAN ALTITUD

Los científicos franceses Joseph-Louis Gay-Lussac y Jean-Baptiste Biot fueron los primeros en llevar a cabo estudios científicos desde un globo. Ascendieron hasta 4000 m, estudiaron el campo magnético de la Tierra a esa altitud y tomaron muestras de aire para determinar la composición de la atmósfera. En un vuelo en solitario más tarde aquel año, Gay-Lussac superó los 7000 m de altura, una marca que no fue superada hasta más de 50 años después.

△ **Gay-Lussac y Biot** a punto de ascender

c. 1805 El farmacéutico alemán Friedrich Setürner aísla la morfina, un alcaloide activo del opio, y pone así los cimientos de la química de alcaloides.

1803 El meteorólogo inglés Luke Howard desarrolla una clasificación de las nubes y nombra por primera vez a cúmulos, estratos y cirros.

1804 El químico suizo Nicolas-Théodore de Saussure es el primero en establecer los principios básicos de la fotosíntesis en el crecimiento vegetal.

1803
METEORITOS

El 26 de abril cayó una espectacular lluvia de piedras de un cielo azul despejado sobre la población de L'Aigle, en Normandía (Francia), y el eminente físico francés Jean-Baptiste Biot fue enviado a estudiar los 37 kg de piedras recogidas. Su detallado informe mostró que eran distintas de las formaciones rocosas locales, y concluyó correctamente que los meteoritos procedían del espacio, y no de una erupción volcánica.

△ **Meteorito de L'Aigle** estudiado por Biot

▽ **Tabla de pesos atómicos** de Dalton

1803
TEORÍA ATÓMICA DE DALTON

El inglés John Dalton propuso que los átomos de elementos diferentes tenían distinto tamaño y masa. Su lista de los pesos relativos de los átomos y su teoría atómica convencieron a muchos científicos de la realidad de los átomos.

TEORÍA ATÓMICA

La teoría atómica de John Dalton describe toda la materia en términos de átomos minúsculos («partículas sólidas, con masa, duras, impenetrables y móviles») que no se pueden dividir, crear ni destruir. Cada elemento consiste en átomos con propiedades diferentes, como la masa y el tamaño, mientras que los átomos de un mismo elemento tienen todos propiedades idénticas. Esta teoría sostiene que los compuestos químicos se forman por la combinación de átomos de elementos distintos, y las reacciones químicas son alteraciones en las combinaciones de átomos.

ÁTOMO DE SODIO

ÁTOMO DE CLORO

SODIO

CLORO

CLORURO SÓDICO — Compuesto formado por el enlace de átomos de sodio y cloro

Dos átomos de hidrógeno y uno de oxígeno enlazados forman una molécula de agua

HIDRÓGENO + **OXÍGENO** → **AGUA**

Postulado 1
Toda la materia se compone de partículas minúsculas llamadas átomos, que son indivisibles. (Esto último se demostraría falso más tarde.)

Postulado 2
Todos los átomos de un elemento dado tienen propiedades idénticas. Los átomos de un elemento difieren en sus propiedades de los de otro elemento.

Postulado 3
Los átomos de elementos distintos se combinan en compuestos químicos. Al no ser divisibles, lo hacen siempre en proporciones de números enteros.

Postulado 4
Una reacción química es un cambio en la disposición de los átomos que forma un compuesto nuevo. Los átomos en sí no cambian, ni se crean ni se destruyen.

1807 El químico sueco **Jöns Jacob Berzelius** determina que los compuestos orgánicos (que contienen carbono) e inorgánicos representan ramas distintas de la química.

1808 John Dalton publica *Un nuevo sistema de filosofía química*, donde propone que los átomos de un mismo elemento son idénticos en tamaño y masa.

1808

1807
METALES AISLADOS

Usando una batería para poner a prueba la idea de que la electricidad podía reducir compuestos a sus componentes químicos (proceso llamado electrólisis), el químico inglés Humphry Davy aisló con éxito el potasio de la potasa fundida, y el sodio de la sosa cáustica. Más tarde aisló el bario, el estroncio, el calcio y el magnesio.

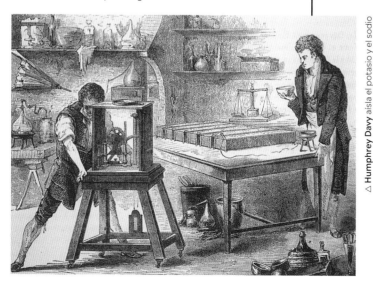

△ **Humphrey Davy** aisla el potasio y el sodio

Experimento de la ley de Malus
En la luz polarizada, las ondas están restringidas a un solo plano. Al atravesar luz no polarizada dos filtros polarizadores en ángulo recto el uno respecto al otro, la luz queda bloqueada.

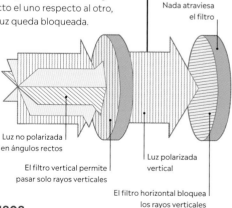

Nada atraviesa el filtro

Luz no polarizada en ángulos rectos

El filtro vertical permite pasar solo rayos verticales

Luz polarizada vertical

El filtro horizontal bloquea los rayos verticales

1808
LUZ POLARIZADA

Al experimentar con cristales de calcita, que actúan como filtros polarizadores, el matemático francés Étienne Louis Malus postuló la ley que lleva su nombre, que relaciona la cantidad de luz que atraviesa dos filtros tales con el ángulo entre ellos.

1744-1829
JEAN-BAPTISTE LAMARCK

El francés Lamarck estudió medicina antes de dedicarse a la historia natural, y publicó estudios importantes sobre la flora de Francia y los invertebrados. Se lo recuerda sobre todo por su teoría de la herencia de rasgos adquiridos.

1809
LAMARCKISMO

En *Filosofía zoológica*, Jean-Baptiste Lamarck contribuyó al estudio de la evolución con la idea de que las características adquiridas a lo largo de la vida por un animal pueden heredarse. Así, por ejemplo, la descendencia de una jirafa que estirara el cuello para alimentarse de las hojas de árboles altos estaría mejor adaptada a su hábitat al heredar un cuello más largo, aunque no estaba claro por qué mecanismo.

◁ **Jirafa** ramoneando

1811 El químico francés Bernard Courtois aísla el yodo tras tratar ceniza de algas con ácido sulfúrico.

1811 William Herschel propone que las estrellas se forman por el colapso de nubes de gas refulgentes.

1809

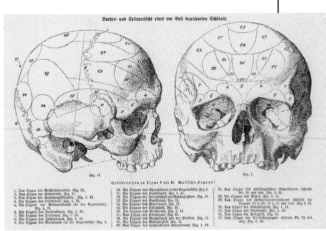

▷ Estudio frenológico de Gall

1810
EL CEREBRO Y LA FRENOLOGÍA

El médico alemán Franz Joseph Gall publicó este año su obra principal sobre frenología, término que acuñó para designar su teoría de que los atributos y las capacidades humanos tenían un reflejo en aspectos físicos de la cabeza. La Iglesia consideró heréticas las ideas de Gall, pero fueron muy difundidas en Europa y EE. UU., en parte gracias a sus conferencias en universidades como Harvard y Yale.

△ **Amedeo** Avogadro

1811
LA LEY DE AVOGADRO

En un ensayo publicado este año, el científico italiano Amedeo Avogadro planteó que volúmenes iguales de dos gases cualesquiera a igual temperatura y presión contienen igual número de partículas (átomos o moléculas). La ley de Avogadro, ignorada por lo general hasta la década de 1860, constituye una piedra angular de la moderna teoría atómica y molecular.

1813
ALFABETO QUÍMICO

Para mayor claridad y brevedad al registrar información química, el químico suizo Jöns Jacob Berzelius propuso un sistema que usaba una o dos letras del nombre latino de cada elemento como su símbolo químico. También propuso añadir el número relativo de átomos de cada elemento en una molécula. Así, por ejemplo, el amoníaco, compuesto de nitrógeno e hidrógeno, se conoce por la fórmula química NH_3.

▷ **El laboratorio** de Berzelius

«Un laboratorio ordenado significa un químico perezoso.»

JÖNS JACOB BERZELIUS, CARTA A NILS SEFSTRÖM (1812)

1813

1812 El científico ruso Gottlieb Kirchhoff descompone el almidón en moléculas de azúcar (glucosa) usando ácido sulfúrico como catalizador.

1812 El astrónomo alemán Heinrich Olbers propone que las colas de los cometas están formadas por material desprendido de un núcleo macizo por el Sol.

1813 El médico alemán Johann Frank continúa escribiendo su obra en nueve volúmenes sobre salud pública.

◁ **Portada de** *Tratado de mecánica celeste*

1812
EL PTERODÁCTILO

El italiano Cosimo Collini identificó el primer pterodáctilo en 1784, pero creyó que era un animal marino. En 1812 hubo un intenso debate entre el anatomista alemán Samuel Thomas von Sömmerring, que lo consideraba un animal intermedio entre murciélagos y aves, y Georges Cuvier, quien lo describió correctamente como un reptil volador.

▷ **Fósil** de pterodáctilo

1812
EL UNIVERSO MECANICISTA

En *Tratado de mecánica celeste*, Pierre-Simon Laplace exploró la probabilidad, considerando la de que un acontecimiento dado se produzca en los términos de los que lo preceden. Esto lo condujo a la doctrina del determinismo, la idea de que todo lo que sucede está determinado por la interacción de partículas de materia. Su trabajo se oponía tanto a la religión como al concepto de libre albedrío.

Incrustado en la roca
Los animales terrestres rara vez se conservan enteros, pues los carroñeros tienden a esparcir sus restos. Tras su muerte, esta *Seymouria* de hace 275 millones de años quedó enseguida cubierta de sedimento que preservó su esqueleto completo.

FÓSILES Y FOSILIZACIÓN

La historia de la vida está escrita en un registro de fósiles de hasta 3800 millones de años de antigüedad en las capas sedimentarias de la Tierra. Estos fósiles trazan el camino de los primeros microbios marinos, pasando por los primeros animales con concha, hasta los vertebrados marinos y terrestres, junto con las semillas, el polen y la madera que revelan cómo el planeta se volvió verde.

La fosilización es muy selectiva, y los organismos de cuerpo blando rara vez se conservan. La conservación suele requerir que los restos orgánicos queden enterrados tras la muerte por sedimento, pero también la resina, el hielo, el alquitrán y la lava conservan fósiles. La ciencia distingue entre fósiles corporales —partes duras, como conchas y huesos— e icnofósiles, que son huellas o madrigueras dejados en el sedimento por seres vivos. También hay fósiles químicos que se conservan después de la muerte y la descomposición, como el petróleo y el gas o el ADN antiguo.

Los científicos estudian las diversas formas de fosilización para tratar de llenar los huecos en nuestro conocimiento de la evolución, y han descubierto raros entornos en los que se conservan cuerpos y tejidos blandos que no suelen fosilizarse, como medusas, plumas y pelo.

Sin fósiles, no sabríamos nada sobre plantas y animales extintos como los dinosaurios, pero la información que aportan tiene limitaciones. El estudio de los fósiles permite hacer propuestas bien fundadas sobre el aspecto que pudieron tener esos seres vivos, relacionar la forma corporal con el comportamiento y deducir relaciones evolutivas a partir de información genética.

Forma conservada
El sedimento marino cubrió el esqueleto de carbonato cálcico (calcita) de este ejemplar de *Trachyphyllia*, un coral moderno. De este modo, no se deformó por compactación.

FORMACIÓN DE FÓSILES

La mayoría de los fósiles son de organismos conservados en sedimentos marinos, pero hay trampas sedimentarias también en tierra y en lagos, pantanos y deltas, donde los restos de plantas y animales terrestres se conservan como fósiles. Aquí, los restos de un dinosaurio quedan enterrados en los sedimentos de un pantano.

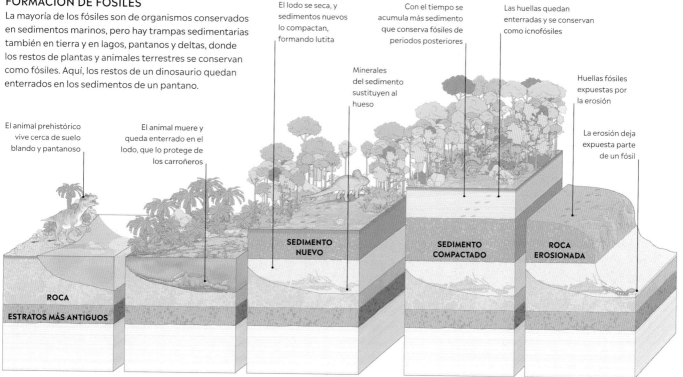

El lodo se seca, y sedimentos nuevos lo compactan, formando lutita

Con el tiempo se acumula más sedimento que conserva fósiles de periodos posteriores

Las huellas quedan enterradas y se conservan como icnofósiles

Minerales del sedimento sustituyen al hueso

Huellas fósiles expuestas por la erosión

El animal prehistórico vive cerca de suelo blando y pantanoso

El animal muere y queda enterrado en el lodo, que lo protege de los carroñeros

La erosión deja expuesta parte de un fósil

ROCA
ESTRATOS MÁS ANTIGUOS

SEDIMENTO NUEVO

SEDIMENTO COMPACTADO

ROCA EROSIONADA

1814
LÍNEAS DE FRAUNHOFER

En 1814, el físico alemán Joseph von Fraunhofer comenzó a usar el espectroscopio que inventó para registrar la existencia de más de 500 líneas oscuras en la luz solar. Más tarde se catalogaron muchas más de estas líneas de Fraunhofer, cada una de las cuales resulta de la absorción de luz con frecuencias específicas por átomos de elementos determinados presentes en la atmósfera solar.

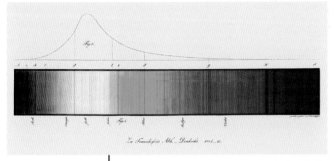

△ **Espectro solar** de Fraunhofer

1816
EL ESTETOSCOPIO

El médico francés René Laennec creó un ingenio en forma de trompeta para escuchar el sonido de órganos internos como el corazón, los vasos sanguíneos, los pulmones y los intestinos, en el proceso llamado auscultación. Llamó a su invento «estetoscopio», que en su evolución a lo largo de los años adquirió un tubo flexible y dos auriculares.

▷ **Estetoscopio de madera**

1814 Las locomotoras de vapor del ingeniero inglés George Stephenson superan a los caballos tirando de vagones de carbón, allanando el camino al ferrocarril.

1815 El químico inglés William Prout postula que los pesos atómicos de todos los elementos son números enteros múltiplos del del hidrógeno.

1814

1815 Heinrich Olbers descubre el cometa luego designado con su nombre: 13P/Olbers.

1815
ESTRATOS ROCOSOS Y FÓSILES

El geólogo inglés William Smith fue el primero en reconocer que los fósiles sirven para identificar distintos estratos sedimentarios. Esto le permitió confeccionar el primer mapa geológico detallado y a gran escala de la distribución y sucesión de distintos tipos de roca en Inglaterra, Gales y parte de Escocia.

▷ **Mapa geológico** de William Smith

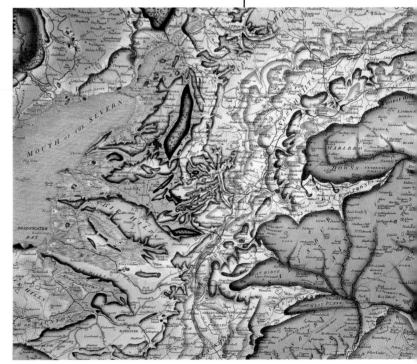

«Los fósiles organizados son al naturalista lo que las monedas al anticuario.»

WILLIAM SMITH, *SISTEMA ESTRATIGRÁFICO DE FÓSILES ORGANIZADOS* (1817)

▷ **Primera fotografía**
conservada de Niépce,
de 1826

1816
PRIMERA FOTOGRAFÍA

El primero en usar sustancias químicas fotosensibles para preservar imágenes de escenas reales producidas por lentes o estenopos fue el francés Joseph Nicéphore Niépce. Sus primeras fotografías permanentes, hechas a mediados de la década de 1820, requerían varias horas de exposición. Joseph Louis Daguerre aceleraría más tarde el proceso.

1818 Jöns Jacob Berzelius publica una tabla de pesos atómicos precisa, tras realizar más de 2000 análisis a lo largo de diez años.

1819 Los físicos franceses Dulong y Petit demuestran que cuanto mayor es el peso de los átomos y moléculas de una sustancia, más calor requiere elevar su temperatura.

1819

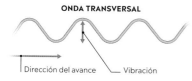

ONDA TRANSVERSAL

Dirección del avance · Vibración

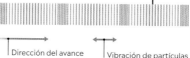

ONDA LONGITUDINAL

Dirección del avance · Vibración de partículas

1818
NATURALEZA DE LAS ONDAS LUMÍNICAS

En 1816, el físico francés Augustin-Jean Fresnel había usado matemáticas complejas para resolver el debate sobre la naturaleza de la luz, y demostró que consiste en ondas más que en partículas. Dos años más tarde determinó que las ondas lumínicas son transversales estudiando la polarización de la luz, en la que dichas ondas transversales se ven restringidas a un solo plano vibratorio.

Ondas de luz y de sonido

Las ondas sónicas son longitudinales: las variaciones en la presión del aire que constituyen la onda se producen en la dirección en que esta avanza. Las ondas lumínicas son transversales: las vibraciones de las ondas están en ángulo recto respecto a la dirección de su avance.

△ Cinchona (*Cinchona officinalis*)

1819-1820
TRATAMIENTO DE LA MALARIA

La quinina, el ingrediente activo contra la malaria presente en la corteza de cinchona, fue aislada por los químicos franceses Pierre-Joseph Pelletier y Joseph-Bienaimé Caventou. La cinchona es nativa de América del Sur, cuyos pueblos indígenas la usaban desde hacía siglos para tratar enfermedades como la malaria.

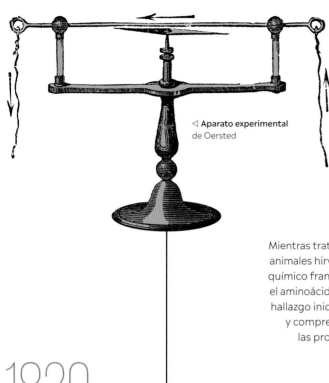

◁ **Aparato experimental**
de Oersted

1820

LA AGUJA DE OERSTED

Durante dos años, el físico y químico danés Hans Christian Oersted experimentó con pilas, alambres y agujas de brújula en la búsqueda de un vínculo entre la electricidad y el magnetismo. En 1820 publicó los resultados, que mostraban que siempre que una corriente eléctrica pasa por un alambre cerca de una aguja magnética, esta se desvía. Esto abrió la puerta al nuevo campo del electromagnetismo.

1820   ▽ **Maqueta** de molécula de glicina

AMINOÁCIDOS

Mientras trataba de extraer azúcar de productos animales hirviendo gelatina en ácido sulfúrico, el químico francés Henri Braconnot aisló la glicina, el aminoácido estable más simple. Su hallazgo inició la tarea de identificar y comprender la composición de las proteínas como secuencias de aminoácidos.

1820

1820 El matemático francés Augustin-Louis Cauchy pone los cimientos del análisis matemático al usar el cálculo para analizar sistemas físicos.

1821 El físico alemán del Báltico Thomas Seebeck descubre el efecto que lleva su nombre, la base de los termopares.

ELECTROMAGNETISMO

La relación entre electricidad y magnetismo es muy estrecha. Un campo magnético cambiante produce un campo eléctrico (base de la generación de energía eléctrica), y un campo eléctrico cambiante, un campo magnético. Electricidad y magnetismo son, de hecho, aspectos distintos de un solo fenómeno electromagnético. Los campos eléctricos y magnéticos viajan juntos por el espacio como ondas electromagnéticas.

Corriente eléctrica y campos magnéticos
Una corriente eléctrica produce un campo magnético local. Los electroimanes actúan como imanes al conectar una corriente.

Los electroimanes suelen consistir en alambre enrollado

Campo magnético producido por la corriente; al desconectar esta se apaga el campo magnético

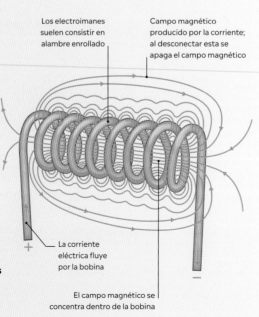

La corriente eléctrica fluye por la bobina

El campo magnético se concentra dentro de la bobina

1791–1867
MICHAEL FARADAY

Físico y químico inglés pionero, Faraday contribuyó al estudio de la electricidad y el magnetismo. Su interés por la ciencia se despertó al asistir a las conferencias de la Royal Institution de Londres, donde más tarde trabajaría durante más de cuarenta años.

1822
DATACIÓN DE ESTRATOS ROCOSOS

El geólogo y naturalista francés Alexandre Brongniart escribió un estudio de amplio espectro sobre los trilobites, invertebrados que predominaron en los mares durante 270 millones de años desde el Cámbrico temprano. Brongniart clasificó especies de Europa y América, que trató de agrupar por su edad relativa. Introdujo la idea de datación geológica mediante la identificación de los fósiles característicos de cada estrato rocoso.

▷ **Trilobites** fósil

1822 El matemático francés Joseph Fourier publica su trabajo sobre la conducción del calor, importante en muchos campos científicos.

1823 El químico alemán J. W. Döbereiner descubre que el platino actúa como catalizador de ciertas reacciones del hidrógeno.

1823

1821
CAMPOS DE FUERZA

En 1821, Michael Faraday inició sus experimentos con las fuerzas invisibles de la electricidad y el magnetismo, y la relación entre una y otro: una tarea a la que dedicaría décadas. Visualizó el espacio alrededor de un imán o un alambre portador de corriente como lleno de líneas de fuerza, y en 1852, acuñó el término «campo» para designarlo.

◁ **Electroimán** construido por Faraday

▷ **Fraunhofer** hace una demostración de su espectrómetro

1823
ESPECTROS ESTELARES

Al observar algunas de las estrellas más brillantes del cielo, Joseph von Fraunhofer halló que las líneas de absorción oscuras de sus espectros variaban de manera considerable comparadas con las del Sol (p. 130), y entre unas y otras. Fraunhofer concluyó que las líneas se debían a las propiedades de las estrellas mismas, y no a que su luz atravesara la atmósfera terrestre.

«Nada es demasiado maravilloso para ser cierto, si es coherente con las leyes de la naturaleza.»

MICHAEL FARADAY, DIARIO DE LABORATORIO (1849)

1824

DESCUBRIMIENTOS DE DINOSAURIOS

Naturalistas ingleses descubrieron y nombraron los restos fósiles de dos tipos nuevos de animales reptilianos gigantes. William Buckland atribuyó una mandíbula procedente de estratos jurásicos cerca de Oxford a una criatura que llamó *Megalosaurus*, y Gideon Mantell nombró a *Iguanodon* a partir de unos restos encontrados en estratos del Cretácico en Sussex. El naturalista inglés Richard Owen daría luego la denominación general de «dinosaurios» («reptiles terribles») a estos animales extintos.

▽ **Mandíbula fósil** de *Megalosaurus*

1825

FERROCARRIL DE PASAJEROS

El primer ferrocarril para pasajeros del mundo operó entre Stockton y Darlington, en Reino Unido. La máquina, la Locomotion No. 1, la condujo en su primera salida oficial su fabricante y «padre del ferrocarril», George Stephenson. Podía transportar 450 pasajeros a 24 km/h, y continuó en servicio durante tres años, hasta que la caldera explotó.

1824 Jöns Jacob Berzelius aísla el silicio al hacer reaccionar fluorosilicato de potasio con el metal potasio.

1826 Heinrich Olbers se pregunta por qué el cielo nocturno es oscuro si el universo es infinito e inmutable y las estrellas están dispersas uniformemente.

1824

1824 Joseph Gay-Lussac constata la existencia de compuestos (luego llamados isómeros) con el mismo número exacto de átomos pero con propiedades distintas.

1825 El médico francés François-Joseph-Victor Broussais promueve los tratamientos a base de sangrías con sanguijuelas medicinales.

1826

ORNITOLOGÍA ESTADOUNIDENSE

El pintor y ornitólogo estadounidense John James Audubon viajó a Gran Bretaña con su colección de detalladas pinturas de aves; allí trabajó con el ornitólogo escocés William MacGillivray para añadir descripciones de la vida de las distintas especies y dio con un editor para su trabajo. El resultado, *Aves de América*, incluía 435 acuarelas a tamaño natural, impresas con planchas grabadas a mano, acompañadas de notas sobre las 489 especies representadas. Hoy se conservan solo 120 copias completas de esta obra extraordinaria.

▷ **Grévol engolado,** de *Aves de América*

COMPUESTOS ORGÁNICOS

Las moléculas que contienen carbono enlazado con otros elementos (por lo general hidrógeno, oxígeno y nitrógeno) son compuestos orgánicos. Los enlaces carbono-carbono son estables, y forman una variedad enorme de moléculas, como cadenas, anillos o grupos funcionales. Tal variedad les confiere propiedades muy diversas, como en gases como el metano (CH_4), sustancias biológicas esenciales para la vida (ADN, proteínas y carbohidratos) y moléculas de cadena larga manufacturadas (plásticos).

Grupos funcionales y familias

El carbono se puede enlazar con hasta otros cuatro átomos o moléculas para formar grupos funcionales que dan a la molécula mayor sus propiedades específicas. Una serie de compuestos orgánicos con los mismos grupos funcionales y fórmulas químicas similares se llama familia.

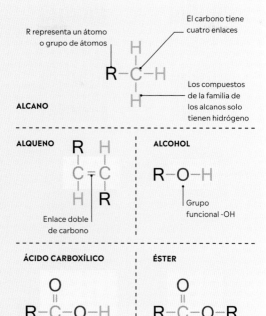

R representa un átomo o grupo de átomos

El carbono tiene cuatro enlaces

ALCANO

Los compuestos de la familia de los alcanos solo tienen hidrógeno

ALQUENO

Enlace doble de carbono

ALCOHOL

Grupo funcional -OH

ÁCIDO CARBOXÍLICO

Grupo funcional -COOH

ÉSTER

Grupo funcional -COO-

1828
SÍNTESIS ORGÁNICA

El químico alemán Friedrich Wöhler fue el primero en crear sintéticamente un compuesto orgánico, al calentar el compuesto inorgánico cianato de amonio y producir urea.

△ Friedrich Wöhler

1829

1827 El físico alemán Georg Ohm determina la relación entre el voltaje de una pila y la corriente eléctrica en un circuito.

1827 El botánico escocés Robert Brown observa el movimiento azaroso de granos de polen en el agua, hoy conocido como movimiento browniano.

▽ Lanceta o anfioxo

1828
EL NOTOCORDIO

Descrito por el científico alemán Karl Ernst von Baer durante sus estudios del desarrollo embrionario, el notocordio es una estructura larga presente en el desarrollo de los animales cordados. En la mayoría de los cordados vertebrados adultos (entre ellos los humanos), es remplazado por un espinazo óseo o cartilaginoso. En los cordados invertebrados (como las lancetas), el notocordio se conserva en la edad adulta.

1785-1851
JOHN JAMES AUDUBON

John James Audubon nació en Saint Domingue (actual Haití) y vivió en Francia hasta los 18 años, cuando fue enviado a EE. UU. Su pasión por las aves lo llevó a reunir una extraordinaria colección de pinturas de tamaño natural de las aves del país.

Audubon pintó centenares de aves, desde la enorme grulla trompetera al colibrí de garganta roja.

1830
PRINCIPIOS DE GEOLOGÍA

En *Principios de geología*, el geólogo escocés Charles Lyell propuso que la Tierra y su clima cambian muy lentamente a lo largo de periodos prolongados, que la Tierra debía de tener cientos de millones de años, y que procesos actuales como las erupciones volcánicas estaban sujetos a las mismas leyes naturales que en el pasado.

▷ **Ilustración** de *Principios de geología*

1791-1875
CHARLES LYELL

Formado como abogado, Lyell fue uno de los geólogos más influyentes del siglo XIX. *Principios de geología* influyó decisivamente en Charles Darwin, y puso los cimientos del enfoque científico moderno de los estudios de la Tierra.

1830 El médico inglés Thomas Southwood Smith destaca el vínculo entre la pobreza y enfermedades epidémicas como el cólera.

1830 El fisiólogo escocés Charles Bell es nombrado caballero por su estudio de los nervios, especialmente los asociados al tacto y el movimiento.

1830

△ **Joseph Lister** y su microscopio

1830
MICROSCOPIO DE LISTER

El científico aficionado inglés Joseph Jackson Lister logró un avance en la microscopía al crear el primer microscopio acromático y mejorar la calidad de las lentes. Este resolvía el problema de la distorsión de la imagen debida a la aberración cromática (por la difracción en ángulos distintos de distintas longitudes de onda), y fue una herramienta fiable para la investigación médica.

1830
ROCAS AL MICROSCOPIO

El naturalista escocés William Nicol descubrió la manera de cortar secciones de roca, montarlas sobre un vidrio y molerlas de modo que la luz pudiera pasar a través de los granos. Sus láminas de un árbol fosilizado fueron las primeras en mostrar la estructura celular. Nicol desarrolló también un método para polarizar luz con un prisma de calcita, lo cual permitía observar finas láminas de roca al microscopio y determinar su composición mineral por el comportamiento de la luz al atravesar distintos minerales.

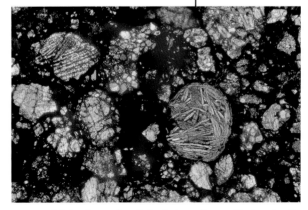
△ **Fotomicrografía polarizada** de una fina sección de meteorito

1831
EL VIAJE DEL BEAGLE

El viaje de cinco años de Charles Darwin como naturalista a bordo del *Beagle* resultaría ser uno de los acontecimientos más importantes en la historia de la biología. Darwin tomó abundantes notas sobre muchos aspectos de la naturaleza y la geología, sobre todo en el área de América del Sur. Publicó la primera versión de sus observaciones en 1839, y en ediciones posteriores incluyó algunas de sus ideas sobre la evolución, inspiradas en particular por la diversidad de los pinzones de las islas Galápagos.

◁ El *Beagle* en su expedición científica

1831 Se descubre el cloroformo por la destilación de alcohol etílico concentrado y cal clorada.

1831

1831 El botánico escocés Robert Brown llama «núcleo» a una estructura subcelular.

△ **El disco** de Faraday

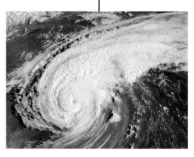

△ **Huracán** visto desde el espacio

1831
MOTORES Y GENERADORES

Científicos de todo el mundo produjeron los primeros motores y generadores eléctricos prácticos en la década de 1830. En la década anterior, otros científicos como Michael Faraday y el físico húngaro Ányos Jedlik habían construido motores eléctricos simples, pero poco prácticos. Fue Faraday el inventor del primer generador, en 1831, tras haber descubierto la inducción electromagnética: la producción de un voltaje eléctrico en un conductor como el metal cuando lo atraviesa un campo magnético cambiante.

1831
TORMENTAS CICLÓNICAS

Después de observar el patrón de los árboles derribados por el huracán de Long Island en 1821, el meteorólogo aficionado estadounidense William Redfield concluyó que tales tormentas eran remolinos de aire gigantes. Se demostró que tenía razón, y hoy día se sabe que la velocidad es mayor en el centro del remolino, donde el aire circula a mayor velocidad que la de la propia tormenta en su avance sobre tierra o agua.

1832
ELECTRÓLISIS

La invención de la pila en 1800 permitió a los científicos estudiar los efectos de hacer pasar una corriente eléctrica de un electrodo a otro a través de soluciones de compuestos químicos. La corriente separa algunos compuestos, y se depositan elementos en uno de los electrodos: un proceso conocido como electrólisis. Michael Faraday descubrió la relación entre la cantidad de carga eléctrica que pasa por una solución y la masa de los elementos depositados en el proceso.

◁ **Globo electrolítico** de Faraday

1832

1791–1871
CHARLES BABBAGE

El matemático, ingeniero e inventor inglés Charles Babbage cofundó la Real Sociedad Astronómica británica, enseñó matemáticas en la Universidad de Cambridge y fue un experto en criptografía. Llegó a inventar incluso un ingenio para proteger a las vacas de los trenes.

1833 El astrónomo alemán Friedrich Bessel compila un catálogo con las posiciones precisas de 50 000 estrellas.

1834 La ley del físico ruso Emil Lenz relaciona la dirección de una corriente eléctrica inducida con la del campo magnético que la produce.

1833 El médico estadounidense William Beaumont observa directamente los procesos digestivos en un paciente con una herida abdominal.

1833
ENZIMAS

La primera enzima (una proteína que actúa como catalizador biológico y acelera reacciones químicas) fue descubierta por el químico francés Anselme Payen. Una sustancia del extracto de malta, a la que llamó diastasa (hoy en día denominada amilasa), ayudaba a convertir el almidón en glucosa. Tres años más tarde, el fisiólogo alemán Theodor Schwann descubrió la enzima pepsina.

△ **Anselme Payen**

1834
EXPLORACIÓN DEL CIELO AUSTRAL

Desde su observatorio en el Cabo de Buena Esperanza (Sudáfrica), el astrónomo inglés John Herschel inició un detallado estudio que duró cinco años de los cielos visibles desde el hemisferio sur. Su catálogo, publicado al fin en 1847, incluía estrellas y otros objetos de la Gran y la Pequeña Nube de Magallanes, que hoy se sabe son galaxias satélites de la Vía Láctea.

△ **La Vía Láctea meridional** y las Nubes de Magallanes (dcha.)

1834
LA MÁQUINA ANALÍTICA

Durante la década de 1820, el polímata inglés Charles Babbage construyó prototipos de un «motor diferencial», capaz de calcular los valores de funciones matemáticas complejas. En 1834 emprendió un proyecto más ambicioso, su «máquina analítica», pensada como un ordenador de uso general, programable con tarjetas perforadas. Debía tener una unidad aritmética, una unidad de control, una memoria e incluso una impresora. En vida de Babbage solo se construyeron pequeñas partes de la máquina.

◁ **Parte de la máquina analítica** de Babbage

1835 Charles Darwin llega a las islas Galápagos, y sus observaciones allí fundamentarán más tarde la teoría de la selección natural.

1836 El químico inglés John Daniell desarrolla una celda electroquímica más fiable que se generalizará en baterías de telégrafos.

1836

◁ Nube de hielo seco

La velocidad de rotación es menor a mayores latitudes, y la superficie adelanta al viento

Dirección esperada del viento

El viento se desvía a la derecha en el norte

Sentido de la rotación terrestre

Ecuador

Viento desviado de su trayectoria

El viento se desvía a la izquierda en el sur

La fuerza en acción
El efecto Coriolis influye en los patrones eólicos y meteorológicos globales. La velocidad de rotación de la Tierra es mayor en el ecuador que en los polos, y esto desvía el aire en su recorrido sobre la superficie terrestre. En el hemisferio norte, el viento se desvía hacia la derecha; en el hemisferio sur, hacia la izquierda.

1835
HIELO SECO

El inventor francés Adrien-Jean-Pierre Thilorier creó un ingenio que podía licuar el dióxido de carbono sometiendo el gas a presión. Al liberarlo, el gas presurizado formaba un sólido blanco níveo, el llamado hielo seco (CO_2 sólido).

1835
EL EFECTO CORIOLIS

En el artículo «Sobre las ecuaciones del movimiento relativo de los sistemas de cuerpos», el matemático francés Gaspard-Gustave de Coriolis estudió las matemáticas de la transferencia de energía de cuerpos en rotación, como las norias, y mostró que si la rotación es en sentido horario se ejerce una fuerza inercial hacia la izquierda, y hacia la derecha si es en sentido antihorario.

◁ **Clave de telégrafo**
Morse-Vail

1837
TELEGRAFÍA

En la década de 1830 hubo un rápido desarrollo de la telegrafía, que permitió enviar mensajes a larga distancia por medio de señales eléctricas. En 1837, los ingleses William Fothergill Cooke y Charles Wheatstone patentaron y construyeron un sistema que seguía el trazado ferroviario, pero en la red de telecomunicaciones que pronto recorrió el mundo se impuso el más barato y sencillo sistema de los estadounidenses Samuel Morse y Alfred Vail.

1838
MEDIR LA DISTANCIA DE LAS ESTRELLAS

Empleando un instrumento llamado heliómetro, Friedrich Bessel midió por primera vez con precisión la distancia de una estrella (61 Cygni). Su cálculo se basó en mediciones del paralaje de la estrella: su aparente cambio de dirección a lo largo del año vista desde puntos opuestos de la órbita terrestre. Este método se aplicó pronto a otras estrellas.

▷ **Telescopio**
heliómetro

1837 El botánico francés Henri Dutrochet demuestra que la clorofila, el pigmento verde de las plantas, las ayuda a asimilar el dióxido de carbono.

1837

1837 El geólogo de origen suizo Louis Agassiz muestra que una era glacial cubrió de nieve y hielo Europa y América del Norte.

1837
LEVADURA Y FERMENTACIÓN

El fisiólogo alemán Theodor Schwann estudió la levadura al microscopio y mostró que tiene una estructura celular semejante a la de los tejidos vegetales. Schwann determinó que la levadura es un ser vivo, y que es la acción de sus células la responsable de la fermentación, refutando así la idea imperante entonces de que la causaba el oxígeno.

△ **Células de levadura**

1839
EXPLORACIÓN ANTÁRTICA

El oficial naval estadounidense Charles Wilkes emprendió una expedición de cuatro años, con siete barcos armados y 350 hombres, para explorar y sondear el océano Pacífico y las tierras que lo rodean. Zarparon de Australia con rumbo sur en diciembre de 1839, y avistaron tierra antártica el 16 de enero de 1840. Exploraron 2400 km de la costa antártica, pero el hielo les impidió desembarcar.

1839
LA PILA DE COMBUSTIBLE

En 1839, el británico William Grove publicó una descripción de un nuevo ingenio para generar electricidad, la pila o celda de combustible, que él llamó batería voltaica gaseosa. Consistía en un conjunto de celdas, cada una con un par de electrodos bañados en platino en contacto con hidrógeno y oxígeno gaseosos. A pesar de que funcionaba bien, pasarían casi cien años antes de que la primera pila de combustible práctica estuviera disponible.

Cómo funciona la pila de combustible
Una pila de combustible utiliza la energía liberada por la reacción química entre un combustible (como hidrógeno o metano) y oxígeno, tal y como lo haría quemando el combustible. En una pila de combustible, la energía es liberada como electricidad; en una llama, se convierte en calor y luz.

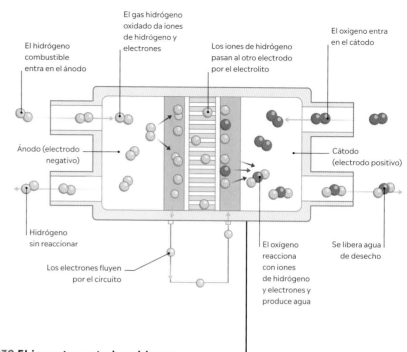

El gas hidrógeno oxidado da iones de hidrógeno y electrones

El hidrógeno combustible entra en el ánodo

Los iones de hidrógeno pasan al otro electrodo por el electrolito

El oxígeno entra en el cátodo

Ánodo (electrodo negativo)

Cátodo (electrodo positivo)

Hidrógeno sin reaccionar

Los electrones fluyen por el circuito

El oxígeno reacciona con iones de hidrógeno y electrones y produce agua

Se libera agua de desecho

1838 Jöns Jacob Berzelius usa por primera vez la palabra «proteína» para designar grandes moléculas como las de la clara de huevo.

1839 El inventor estadounidense Charles Goodyear descubre la vulcanización al combinar caucho y azufre y obtener así un material más fuerte.

1839

△ La expedición de Wilkes

1839 El físico francés Louis Daguerre acelera el procesado fotográfico usando placas de yoduro de plata.

1839
CIENCIA CELULAR

El fisiólogo alemán Theodor Schwann puso muchos de los fundamentos de la biología celular en *Investigaciones microscópicas sobre la semejanza en la estructura y crecimiento de animales y plantas.* Su principal hallazgo fue que todos los seres vivos se componen de células y productos celulares.

△ Theodor Schwann

«Las partes elementales de todos los tejidos están formadas por células.»

THEODOR SCHWANN, *INVESTIGACIONES MICROSCÓPICAS* (1839)

1840
TERMOQUÍMICA

El químico ruso de origen suizo Germain Henri Hess estudió el cambio de la energía en las reacciones químicas, y halló que la cantidad de calor generada, o absorbida, cuando reaccionan sustancias y forman productos nuevos es constante, independientemente de la vía tomada para crearlos. Sus estudios fueron la base de la termoquímica.

◁ **Termómetro** de c. 1840

1842
CONSERVACIÓN DE LA ENERGÍA

Investigando las limitaciones de la energía hidráulica, el físico y químico alemán Julius von Mayer dio con uno de los principios fundamentales de la física, la ley de conservación de la energía. Según esta, en un sistema cerrado, la energía no puede crearse ni destruirse, sino solo transformarse.

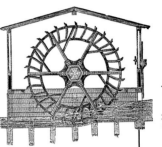

△ **Una noria,** inspiración de Mayer

1840 El químico germano-suizo Christian Schönbein aísla y nombra el ozono, alótropo acre del oxígeno.

1841 El científico estadounidense John William Draper fotografía la Luna, e introduce la astrofotografía como nueva técnica para la investigación astronómica.

1840

1840 El médico alemán Friedrich Henle conjetura que las enfermedades infecciosas las transmiten seres vivos, muchos de ellos microscópicos.

Frecuencia cambiante
Al aproximarse un tren, las ondas sónicas de la máquina se comprimen: los picos y valles de las ondas llegan a una frecuencia mayor, que percibimos como un tono más agudo. Cuando se aleja, el tono se vuelve más grave.

ONDAS SONORAS COMPRIMIDAS AL ACERCARSE EL TREN

OBSERVADOR

ONDAS SONORAS DISTENDIDAS AL ALEJARSE EL TREN

1842
EL EFECTO DOPPLER

El físico austríaco Christian Doppler propuso en un artículo que los colores de algunas estrellas se deben a que se acercan o alejan de la Tierra. Concretamente, la frecuencia de la luz de una estrella que se acerca se correría hacia el extremo corto (azul) del espectro. Aplicó el mismo análisis matemático a las ondas sonoras, y posteriormente el fenómeno vendría a conocerse como efecto Doppler.

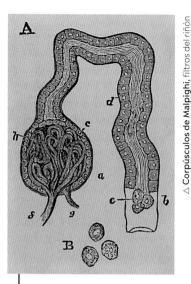

△ **Corpúsculos de Malpighi,** filtros del riñón

1843
MANCHAS SOLARES

Tras 17 años de observación continuada de las manchas solares, el astrónomo alemán Samuel Heinrich Schwabe anunció la existencia de un patrón recurrente en su número. En la actualidad se sabe que el ciclo de las manchas solares es causa tanto de su número como de las localizaciones en que se dan, a lo largo de un periodo de unos 11 años.

▽ **Manchas** en la fotosfera solar

1842
FUNCIONAMIENTO DE LOS RIÑONES

Se consideraba que los riñones eran simples glándulas que segregaban orina, hasta que el fisiólogo alemán Carl Ludwig demostró que la excreción de orina es un proceso en dos fases, una de filtración y otra de reabsorción. Fue el primer químico en describir correctamente el modo en que los riñones realizan dicho proceso de filtración.

1842 El paleontólogo inglés Richard Owen llama *Dinosauria* a un grupo de reptiles terrestres extintos.

1843 El matemático inglés John Couch Adams intenta calcular la posición de un nuevo planeta desconocido a partir de su influencia en la órbita de Urano.

1843

1843
EQUIVALENTE MECÁNICO DEL CALOR

En la década de 1840 se empezó a comprender cómo la energía se transfiere de unas formas a otras, y un factor clave en este desarrollo fue deducir la equivalencia entre ellas. En 1843, el físico inglés James Joule llevó a cabo el innovador experimento que le permitió deducir la equivalencia numérica entre trabajo mecánico (como el que hace una máquina de vapor) y calor. Su experimento consistió en medir el pequeño incremento de temperatura que se daba cuando la caída de unas pesas hacía girar una rueda de paletas.

> «Mi propósito ha sido primero descubrir principios correctos y luego proponer su desarrollo práctico.»

JAMES JOULE, *ANALES DE ELECTRICIDAD* (1840)

△ **El experimento** de Joule

TIPOS DE ENERGÍA

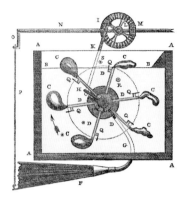

Máquina de movimiento perpetuo
Este ingenio de fantasía podría funcionar por siempre sin aporte alguno de energía. Una máquina como esta violaría la ley de conservación de la energía.

La energía se puede entender como la capacidad de realizar cambios (o trabajo), como mover o calentar un objeto. Todos los fenómenos —naturales o artificiales— requieren trabajo.

La energía existe en muchas formas: las más conocidas son la cinética, la térmica y la nuclear, pero hay otras. Cuando se realiza trabajo, la energía se convierte de una forma a otra. Cuando una empresa energética genera electricidad, está convirtiendo energía de distintos tipos (como la cinética del agua en movimiento, o la química de los combustibles fósiles) en energía eléctrica, más útil para las necesidades de sus clientes.

Las muchas formas de energía se pueden dividir en dos grandes familias: la energía potencial y la cinética. La energía potencial es la que tiene un objeto debido a la posición relativa de las distintas partes de un sistema; un muelle, por ejemplo, tiene energía potencial elástica cuando se estira, mientras que una pelota de tenis tiene energía potencial gravitatoria cuando no está en el suelo. La energía cinética está asociada al movimiento, como en la energía térmica, que es la energía de las partículas en movimiento de una sustancia.

Una de las reglas más importantes en física es que la energía se conserva, es decir, la cantidad total de energía en el universo es siempre la misma. No es posible crear ni destruir energía: solo puede cambiar de una forma a otra. Otra regla importante es el concepto de entropía, según el cual, con el paso del tiempo, la energía se dispersa y es menos útil para realizar trabajo.

FORMAS DE ENERGÍA

Una tarea simple como empujar una carga cuesta arriba y volcarla supone transformaciones entre varias formas de energía. La energía química se convierte en energía cinética, y la energía potencial gravitatoria de la carga deviene cinética al caer.

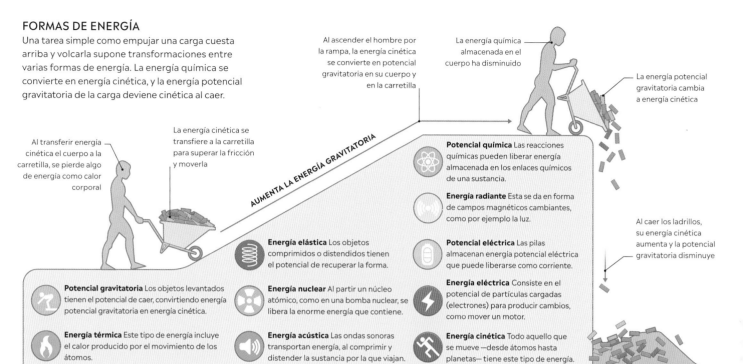

Al ascender el hombre por la rampa, la energía cinética se convierte en potencial gravitatoria en su cuerpo y en la carretilla

La energía química almacenada en el cuerpo ha disminuido

La energía potencial gravitatoria cambia a energía cinética

Al transferir energía cinética el cuerpo a la carretilla, se pierde algo de energía como calor corporal

La energía cinética se transfiere a la carretilla para superar la fricción y moverla

AUMENTA LA ENERGÍA GRAVITATORIA

Al caer los ladrillos, su energía cinética aumenta y la potencial gravitatoria disminuye

Potencial química Las reacciones químicas pueden liberar energía almacenada en los enlaces químicos de una sustancia.

Energía radiante Esta se da en forma de campos magnéticos cambiantes, como por ejemplo la luz.

Energía elástica Los objetos comprimidos o distendidos tienen el potencial de recuperar la forma.

Potencial eléctrica Las pilas almacenan energía potencial eléctrica que puede liberarse como corriente.

Potencial gravitatoria Los objetos levantados tienen el potencial de caer, convirtiendo energía potencial gravitatoria en energía cinética.

Energía nuclear Al partir un núcleo atómico, como en una bomba nuclear, se libera la enorme energía que contiene.

Energía eléctrica Consiste en el potencial de partículas cargadas (electrones) para producir cambios, como mover un motor.

Energía térmica Este tipo de energía incluye el calor producido por el movimiento de los átomos.

Energía acústica Las ondas sonoras transportan energía, al comprimir y distender la sustancia por la que viajan.

Energía cinética Todo aquello que se mueve —desde átomos hasta planetas— tiene este tipo de energía.

Generación de movimiento
El carbón es un combustible que contiene gran cantidad de energía potencial química. Se puede quemar para calentar agua, que se convierte en vapor y sirve para mover las hélices que impulsan un barco.

1845
NEBULOSAS ESPIRALES

Con su recién terminado telescopio gigante (apodado el Leviatán de Parsonstown), el astrónomo irlandés William Parsons, lord Rosse, mostró que la nebulosa difusa denominada Messier 51 parecía ser una espiral de incontables estrellas de luz débil. La confirmación de otras «nebulosas espirales» llevó a debatir sobre su naturaleza y a especular con que pudieran ser sistemas solares en formación, o sistemas estelares independientes más allá de la Vía Láctea.

▷ **Telescopio reflectante**
de Rosse, de 1,8 m

1844 Samuel Morse envía el primer telegrama a larga distancia, de Washington a Baltimore (EE. UU.).

1846 El dentista estadounidense William Morton demuestra el empleo del éter inhalado (éter dietílico) como anestésico.

1844

1844 Friedrich Bessel halla que la estrella Sirio es influida por una compañera masiva y no vista (luego identificada como una enana blanca).

1845 Michael Faraday propone que la luz es una forma de electromagnetismo en «Pensamientos sobre las vibraciones de los rayos».

«Ved lo que Dios ha hecho.»

PRIMER MENSAJE DE TELÉGRAFO

△ Neptuno

1846
EL PROTOPLASMA

El botánico alemán Hugo von Mohl dedicó gran parte de su carrera a realizar minuciosos estudios de la fisiología y la anatomía de las células vegetales, y mostró que el núcleo celular se encuentra en un coloide, sustancia activa a la que llamó protoplasma. Describió este como una masa viva en cada célula activa, y el lugar donde se almacena energía para la actividad celular.

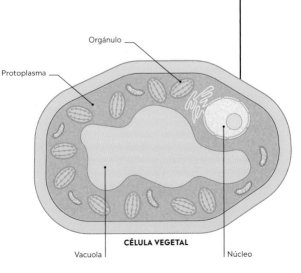

Orgánulo

Protoplasma

CÉLULA VEGETAL

Vacuola

Núcleo

1846
NEPTUNO AVISTADO

Después de que el matemático francés Urbain Le Verrier predijera la posición de un planeta más allá de Urano, el astrónomo del observatorio de Berlín Johann Galle llevó a cabo las primeras observaciones de Neptuno, el planeta más exterior del Sistema Solar. El astrónomo británico William Lassell halló su mayor satélite, Tritón, 17 días después.

1847
LA REGLA DE BERGMANN

El estudiante alemán de anatomía comparada Carl Bergmann observó que, entre animales emparentados (por ejemplo, los pingüinos), las especies de mayor tamaño suelen habitar en entornos más fríos, mientras que las menores suelen encontrarse en hábitats más cálidos.

◁ **Pingüino emperador**, a escala

◁ **Pingüino de las Galápagos**, a escala

1848
ISÓMEROS

El químico francés Louis Pasteur descubrió y separó los dos tipos de cristal de ácido tartárico. Ambos tenían la misma fórmula química, pero disueltos en una solución, rotaban la luz que los atravesaba en direcciones opuestas. Esto era debido a la forma ligeramente alterada de las moléculas de cada solución, siendo imágenes especulares la una de la otra, o isómeros.

△ **Cristales** de ácido tartárico

1849

1846 El químico italiano Ascanio Sobrero crea la explosiva nitroglicerina al añadir glicerol a una mezcla de ácidos nítrico y sulfúrico.

1847 John Herschel publica su estudio del cielo austral, que incluye capítulos sobre las nebulosas, los satélites de Saturno y las manchas solares.

1849
FIZEAU Y LA VELOCIDAD DE LA LUZ

En el primer intento serio de medir la velocidad de la luz, el físico francés Hippolyte Fizeau hizo pasar un haz de luz por una rueda dentada en rápida rotación. La luz llegaba hasta un espejo a 8 km, que la devolvía a la rueda. A determinadas velocidades, los dientes de la rueda bloqueaban la luz de retorno, y esto fue lo que permitió a Fizeau calcular su velocidad. El valor que obtuvo tenía un error de menos del 5 %.

▷ **Aparato de Fizeau**

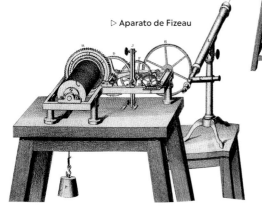

1851
ROTACIÓN DE LA TIERRA

Un ingenioso experimento del físico francés Léon Foucault demostró directamente la rotación terrestre por primera vez: suspendió de un punto un péndulo con un periodo de oscilación largo, de manera que, durante su vaivén, la Tierra rotaba bajo el péndulo, y el eje de barrido de este iba cambiando lentamente de orientación en relación con el suelo.

▷ **El péndulo** de Foucault

1852
VALENCIA

El químico inglés Edward Frankland fue uno de los primeros en investigar los compuestos organometálicos (de iones metálicos y moléculas orgánicas). Sus estudios lo llevaron a proponer la teoría de la valencia, según la cual cada tipo de átomo tiene un número determinado de formas en que puede combinarse con otros. Fue un paso importante para comprender la estructura y los enlaces químicos.

Aluminio (Al) — Oxígeno (O)
Valencia 3 — Valencia 2

ÓXIDO DE ALUMINIO (AL$_2$O$_3$) — Dos átomos de aluminio

Tres átomos de oxígeno

Número de enlaces
Los átomos de valencia 3, como el aluminio, forman tres enlaces; el oxígeno tiene valencia 2, y por tanto forma dos.

1850 Se funda la Sociedad Epidemiológica de Londres para promover el estudio de las enfermedades epidémicas.

1850 El químico escocés Thomas Graham contribuye a poner los cimientos de la química de coloides.

1852 Léon Foucault demuestra y observa sus efectos de la rotación terrestre con un giroscopio en rápida rotación.

1850
LA ENERGÍA DEL CALOR

En un trabajo leído ante la Academia de Berlín, el físico y matemático alemán Rudolf Clausius exploró el hecho de que el calor nunca fluye de un cuerpo frío a otro caliente si no se realiza trabajo, es decir, si no se introduce energía en el sistema. Esta afirmación desafiaba la teoría «calórica» prevaleciente, que consideraba el calor una sustancia. Fue la primera formulación de lo que hoy es la segunda ley de la termodinámica.

▷ **Rudolph Clausius**

▷ **Fuente** de Broad Street, en Londres

1854
EPIDEMIOLOGÍA

Un brote de cólera en Londres llevó al médico inglés John Snow, uno de los fundadores del estudio de la epidemiología, a estudiar su origen. Rastreó un foco del brote hasta una fuente pública en Broad Street, y elaboró un mapa de la incidencia de la enfermedad en el área afectada, mostrando que el medio del cólera era el agua.

△ **Ilustración** que representa a la muerte dispensando el cólera

El péndulo de Foucault se suspendió de la cúpula del Panteón de París.

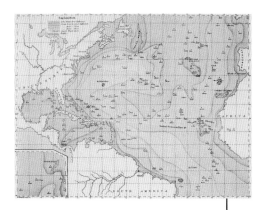

1855
OCEANOGRAFÍA MODERNA

Usando datos de cuadernos de bitácora sobre vientos, corrientes y profundidades oceánicas, el oficial naval estadounidense Matthew Maury publicó *Geografía física del mar y su meteorología*. Sus mapas resultaron de un valor inestimable para los navegantes.

◁ **Mapa de Maury** de las profundidades del Atlántico Norte

1831-1879
JAMES CLERK MAXWELL

Matemático y físico escocés, James Clerk Maxwell llevó a cabo importantes aportaciones al campo del electromagnetismo (en particular al demostrar que la luz es una forma de radiación electromagnética), la termodinámica y la visión en color.

1854 El físico alemán Hermann von Helmholtz propone erróneamente que el Sol produce energía por contracción gravitatoria.

1855 El científico escocés James Clerk Maxwell publica una innovadora descripción matemática de los experimentos de Faraday con la electricidad y el magnetismo.

1855

1855
TUBOS DE VACÍO

El alemán Johann Geissler, físico y soplador de vidrio, desarrolló una bomba de manivela capaz de crear vacío, y la utilizó para extraer todo el aire de unos tubos de vidrio de diseño propio. Estos se podían llenar con gases enrarecidos y hacer pasar una corriente eléctrica a través de ellos, y fueron para los físicos una herramienta importante que llevó al descubrimiento del electrón, al desarrollo de la luz de neón y a la creación de válvulas termoiónicas, que dieron pie al inicio de la electrónica moderna.

△ **Tubos de Geissler**

SELECCIÓN NATURAL

En los organismos que se reproducen de modo sexual, se da una variación natural entre los individuos. Los mejor adaptados a su medio tienen mayores probabilidades de sobrevivir y reproducirse, transmitiendo así sus genes y dando lugar a cambios en la población a largo plazo. La probabilidad de que un organismo sobreviva y se reproduzca es una medida de aptitud reproductiva, de ahí la idea de la «supervivencia de los más aptos».

Supervivencia de los más aptos

En este ejemplo de selección natural, la probabilidad de sobrevivir de una oruga depende de la eficacia de su camuflaje ante los depredadores. Las orugas no bien camufladas son eliminadas de la población.

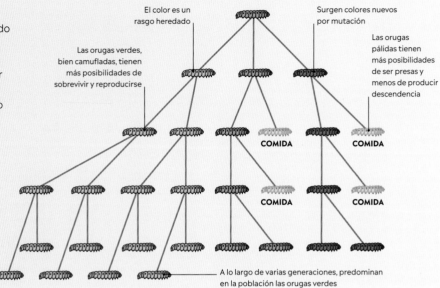

El color es un rasgo heredado

Surgen colores nuevos por mutación

Las orugas verdes, bien camufladas, tienen más posibilidades de sobrevivir y reproducirse

Las orugas pálidas tienen más posibilidades de ser presas y menos de producir descendencia

COMIDA   COMIDA

COMIDA   COMIDA

A lo largo de varias generaciones, predominan en la población las orugas verdes

1856

1856 El acero se produce a escala industrial una vez que el inventor inglés Henry Bessemer desarrolla un proceso que inyecta oxígeno en hierro fundido.

1857 El químico alemán Friedrich August Kekulé sugiere que el carbono puede enlazarse con hasta cuatro átomos, incluidos otros de carbono.

1856 El primer esqueleto reconocido como un predecesor de los humanos se descubre en el valle de Neander (Alemania).

1857 El fisiólogo francés Claude Bernard anuncia el aislamiento del glucógeno del tejido hepático.

◁ **Dibujo** de un esqueleto de hadrosaurio

1856
PASTEURIZACIÓN

Mientras estudiaba la fermentación, el químico francés Louis Pasteur descubrió que son microbios los responsables de estropear bebidas como la cerveza o la leche, y también que calentar los líquidos a 60-100 °C destruye la mayoría de las bacterias y mohos causantes del problema. Este modo de conservar los alimentos se llamaría pasteurización.

△ **Louis Pasteur** en su laboratorio

1858
HADROSAURUS

Hadrosaurus foulkii fue el primer esqueleto de dinosaurio casi completo encontrado en América del Norte; sus huesos se excavaron en Haddonfield (Nueva Jersey). El nombre genérico significa «lagarto robusto», y la especie se nombró en honor de su descubridor, el abogado y geólogo aficionado William Parker Foulke. Este herbívoro gigante surgió en el Cretácico medio, hace unos 100 millones de años.

1809-1882
CHARLES DARWIN

Nacido en Shrewsbury (Inglaterra), Darwin estudió medicina y teología, pero se entregó a la historia natural. Reunió vastas colecciones de fósiles, animales y plantas, y su teoría de la evolución por la selección natural ha tenido una influencia inmensa.

«Estoy convencido de que la selección natural ha sido el principal pero no exclusivo medio de la modificación.»

CHARLES DARWIN, *EL ORIGEN DE LAS ESPECIES* (1859)

1859
EL ORIGEN DE LAS ESPECIES

Este año vio la primera edición del libro más influyente sobre biología evolutiva, *El origen de las especies por medio de la selección natural, o la preservación de las razas favorecidas en la lucha por la vida*, de Charles Darwin. Atrajo la atención y la controversia y se agotó enseguida, y tuvo hasta seis ediciones en vida de Darwin.

▽ *El origen de las especies*, primera edición

1858 El cirujano inglés Henry Gray publica *Anatomía de Gray*, que se convierte en el libro de referencia sobre anatomía humana.

1858 El químico italiano Stanislao Cannizzaro publica pruebas convincentes a favor de la hipótesis de Avogadro.

1859

1859
FULGURACIONES

Mientras observaba un gran grupo de manchas solares, el astrónomo aficionado inglés Richard Carrington vio una efusión luminosa, identificada como la primera fulguración solar registrada. Solo unas horas después, se vieron auroras boreales y australes impresionantes, y se desató el caos en sistemas eléctricos como las líneas de telégrafos. El físico escocés Balfour Stewart demostró que se debía al impacto de una nube de partículas solares sobre la Tierra y su atmósfera.

▷ **Fulguraciones** sobre la superficie del Sol

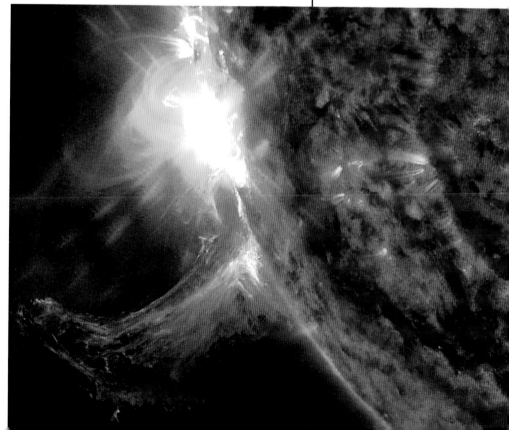

Entropía
Una vez destruida una estrella en una supernova (en una simulación por ordenador en esta imagen), su energía se disipa en el espacio, y la estrella original nunca volverá a formarse.

LAS LEYES DE LA TERMODINÁMICA

La termodinámica es el estudio de la física del calor, la temperatura, el trabajo y la energía. Sus leyes fundamentales describen varias propiedades de los sistemas termodinámicos —como la temperatura de un gas dentro de un globo—, y cómo cambian bajo diferentes circunstancias.

Tradicionalmente son tres las leyes de la termodinámica, si bien se añadió otra ley más tarde. Esta ley cero afirma que si dos sistemas están en equilibrio térmico —es decir, que no hay flujo de calor entre ellos— con un tercer sistema, están también en equilibrio térmico entre sí.

La primera ley es una expresión de la conservación de la energía: la idea es que la energía no puede crearse ni destruirse, y por tanto hay una cantidad fija de energía en el universo. En términos simples, sostiene que la energía ganada (o perdida) por un sistema es igual a la energía perdida (o ganada) por su entorno.

La segunda y la tercera ley se ocupan del concepto de entropía, una medida del desorden de un sistema. Un sistema ordenado (con baja entropía) puede realizar más trabajo, como mover un pistón. La segunda ley afirma que la entropía de un sistema nunca disminuye; en otras palabras, los sistemas no se vuelven espontáneamente más ordenados. La tercera ley afirma que la entropía de un sistema se aproxima a un valor constante a medida que la temperatura se acerca al cero absoluto. Para un cristal perfecto a cero absoluto, ese valor sería cero, pues el sistema estaría perfectamente ordenado.

Laboratorio de átomos fríos
Es imposible alcanzar el cero absoluto (0 K, o –273,15 °C), pero los científicos han llegado a enfriar sistemas hasta billonésimas de grado sobre el cero absoluto.

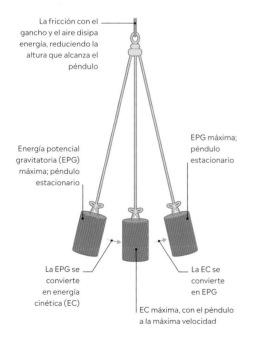

La fricción con el gancho y el aire disipa energía, reduciendo la altura que alcanza el péndulo

Energía potencial gravitatoria (EPG) máxima; péndulo estacionario

EPG máxima; péndulo estacionario

La EPG se convierte en energía cinética (EC)

La EC se convierte en EPG

EC máxima, con el péndulo a la máxima velocidad

LA PRIMERA LEY
La energía ni se crea ni se destruye, sino que se transforma, de potencial gravitatoria a cinética, por ejemplo. El cambio en la energía del sistema es igual a la diferencia entre el calor añadido al sistema desde su entorno (energía entrante) y el trabajo ejercido por el sistema sobre su entorno (energía saliente).

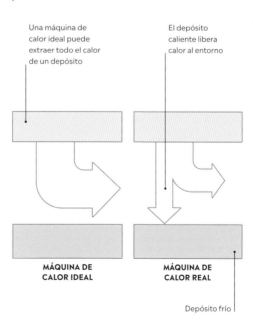

Una máquina de calor ideal puede extraer todo el calor de un depósito

El depósito caliente libera calor al entorno

MÁQUINA DE CALOR IDEAL

MÁQUINA DE CALOR REAL

Depósito frío

LA SEGUNDA LEY
La segunda ley afirma, en esencia, que el calor pasa siempre espontáneamente de objetos más calientes a otros más fríos, y no a la inversa. Una máquina de calor —una que use calor para realizar un trabajo en un proceso cíclico— no usa todo su calor para realizar trabajo, pues parte pasa a su entorno, más frío.

Al caer la temperatura, las moléculas del recipiente tienen menos energía cinética

LA TEMPERATURA DESCIENDE

La energía cinética disminuye aún más

LA TEMPERATURA DESCIENDE MÁS

Moléculas en reposo, sin energía cinética

CERO ABSOLUTO

LA TERCERA LEY
Según la tercera ley, cuanto más se enfría un sistema, más ordenado es, y menor es su entropía. Esta llegaría al mínimo al alcanzar la temperatura el cero absoluto teórico.

ESPECTROSCOPÍA

Átomos y moléculas absorben y emiten radiación, y esta radiación —de la luz, las microondas, las frecuencias de radio y otras— forma un espectro único de longitudes de onda. La espectroscopía —el estudio de tales espectros— permite identificar átomos y determinar la estructura de moléculas complejas.

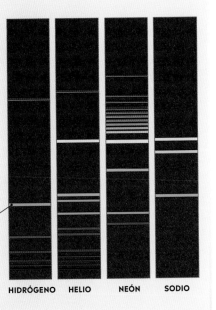

Cada línea indica una longitud de onda de la luz

Espectros de emisión
Es posible identificar elementos puros por el patrón único de longitudes de onda de luz que emiten.

HIDRÓGENO   HELIO   NEÓN   SODIO

ANÁLISIS DEL COLOR

Los alemanes Robert Bunsen y Gustav Kirchhoff descubrieron dos elementos desconocidos, el rubidio y el cesio, usando un espectroscopio para estudiar los espectros de luz de colores emitidos al calentar muestras con un quemador de gas inventado por Robert Bunsen. Este método condujo al descubrimiento de muchos otros elementos.

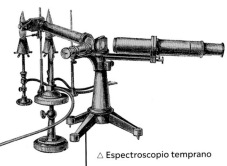

△ Espectroscopio temprano

1860

1860 Se desarrolla la estadística de Maxwell-Boltzmann, herramienta matemática que permite analizar el movimiento de partículas de gas.

1860 El químico francés Pierre-Eugène-Marcellin Berthelot usa la síntesis orgánica para hacer compuestos naturales, lo cual muchos creían imposible.

1860 El ingeniero belga Jean J. Lenoir desarrolla el primer motor de combustión interna.

△ Gustav Kirchhoff

1860
RADIACIÓN DEL CUERPO NEGRO

El físico alemán Gustav Kirchhoff introdujo la idea de una sustancia ideal hipotética que fuera una emisora y absorbente perfecta de radiación: un cuerpo negro. Sus intentos de caracterizar la emisión de los cuerpos negros los retomaría más tarde Max Planck, y condujeron al cabo a las primeras ideas de la física cuántica.

1861
ARCHAEOPTERYX

Archaeopteryx («ala antigua»), durante mucho tiempo considerado el ave más primitiva, fue descrito por primera vez a partir de una sola pluma hallada en una cantera caliza cerca de Solnhofen (Alemania) en 1861. Vivió hace unos 150 millones de años, y sus rasgos reptilianos y aviares apuntaban a un vínculo evolutivo entre reptiles y aves.

△ **Fósil** de *Archaeopteryx*

▷ **Circunvolución** frontal inferior

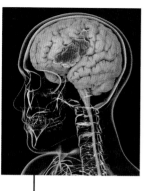

1861
ÁREA DE BROCA

Al estudiar el cerebro de un paciente, Louis Victor Leborgne, que había perdido en gran medida la facultad de hablar, el médico francés Pierre Paul Broca descubrió una lesión en su lóbulo frontal izquierdo, y dedujo correctamente que el área afectada, en la circunvolución frontal inferior, controlaba el habla.

1862
CLOROPLASTOS

El botánico y fisiólogo alemán Julius von Sachs halló que es en los granos de clorofila (cloroplastos) donde se forma almidón a partir de sustancias inorgánicas, que el proceso emplea luz, y que el almidón es necesario para el crecimiento vegetal. Sachs se considera el pionero de los estudios sobre la fotosíntesis.

«Estoy al borde de los misterios, y el velo se vuelve cada vez más delgado.»

LOUIS PASTEUR, CARTA (1851)

△ **Cloroplastos** en células de algas de estanque

1862

1861 El biólogo alemán Max Schultze describe las células como consistentes en protoplasma con un núcleo, e inicia el estudio de la biología celular.

▷ **Modelo molecular** de la hemoglobina

▷ **Recreación del montaje** experimental de Pasteur

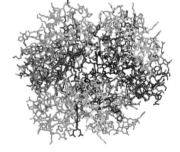

1862
HEMOGLOBINA

El fisiólogo y químico alemán Ernst Felix Hoppe-Seyler fue uno de los fundadores de la bioquímica y la biología molecular. Entre otras investigaciones, Hoppe-Seyler estudió y nombró el pigmento rojo de la sangre, la hemoglobina, y demostró que forma enlaces con el oxígeno de los glóbulos rojos para formar oxihemoglobina.

1862
TEORÍA MICROBIANA

A principios de la década de 1860, el trabajo de Louis Pasteur confirmó que muchas enfermedades eran causadas por microbios que entraban en el cuerpo desde el exterior, y detectó, por ejemplo, la existencia de organismos en la sangre de un paciente que tenía fiebre. La teoría microbiana de la enfermedad remplazó a la anterior y más bien vaga teoría miasmática, según la cual las enfermedades se debían al «mal aire».

El efecto invernadero
La luz solar que atraviesa la atmósfera calienta la superficie terrestre; parte del calor se refleja al espacio, pero una porción de este lo retienen en la atmósfera gases de efecto invernadero.

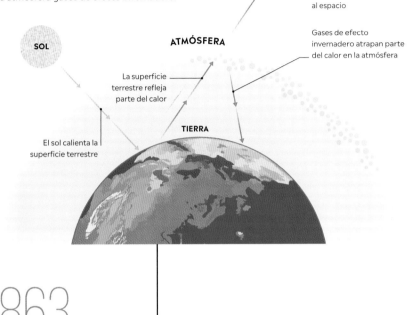

SOL

ATMÓSFERA

Parte del calor escapa al espacio

Gases de efecto invernadero atrapan parte del calor en la atmósfera

La superficie terrestre refleja parte del calor

TIERRA

El sol calienta la superficie terrestre

1863

EL EFECTO INVERNADERO

Trabajando independientemente, el irlandés John Tyndall y la estadounidense Eunice Foote comprendieron el papel de gases como el dióxido de carbono y el vapor de agua en la absorción de calor, y explicaron el descubrimiento de que la temperatura superficial de la Tierra era mayor que la esperada, debido a que estos gases atmosféricos absorben calor entrante del sol e impiden que escape de la atmósfera. Este «efecto invernadero» hace que el calor se acumule en la superficie del planeta. Tyndall sugirió además que cambios en la proporción de estos gases en la atmósfera podrían alterar el clima.

1863 Los científicos ingleses William Huggins y William Allen Miller observan los espectros de estrellas y los utilizan para identificar elementos en sus atmósferas.

1863

1863 El químico inglés John Newlands identifica la repetición de un patrón en las propiedades de los elementos ordenados por peso atómico, y propone una «ley de octavas».

1863

ANTICICLONES Y MAPAS CLIMÁTICOS

El polímata inglés Francis Galton fue el primero en reunir, cartografiar e interpretar datos climáticos de regiones y fechas concretas. Descubrió zonas de altas presiones en la atmósfera (anticiclones), y estableció la meteorología, el estudio científico moderno del clima. Su primer mapa climático del noroeste de Europa fue el del 31 de marzo de 1875, y se publicó en *The Times* al día siguiente. Mostraba cambios en el estado del mar y el cielo, la presión atmosférica y la temperatura, así como la dirección y la fuerza del viento.

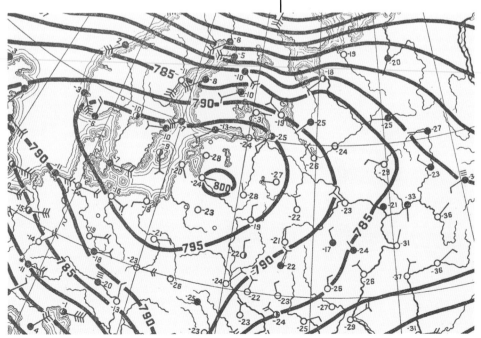

△ **Mapa climático** de Europa, de 1926

1825-1895
THOMAS HENRY HUXLEY
Thomas Huxley nació en Londres, estudió medicina y fue cirujano naval. Como biólogo, fue un firme defensor de la teoría de la evolución de Charles Darwin, a quien conoció en 1856.

> «El método de la investigación científica no es más que la expresión del modo necesario de funcionar de la mente humana.»

THOMAS HUXLEY, *SOBRE NUESTRO CONOCIMIENTO DE LAS CAUSAS DE LOS FENÓMENOS DE LA NATURALEZA ORGÁNICA* (1863)

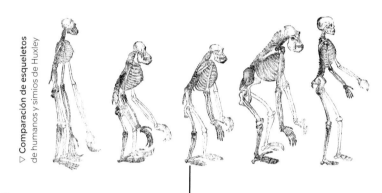

▽ Comparación de esqueletos de humanos y simios de Huxley

1863
EVOLUCIÓN HUMANA

El biólogo inglés Thomas Huxley aplicó la teoría de Darwin a la evolución humana y publicó sus ideas en *Evidencia sobre el lugar del hombre en la naturaleza*, obra popular que se ocupaba sobre todo de la ascendencia de la especie humana. Su entusiasta apoyo a Darwin le había ganado ya el apodo de «bulldog de Darwin».

1864

1864 El biólogo inglés Herbert Spencer, influido por el trabajo de Darwin, acuña la expresión de la «supervivencia del más apto».

1864 El astrónomo estadounidense Hubert Anson Newton identifica un ciclo de 33 años en la intensidad de la lluvia de meteoritos de las Leónidas.

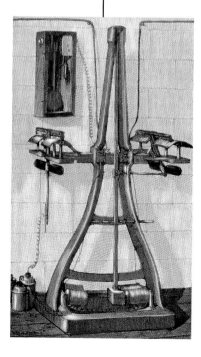

1863
EL PANTELÉGRAFO

Invento del físico italiano Giovanni Caselli, el pantelégrafo, que transmitía mensajes escritos a mano por la red de telégrafos, estuvo disponible para el público en Francia desde 1863. El remitente usaba tinta eléctricamente aislante sobre papel. Un péndulo pasaba un electrodo sobre el papel, y las señales eléctricas resultantes se transmitían por cable telegráfico a una segunda máquina con otro péndulo sincronizado con el primero. En la terminal del receptor había una hoja de papel bañada en una solución que se oscurecía cuando la atravesaba una corriente eléctrica, reproduciendo así el mensaje escrito.

◁ Pantelégrafo

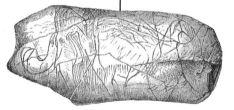

▽ **Mamut** tallado en marfil de mamut

1864
HUMANOS Y MAMUTS

El hallazgo de un antiguo grabado en el abrigo rocoso de La Madeleine, en la Dordoña (Francia), arrojó nueva luz sobre la vida de los humanos prehistóricos. La expedición anglo-francesa dirigida por el paleontólogo francés Édouard Lartet halló un pedazo de marfil de mamut con la imagen incisa del animal, lo que probaba que los humanos habían convivido con esa especie extinta.

RADIACIÓN ELECTROMAGNÉTICA

Longitud de onda y visión
El ojo humano solo puede ver una pequeña sección del espectro electromagnético, la luz visible (izda.). Otros animales perciben otras partes, como las abejas el ultravioleta (dcha.).

Juntamente con la materia, la radiación electromagnética es uno de los principales componentes del universo. Las ondas viajan por el espacio a la velocidad de la luz, y son en sí campos eléctricos y magnéticos que oscilan en perfecta sincronía. Los campos eléctricos cambiantes crean campos magnéticos y viceversa, y así se sostienen unos a otros. Las ecuaciones del físico James Clerk Maxwell describen las interacciones entre campos eléctricos y magnéticos, dos aspectos de una sola fuerza fundamental.

Hay muchas fuentes de ondas electromagnéticas, naturales y artificiales, de las que emanan al espacio como las ondas en la superficie de un estanque. El espacio exterior está lleno de ondas de radio de objetos como

púlsares (densas estrellas en rotación) y satélites de comunicaciones. Todas las formas de materia ordinaria emiten alguna radiación electromagnética.

Los distintos tipos de radiación electromagnética constituyen una gama muy amplia llamada espectro electromagnético. Aunque todas las ondas electromagnéticas tienen la misma velocidad, tienen distintas frecuencias y longitudes de onda. Las ondas de radio tienen la frecuencia más baja y la mayor longitud de onda; los rayos gamma tienen la frecuencia más alta y la menor longitud de onda. Las distintas partes del espectro tienen diferentes propiedades; así, por ejemplo, las ondas de más alta frecuencia (más energéticas) pueden dañar las células vivas, lo cual las convierte en potentes herramientas para ciertos tratamientos médicos.

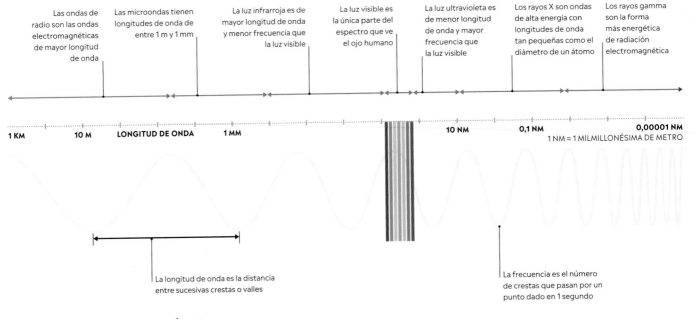

Las ondas de radio son las ondas electromagnéticas de mayor longitud de onda

Las microondas tienen longitudes de onda de entre 1 m y 1 mm

La luz infrarroja es de mayor longitud de onda y menor frecuencia que la luz visible

La luz visible es la única parte del espectro que ve el ojo humano

La luz ultravioleta es de menor longitud de onda y mayor frecuencia que la luz visible

Los rayos X son ondas de alta energía con longitudes de onda tan pequeñas como el diámetro de un átomo

Los rayos gamma son la forma más energética de radiación electromagnética

1 KM   10 M   LONGITUD DE ONDA   1 MM   10 NM   0,1 NM   0,00001 NM

1 NM = 1 MILLONÉSIMA DE METRO

La longitud de onda es la distancia entre sucesivas crestas o valles

La frecuencia es el número de crestas que pasan por un punto dado en 1 segundo

EL ESPECTRO ELECTROMAGNÉTICO

El espectro electromagnético se representa a menudo como una banda horizontal con radiaciones de distinta longitud de onda y frecuencia a lo largo de ella. El espectro se suele dividir en siete regiones, desde la frecuencia más baja y la mayor longitud de onda hasta la frecuencia más alta y la menor longitud de onda. La longitud de onda puede ser más larga que el radio de la Tierra o menor que un núcleo atómico.

Combinar longitudes de onda
Los astrónomos usan herramientas como los radiotelescopios y los telescopios de rayos X para ver detalles del universo invisibles a simple vista. Para obtener imágenes como esta se usa radiación de diferentes regiones del espectro electromagnético.

▽ **En el anillo del benceno,** cada átomo de carbono está enlazado con un único átomo de hidrógeno

átomo de carbono

átomo de hidrógeno

1865

ESTRUCTURA DEL BENCENO

El benceno se descubrió en 1825, pero los científicos estaban desconcertados respecto a la estructura molecular de esta sustancia hasta que, en 1865, el químico alemán August Kekulé, tras soñar con una serpiente que se mordía su propia cola, comprendió que un anillo de seis átomos de carbono, cada uno enlazado a un átomo de hidrógeno, resolvía el problema.

△ **El motivo de la serpiente** que se muerde su propia cola se remonta al antiguo Egipto

1822-1884
GREGOR JOHANN MENDEL

El biólogo y monje austríaco Gregor Mendel es conocido como el padre de la genética por su trabajo pionero sobre la herencia de rasgos como el color de las flores en los guisantes, que cultivaba en el huerto del monasterio de Brno (en la actual República Checa).

1865 Gregor Mendel presenta su trabajo sobre cruces de guisantes con flores de distinto color, que establece los principios básicos de la herencia genética.

1865

1865 El físico alemán Rudolf Clausius acuña el término «entropía» (desorden), que será un concepto clave en la termodinámica.

1865 El cirujano británico Joseph Lister utiliza fenol como antiséptico, mejorando enormemente la tasa de supervivencia quirúrgica.

1865

ECUACIONES DE MAXWELL

En un artículo de 1865, el físico y matemático escocés James Clerk Maxwell combinó sus ecuaciones que describen el comportamiento de y las interacciones entre campos eléctricos y magnéticos en una sola fórmula. Esta resultó ser una ecuación de onda: la velocidad de la onda que describe la ecuación es la velocidad de la luz. Maxwell demostró que la luz es una onda electromagnética y, a la vez, predijo la existencia de toda una serie de otras ondas electromagnéticas que viajan a la velocidad de la luz.

▽ Cinta de Möbius

1865

LA CINTA DE MÖBIUS

El matemático alemán Rudolf Möbius fue una figura clave en el desarrollo de la topología, el estudio de las propiedades geométricas de las formas durante transformaciones (como el estiramiento) que subyacen a muchos aspectos de la física. En 1865 escribió un influyente artículo sobre la cinta de Möbius, objeto de un solo lado y un solo borde que él y su colega Johann Benedict Listing habían estudiado en 1858.

▷ James Clerk Maxwell

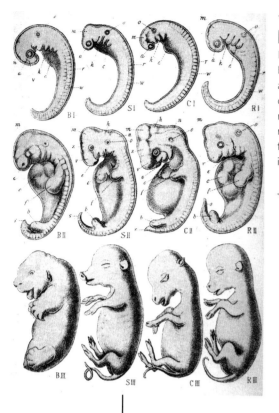

1866
LA LEY BIOGENÉTICA

La teoría evolutiva de Ernst Haeckel, conocida como ley biogenética, propuso que las distintas fases de un embrión animal en desarrollo guardan semejanzas con el cuerpo adulto de otros animales, y que cada fase del desarrollo embrionario representa la forma adulta de un antepasado evolutivo. Así, las relaciones evolutivas entre animales se podrían discernir en sus fases embrionarias. La teoría de Haeckel se demostró más tarde inadecuada para explicar el desarrollo embrionario.

◁ **Dibujos** del desarrollo embrionario de Haeckel

> # Los protistas son organismos que no encajan en los grupos animal, vegetal, bacteriano o fúngico.

1866 Ernst Haeckel acuña el término *Protista* para designar un tercer reino de organismos a añadir a los ya establecidos reinos de *Animalia* y *Plantae*.

1866

LA HERENCIA

La herencia es la transmisión de características de los progenitores a la descendencia. Muchas características están determinadas por los genes. En la reproducción sexual, la descendencia hereda una selección azarosa de los genes de cada progenitor. Algunos genes son dominantes, otros recesivos, y algunos actúan en combinación. Mendel usó guisantes para estudiar la herencia porque sus vainas y semillas tienen rasgos distintivos mensurables, como la longitud, la forma y el color.

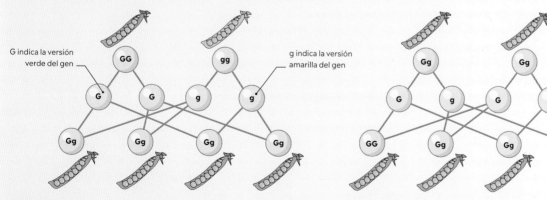

G indica la versión verde del gen

g indica la versión amarilla del gen

Las vainas amarillas se dan solo cuando hay dos versiones amarillas del gen juntas

Primer cruce
Cuando se cruzan vainas verdes con amarillas, la descendencia es toda verde. Esto se debe a que el verde lo determina un gen, o unidad hereditaria, dominante.

Segundo cruce
Al reproducirse la descendencia verde, uno de cada cuatro miembros de la nueva generación es amarillo, por carecer del gen que determina el color verde.

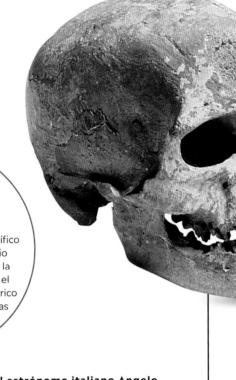

1868
HOMBRE DE CRO-MAGNON

El primer ejemplar de hombre de Cro-Magnon, de hace unos 30 000 años, lo descubrió el paleontólogo francés Louis Lartet. Es uno de los primeros ejemplos antiguos considerados de nuestra especie, *Homo sapiens*, y debe su nombre al lugar donde fue hallado, un abrigo rocoso en Cro-Magnon, cerca de Les Eyzies (Francia). La cueva alojaba los esqueletos de cuatro humanos, junto con algunos adornos. Su cráneo es alto y redondeado y no tiene los arcos superciliares muy marcados, rasgos exclusivos de los humanos modernos.

◁ **Cráneo** de *Homo sapiens*

1847-1931
THOMAS EDISON

Thomas Alva Edison fue un prolífico inventor y exitoso empresario estadounidense, famoso por la invención del fonógrafo, por el desarrollo del alumbrado eléctrico y como pionero de las cámaras cinematográficas.

1867 **El astrónomo italiano Angelo Secchi** publica un catálogo estelar con un esquema para clasificar estrellas según los rasgos de su espectro.

1868 **El prolífico inventor estadounidense Thomas Edison** patenta una máquina para registrar votos, la primera de sus más de mil patentes.

1867

1867 **El químico sueco Alfred Nobel** patenta la dinamita, un modo más seguro de usar la explosiva nitroglicerina.

1868 **El astrónomo francés Jules Janssen** descubre el elemento helio al detectar una línea espectral desconocida en la atmósfera solar durante un eclipse.

> «Mi dinamita conducirá a la paz antes que mil convenciones mundiales.»

ATRIBUIDO A ALFRED NOBEL

1868
VIDA DE LAS PROFUNDIDADES

Fascinado por la biología del océano profundo, el naturalista escocés Charles Wyville Thomson se embarcó en una serie de expediciones a bordo de distintos barcos de la Royal Navy: el *Lightning*, el *Porcupine* y el más famoso de ellos, el *Challenger* (p. 154). Durante sus estudios llevó a cabo cientos de sondeos, dragados y lecturas de temperatura en los océanos del mundo, y mostró que había vida animal hasta profundidades de 1200 m. También reunió unas 4500 especies de invertebrados, muchas de ellas nuevas y algunas que se creían extintas.

△ **Ilustración** del libro de Thomson *Las profundidades del mar*

1869
ZOOGEOGRAFÍA

En *El archipiélago malayo*, el naturalista galés Alfred Russel Wallace publicó el descubrimiento, hecho durante su trabajo de campo en la zona, de una divisoria entre los animales de Indonesia occidental, principalmente de origen asiático, y los que se hallaban más al este, afines a las especies de Australasia. Esta divisoria se conoce hoy como la línea de Wallace, y a Wallace se lo considera el padre de la zoogeografía.

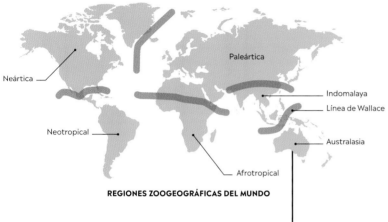

REGIONES ZOOGEOGRÁFICAS DEL MUNDO

1869
ADN AISLADO

Mientras investigaba la composición de las células, el médico suizo Friedrich Miescher aisló una nueva molécula del núcleo de los glóbulos blancos. La llamó nucleína, y mostró que consistía en hidrógeno, oxígeno, nitrógeno y fósforo. Así, fue el primero en aislar ADN (ácido desoxirribonucleico). Aunque entonces no se conocía el papel de los ácidos nucleicos, Miescher creía que lo que había aislado estaba de algún modo implicado en la herencia.

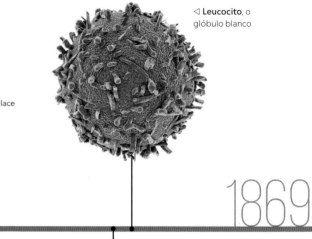

◁ **Leucocito**, o glóbulo blanco

1869

1868 El astrónomo británico William Huggins mide el efecto Doppler en la luz de Sirio, debido a que se está alejando de la Tierra.

1869 El químico ruso Dimitri Mendeléiev publica su primera tabla de los elementos, ordenados por su peso atómico, y muestra que tienen propiedades periódicas.

1869
CÉLULAS PANCREÁTICAS

El fisiólogo alemán Paul Langerhans estudió la anatomía del páncreas en distintos organismos. Mientras realizaba el doctorado, descubrió nueve tipos celulares distintos en el páncreas, y postuló que ciertas células pequeñas y poligonales podrían tener una función especial. Más de dos décadas después, el histólogo francés Gustave-Édouard Laguesse las llamó islotes de Langerhans; hoy se sabe que producen hormonas, entre ellas la insulina.

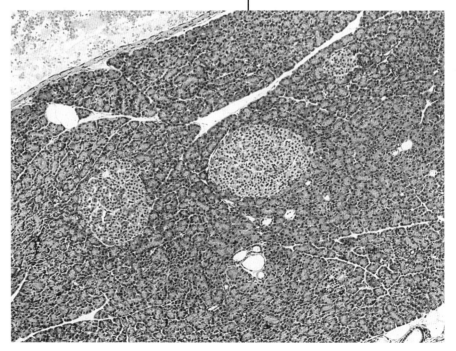

▷ **Islotes de Langerhans**, fotomicrografía

Notas de Mendeléiev
El primer borrador de la tabla periódica de los elementos del químico ruso Dimitri Mendeléiev incluía interrogantes para representar elementos aún no descubiertos, pero que predijo debían existir.

LA TABLA PERIÓDICA

La tabla periódica es un cuadro que presenta todos los elementos químicos, tanto los hallados en la naturaleza como los creados en el laboratorio. Al disponer elementos con propiedades similares en columnas (grupos), los químicos comprendieron que había patrones periódicos (recurrentes) de propiedades químicas y físicas, como el estado de los elementos, su punto de fusión, su densidad y su dureza.

El orden de la tabla se configuró sin comprender la explicación científica, y hasta que se descubrieron las partículas subatómicas (protones, electrones y neutrones) no estuvo clara la razón de su orden y estructura. El número atómico único de cada elemento es el número de protones —partículas con carga positiva— en el núcleo del átomo. Hay además el mismo número de electrones —con carga negativa— circulando alrededor del núcleo en capas.

El patrón de la tabla periódica se explica por el modo en que los electrones llenan dichas capas alrededor del núcleo. Todos los elementos de una fila, o periodo, tienen el mismo número de capas de electrones. Las capas pueden contener 2, 6, 10 o 14 electrones.

Las propiedades y el comportamiento químico de los elementos los determinan su tamaño y el número y la distribución de los electrones en las capas alrededor del núcleo. Así, por ejemplo, los gases nobles del grupo 18 tienen una capa electrónica externa completa, y son químicamente no reactivos porque no necesitan compartir electrones, o no los pierden fácilmente.

Elementos ausentes
Mendeléiev predijo correctamente elementos que faltaban y sus propiedades a la vista de los huecos en la tabla periódica. Los llamó eka-silicio, eka-aluminio y eka-boro. Fueron descubiertos más tarde y llamados germanio (en la imagen), galio y escandio, respectivamente.

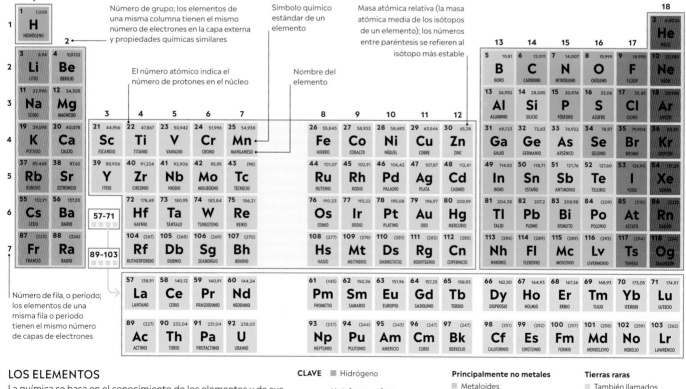

LOS ELEMENTOS

La química se basa en el conocimiento de los elementos y de sus propiedades físicas y químicas únicas. Los elementos rara vez se dan en forma pura en la naturaleza, y su descubrimiento y aislamiento han sido graduales. Los elementos se disponen en la tabla por orden creciente de número atómico, del 1 (hidrógeno) al 118 (oganesón).

CLAVE

■ Hidrógeno

Metales reactivos
■ Metales alcalinos
■ Metales alcalinotérreos

Elementos de transición
■ Metales de transición

Principalmente no metales
■ Metaloides
■ Otros metales
■ Carbono y otros no metales
■ Halógenos
■ Gases nobles

Tierras raras
■ También llamados lantanoides y actinoides, son metales reactivos, algunos raros o sintéticos

1871
SELECCIÓN SEXUAL

En *El origen del hombre y la selección en relación al sexo*, el biólogo inglés Charles Darwin presentó su teoría de la selección sexual, que explicaba el papel de los sexos en ciertos aspectos de la evolución. Por ejemplo, en algunas especies, las hembras escogen para aparearse a los machos más «atractivos», lo cual puede resultar en complejos plumajes como el del ave del paraíso macho.

△ Una vistosa ave del paraíso macho con su pareja

1826-1911
GEORGE STONEY

El físico irlandés Stoney fue profesor y luego secretario de la Universidad de la Reina de Irlanda. Su trabajo en física molecular incluyó la identificación del electrón como unidad básica de la carga eléctrica.

1870 Los científicos alemanes Gustav Theodor Fritsch y Eduard Hitzig aportan pruebas de que el córtex cerebral interviene en el control del movimiento.

1871 El físico ruso Dimitri Mendeléiev deja huecos en la tabla periódica para elementos que predijo que existían.

1870

△ Espectro del hidrógeno

400 nm   450 nm   500 nm   550 nm   600 nm   650 nm   700 nm
LONGITUD DE ONDA

Década de 1870
ESPECTRO DEL HIDRÓGENO

En estado excitado (al ocupar temporalmente los electrones un estado energético mayor que el fundamental), cada elemento emite un espectro característico de radiación electromagnética: una serie de líneas de color de longitud de onda específica. El primero en observar los patrones del espectro de un elemento (el hidrógeno) fue el físico irlandés George Stoney. Las relaciones entre las longitudes de onda de las líneas contribuyeron a fundar la física cuántica.

«Las mediciones de la expedición del *Challenger* prepararon el terreno para todas las ramas de la oceanografía.»

DR. JAKE GEBBIE, INSTITUCIÓN OCEANOGRÁFICA DE WOODS HOLE, EE. UU. (2020)

1872
EL CHALLENGER

A lo largo de cuatro años y 127 000 km de expedición alrededor del mundo, la nave de la marina británica *Challenger* inició la cartografía moderna de los océanos. Los naturalistas Charles Wyville Thomson y John Murray sondearon sistemáticamente la profundidad del mar y describieron la forma de la cuenca oceánica atlántica.

△ El *Challenger*

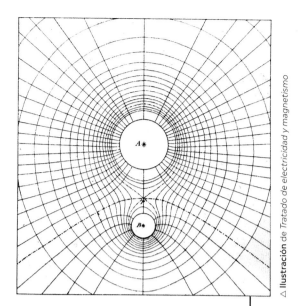

△ **Ilustración** de *Tratado de electricidad y magnetismo*

1873
ESTUDIOS SOBRE LOS ESTADOS DE LA MATERIA

En su influyente tesis *Sobre la continuidad de los estados gaseoso y líquido*, el físico neerlandés Johannes van der Waals publicó una ecuación que describía el comportamiento de gases, vapores y líquidos. La ecuación tenía en cuenta las fuerzas de atracción entre moléculas, en una época en que la mayoría de los físicos dudaba de la misma existencia de las moléculas. Van der Waals recibió por ello el Nobel de Física en 1910.

1873
LEYES DEL ELECTROMAGNETISMO

James Clerk Maxwell publicó este año su *Tratado de electricidad y magnetismo*, exposición exhaustiva y enormemente influyente sobre todos los aspectos del electromagnetismo.

◁ **Johannes van der Waals** en una medalla conmemorativa

1873

1872 El astrónomo estadounidense Henry Draper capta la primera fotografía detallada de un espectro estelar.

1873
ESTUDIOS DE LAS NEURONAS

Trabajando con tejido nervioso en un hospital de Abbiategrasso (Italia), el biólogo italiano Camillo Golgi desarrolló la técnica de tinción luego nombrada en su honor. Al hacer claramente visibles las neuronas, la tinción de Golgi o reacción negra permitió estudiar en detalle el tejido nervioso al microscopio, y allanó el camino a los científicos para investigar muchos aspectos del cerebro y las neuronas sensoriales, y para clasificar orgánulos celulares.

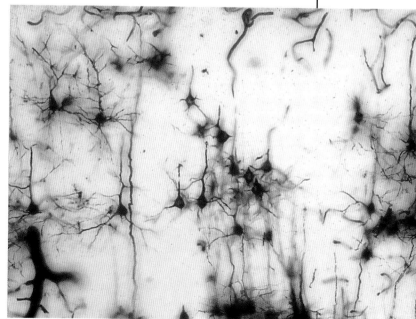

▷ **Tinción de Golgi** de una sección de cerebro de ratón

1874
MOLÉCULAS TRIDIMENSIONALES

El neerlandés Jacobus van 't Hoff y el francés Joseph-Achille Le Bel propusieron que cuatro átomos unidos a uno de carbono forman un tetraedro, lo cual explicaba por qué dos formas de algunas moléculas orgánicas son imágenes especulares una de otra.

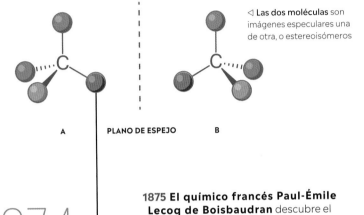

◁ **Las dos moléculas** son imágenes especulares una de otra, o estereoisómeros

A   PLANO DE ESPEJO   B

1875 El químico francés Paul-Émile Lecoq de Boisbaudran descubre el galio, uno de los elementos predichos en la tabla periódica de Mendeléiev.

1875
MECANISMO DE LA DIVISIÓN CELULAR

El biólogo alemán Walther Flemming hizo descubrimientos importantes sobre la división celular, a la que llamó mitosis. Utilizando tintes de anilina, identificó la cromatina en las estructuras filamentosas del núcleo celular. También descubrió el centrosoma, una estructura implicada en la mitosis. En 1882 publicó sus hallazgos en *Sustancia celular, núcleo y división celular.*

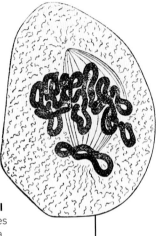

▷ **Dibujo** de la mitosis por Flemming

1875 James Clerk Maxwell presenta pruebas concluyentes de que los átomos tienen una estructura interna.

1874

1. El ADN en cada cromosoma se duplica para formar dos copias idénticas, unidas en el medio por un centrómero.

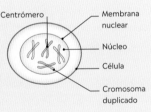

Centrómero · Membrana nuclear · Núcleo · Célula · Cromosoma duplicado

2. La membrana en torno al núcleo se descompone y se forman filamentos en la célula. Los cromosomas se alinean a lo largo de los filamentos.

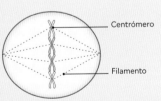

Centrómero · Filamento

LA MITOSIS

El tipo de división celular que produce dos células hijas idénticas se conoce como mitosis. Tiene lugar durante el crecimiento, y también para remplazar células gastadas. Antes de la división, el ADN debe duplicarse. Cada uno de los dos filamentos en el ADN original sirve de patrón para formar un nuevo filamento. A esto sigue la división del contenido celular en dos células hijas con genomas idénticos.

3. Los filamentos separan los cromosomas recién duplicados, y cada cromosoma pasa a un lado opuesto de la célula.

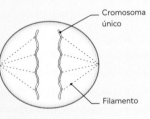

Cromosoma único · Filamento

4. Se forma una membrana nuclear alrededor de cada conjunto de cromosomas, y la célula comienza a dividirse en dos nuevas células.

Cromosoma único

5. Se forman dos células nuevas. Cada célula tiene un núcleo que contiene un conjunto único de cromosomas, con los mismos genes.

Cromosoma · Cromosomas idénticos a los de la otra célula hija · Célula · Núcleo

«Señor Watson, venga aquí. Quiero verle.»

ALEXANDER GRAHAM BELL, PRIMERAS PALABRAS AL TELÉFONO (1876)

1876
PRIMER TELÉFONO

Dos inventores crearon un teléfono viable más o menos al mismo tiempo, y solicitaron patentes en la oficina de patentes de EE. UU. el mismo día de 1876. Fueron Alexander Graham Bell, estadounidense de origen escocés, y Elisha Gray, ingeniero estadounidense. Bell obtuvo la patente, y fundó la American Telephone and Telegraph Company (AT&T).

▷ **Teléfono** de diseño antiguo

1876 El físico alemán Eugen Goldstein acuña el término «rayos catódicos» para referirse a la descarga eléctrica en tubos de vacío.

1876

1876 El ingeniero alemán Nicolaus Otto desarrolla el primer motor de combustión interna de cuatro tiempos práctico, que dará paso a los vehículos a motor.

c. 1875
RADIÓMETRO DE CROOKES

El físico inglés William Crookes observó que los finos platillos de su balanza química de precisión se veían afectados por la exposición al sol. Después de investigar el fenómeno, creó un radiómetro, un tubo de vacío de vidrio que contenía unas ligeras paletas montadas sobre un rotor. Cuando la luz caía sobre las paletas, el rotor giraba. El fenómeno fue objeto de debate y desacuerdo entre los físicos durante varios años.

△ **Radiómetro** de Crookes

△ Josiah Willard Gibbs

1876
TERMODINÁMICA QUÍMICA

El físico estadounidense Josiah Willard Gibbs publicó ideas importantes sobre las fuerzas que intervienen en las reacciones químicas. Definió los conceptos de energía libre y potencial químico, que hacen que las sustancias reaccionen. También dedujo la regla de fases, que ayuda a determinar cómo cambian sustancias en contacto al variar la temperatura, la presión o la concentración.

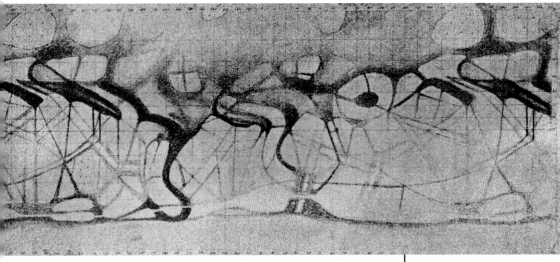

1877
DESCUBRIMIENTOS MARCIANOS

Estando cerca Marte y la Tierra en el cielo nocturno, el astrónomo estadounidense Asaph Hall descubrió Fobos y Deimos, satélites de Marte. El astrónomo italiano Giovanni Schiaparelli informó sobre la observación de unas líneas rectas que unían las regiones más oscuras de la superficie de Marte, dando pie a especular sobre que fueran canales; más adelante se demostró que las líneas eran una ilusión óptica.

△ **Mapa de Marte** de Schiaparelli

1877 El físico alemán Ernst Hoppe-Seyler emplea el término «bioquímica» para designar el estudio de las reacciones y las moléculas en los sistemas vivos.

1877 Thomas Edison desarrolla el fonógrafo, aparato para grabar y reproducir sonido.

1877

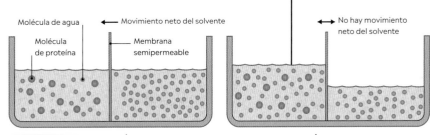

Molécula de agua
Molécula de proteína
← Movimiento neto del solvente
Membrana semipermeable

← No hay movimiento → neto del solvente

SE PRODUCE LA ÓSMOSIS　　　　**PRESIÓN IGUALADA**

Medición de la presión osmótica
Una membrana semipermeable separa agua y una solución de agua (el solvente) y moléculas de proteína (el soluto). Las moléculas de agua atraviesan la membrana hasta que la presión a ambos lados de ella es la misma.

1877
PRESIÓN OSMÓTICA

El fisiólogo vegetal alemán Wilhelm Pfeffer inició el estudio de las membranas semipermeables que dejan pasar las pequeñas moléculas de agua de una solución y no otras mayores, como las proteínas. Como el solvente (en este caso agua) puede atravesar la membrana (en el proceso llamado ósmosis), se acumula presión entre ambas soluciones. Pfeffer utilizó esta medida de presión osmótica para determinar los pesos moleculares de las proteínas.

1877
LA GUERRA DE LOS HUESOS

El descubrimiento de restos de dinosaurios en el oeste de EE. UU. alimentó la rivalidad entre los paleontólogos de la Academia de Ciencias Naturales de Filadelfia y del Museo Peabody de Historia Natural de Yale, que condujo a robos y sobornos a la caza de los mejores fósiles.

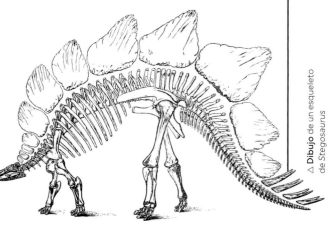

△ **Dibujo** de un esqueleto de *Stegosaurus*

1878
MIMETISMO MULLERIANO

El naturalista alemán Johann Friedrich Theodor (Fritz) Müller propuso que dos especies distintas pueden evolucionar hasta volverse muy parecidas, como la mariposa virrey norteamericana y la mariposa monarca centroamericana, muy semejantes, pero no parientes próximas. Ambas son de sabor desagradable, y su semejanza es un modo de «compartir el coste» de producir un disuasor de la depredación.

△ **Mariposa** monarca

△ **Mariposa** virrey

1879
ENERGÍA RADIANTE

El físico austríaco Josef Stefan derivó una importante ecuación que relacionaba la cantidad total de energía irradiada por un objeto con su temperatura. Su trabajo fue ampliado en la década de 1880 por otro físico austríaco, Ludwig Boltzmann, lo que dio lugar a la ley de Stefan-Boltzmann.

▷ **Joseph Stefan**

1879 Louis Pasteur descubre la primera vacuna atenuada, cuando un cultivo de bacterias del cólera aviar que ha quedado expuesto al aire inmuniza a los pollos.

1879

1878 El fisiólogo francés Paul Bert relaciona la dolorosa enfermedad por descompresión de los buzos con el descenso y ascenso en aguas profundas.

1879 El físico estadounidense Edwin Hall descubre el efecto que lleva su nombre, explotado en aparatos de medición magnética sensibles.

Edison y sus colaboradores probaron miles de materiales hasta escoger el hilo de algodón carbonizado como filamento de su bombilla eléctrica.

◁ **Primera** bombilla de Edison (réplica)

1879
LUZ ELÉCTRICA

Las primeras bombillas eléctricas contenían un fino filamento de bambú o papel carbonizado, que relucía blanco al atravesarlo la corriente. En 1879, Thomas Edison en EE. UU. y Joseph Swan en Reino Unido produjeron las primeras bombillas con éxito comercial, si bien varios inventores habían producido bombillas antes, con diversos grados de éxito.

1880
SINESTESIA

El polímata inglés Francis Galton investigó el raro fenómeno conocido hoy día como sinestesia, por el que algunos individuos experimentan sensaciones desencadenadas por estímulos no relacionados con ellas, asociando, por ejemplo, sonidos musicales con distintos colores. Aunque era algo conocido desde principios del siglo XIX, el término «sinestesia» no se acuñó hasta c. 1892. Muchos artistas, como el pintor ruso Vasili Kandinski, han experimentado al parecer este fenómeno neurológico.

▷ *La cascada,*
de Vasili Kandinski

1880

1880 El geólogo inglés John Milne detecta terremotos con su nuevo sismógrafo.

1880 El científico francés Emile Amagat realiza experimentos con gases bajo presiones extremas.

1880
LOS RAYOS CATÓDICOS COMO PARTÍCULAS

En la década de 1870, los físicos comenzaron a investigar los rayos que viajaban de un electrodo a otro en un tubo de vacío llamado tubo de Crookes (por el físico británico William Crookes). Algunos pensaban que los rayos eran radiación electromagnética, y otros que eran haces de partículas. En 1880, Crookes halló pruebas de que eran partículas, y en 1897, el físico británico J. J. Thomson descubrió las partículas llamadas electrones en la actualidad.

▷ Tubo de Crookes

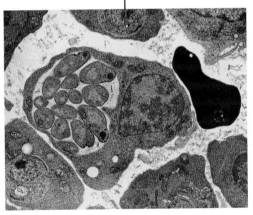

△ **Eritrocito** infectado de malaria

1880
AGENTE DE LA MALARIA

Alphonse Laveran, médico militar francés, descubrió parásitos en la sangre de pacientes de malaria. Hoy se sabe que el parásito es un protozoo (del género *Plasmodium*) y que lo transmiten las hembras de mosquito de una especie determinada del género *Anopheles*. La malaria es una de las enfermedades más generalizadas y debilitantes del mundo, y causa más de 600 000 muertes al año.

1880
PIEZOELECTRICIDAD

Los hermanos Pierre y Jacques Curie descubrieron que aplicar presión mecánica a cristales como el cuarzo produce una carga eléctrica en las caras del cristal. Esto se conoce como efecto piezoeléctrico (del griego *piezo*, «empujar»). El efecto funciona también a la inversa, al generar la carga una fuerza mecánica en el cristal, fenómeno aplicado en los relojes de cuarzo.

◁ **Cristal** de cuarzo

1881
VACUNAS ATENUADAS

El microbiólogo francés Louis Pasteur es generalmente considerado el padre de la inmunología por su estudio pionero de las vacunas. Tras un brote del mortífero ántrax en ovejas en 1879, Pasteur confirmó que la causante era una bacteria. Preparó cultivos atenuados (debilitados) de la bacteria y, en un experimento controlado, consiguió inmunizar ovejas que luego se demostraron resistentes a la enfermedad.

◁ **Esporas** de ántrax

1881 El inventor prusiano Hermann Ganswindt propone un método para lanzar un vehículo al espacio.

1881 J. J. Thomson deduce que la masa de un objeto cambia al añadírsele una carga eléctrica, poniendo así uno de los fundamentos de la relatividad.

1881

1881 El patólogo alemán Karl Joseph Erberth aísla la bacteria causante de la fiebre tifoidea.

1822-1911
FRANCIS GALTON

El científico inglés Francis Galton fue un explorador, geógrafo y estadístico experto, interesado además en la meteorología, la ciencia forense y la psicología. Primo de Charles Darwin, se interesó también por la herencia, e introdujo el término «eugenesia».

▷ **Experimento** de interferometría

1881
LA VELOCIDAD DE LA LUZ

En 1881, y de nuevo en 1887 (con Edward Morley), el estadounidense Albert Michelson realizó un experimento de interferometría para detectar algún cambio en la velocidad de la luz al moverse la Tierra en distintas direcciones por el espacio en su órbita. No detectó ningún cambio. Este desconcertante resultado se explica por el hecho de que la velocidad de la luz es absoluta, no relativa: uno de los fundamentos de la teoría de la relatividad especial.

1882
PALEOBIOLOGÍA

El paleontólogo Louis Antoine Marie Joseph Dollo, al frente de la sección de vertebrados del Instituto Real de las Ciencias Naturales de Bélgica, excavó y reconstruyó fósiles, entre los que destacan los de *Iguanodon*. Dollo fue un pionero de la paleobiología, al considerar a los dinosaurios como parte de ecosistemas pasados. Más tarde propuso que las estructuras o los órganos perdidos en la evolución no reaparecerían en otro organismo (la llamada ley de Dollo).

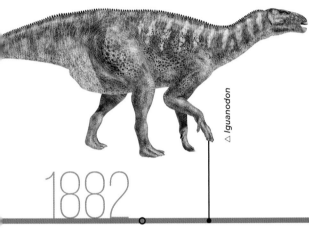

△ *Iguanodon*

1882
FAGOCITOS

Mientras estudiaba las larvas transparentes de estrella de mar, el científico ruso Iliá Méchnikov observó células especializadas que se movían libremente por los tejidos y consumían microbios. A partir de sus observaciones propuso que los glóbulos blancos de la sangre humana tienen la misma función de combatir infecciones y consumir microbios dañinos. Méchnikov llamó a estas células fagocitos, y se lo considera el descubridor de la fagocitosis, proceso por el que ciertas células defienden el cuerpo de la infección consumiendo microorganismos patógenos.

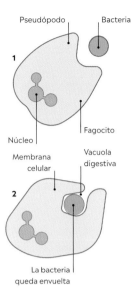

Cómo funciona la fagocitosis
1 El fagocito estira partes de su célula en forma de pseudópodos (falsos pies) que rodean a una bacteria. **2** Envuelta esta por los pseudópodos, la membrana celular se cierra atrapando al objetivo en una bolsa de fluido llamada vacuola digestiva. **3** Enzimas digestivas pasan a la vacuola digestiva para matar y descomponer la bacteria.

1882 El microbiólogo alemán Robert Koch demuestra que la tuberculosis la causan bacterias, y no es un mal hereditario.

1882 El matemático alemán Ferdinand von Lindemann demuestra que pi (π) pertenece a una clase de números llamados trascendentales.

1883
USO DE LA CORRIENTE ALTERNA

El ingeniero serbio Nikola Tesla creó un modelo funcional de motor de inducción, movido por corriente alterna (AC) y no directa (DC). Este motor era parte de su proyecto de usar AC de alto voltaje para suministrar electricidad a grandes áreas. Westinghouse Electric adoptó sus ideas en EE. UU., pero las bombillas de la Edison Electric Light Company funcionaban con DC. Así se desató una enconada «guerra de las corrientes», en la que la AC acabó imponiéndose.

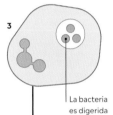

△ Motor de inducción

> «De todas las resistencias de fricción, la que más retarda el movimiento humano es la ignorancia, a la que Buda llamó "el mayor mal del mundo".»

NIKOLA TESLA, *EL PROBLEMA DEL AUMENTO DE LA ENERGÍA HUMANA* (1900)

LA MEIOSIS

La meiosis es la división celular que produce gametos (óvulos y espermatozoides). La célula progenitora, con un juego completo de información genética, se divide dos veces y produce cuatro gametos, cada uno con la mitad de la información original.

Cómo funciona la meiosis

Pares de cromosomas a juego intercambian material genético al azar. Cada espermatozoide u óvulo resultante recibe una mezcla ligeramente distinta de genes.

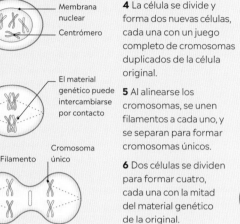

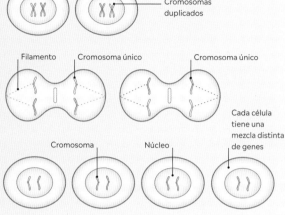

1 El ADN cromosómico se duplica y forma dos copias idénticas, cada par unido por un centrómero.

Membrana nuclear
Centrómero

2 La membrana que rodea el núcleo se descompone, y los cromosomas duplicados se alinean en filamentos por la célula.

El material genético puede intercambiarse por contacto

Filamento
Cromosoma único

3 Los filamentos separan los cromosomas dobles; los cromosomas se desplazan a cada lado de la célula.

4 La célula se divide y forma dos nuevas células, cada una con un juego completo de cromosomas duplicados de la célula original.

5 Al alinearse los cromosomas, se unen filamentos a cada uno, y se separan para formar cromosomas únicos.

6 Dos células se dividen para formar cuatro, cada una con la mitad del material genético de la original.

Cromosomas duplicados
Filamento
Cromosoma único
Cromosoma único
Cada célula tiene una mezcla distinta de genes
Cromosoma
Núcleo

1883 El metalúrgico inglés Robert Hadfield añade manganeso y carbono al hierro y crea una aleación de acero superresistente.

1883 El zoólogo belga Edouard van Beneden demuestra la meiosis, la forma de división celular implicada en la producción de células sexuales.

1883

1883 Francis Galton acuña el término «eugenesia» para designar el proceso de mejora de las cualidades hereditarias de la raza humana.

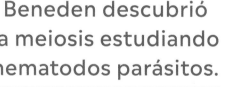

Beneden descubrió la meiosis estudiando nematodos parásitos.

1856-1943
NIKOLA TESLA

Nacido en el Imperio austríaco, Tesla trabajó en telecomunicaciones e instalaciones eléctricas en Europa antes de emigrar a EE. UU. en 1884. Sus avances en la tecnología de radio y de rayos X y en ingeniería eléctrica tuvieron una influencia duradera en el mundo moderno.

△ Hiram Maxim

1883

LA AMETRALLADORA MAXIM

El inventor británico-estadounidense Hiram Maxim creó la primera ametralladora de cañón único eficaz. El retroceso de cada disparo expulsaba el casquillo utilizado y cargaba automáticamente la bala siguiente. Capaz de realizar más de 600 disparos por minuto, pronto fue adoptada por ejércitos de toda Europa, y durante la Primera Guerra Mundial se cobró millones de vidas.

El filtro Pasteur-Chamberland allanó el camino a la filtración a gran escala del agua potable urbana.

1884
FILTROS DE ENFERMEDAD

Los microbiólogos franceses Charles Chamberland y Louis Pasteur inventaron un dispositivo que mejoraba la calidad del agua retirando microorganismos con un filtro de porcelana no vidriada, que dejaba pasar el agua pero no muchos patógenos como las bacterias. Más tarde se descubrió que algunas toxinas y virus minúsculos sí pasaban por el filtro, lo cual condujo a avances en la ciencia de la virología.

△ **Filtro de agua** Pasteur-Chamberland

1884
TINCIONES BACTERIANAS

El bacteriólogo danés Hans Christian Gram desarrolló una técnica para volver más visibles las bacterias, la llamada tinción de Gram, que se usa para identificar dos grandes grupos de bacterias: las grampositivas, de paredes celulares gruesas, se tiñen de morado o azul; las gramnegativas, de paredes más finas, se tiñen de rosa.

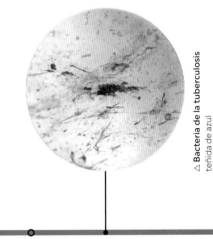

△ **Bacteria de la tuberculosis** teñida de azul

1884

1884 El meridiano que pasa por Greenwich (Inglaterra) es designado como longitud cero, y deviene la línea central del mapa horario del mundo.

1884 El ingeniero anglo-irlandés Charles Parsons patenta una turbina de vapor para centrales eléctricas y barcos.

VIRUS

Los virus son paquetes minúsculos de material genético, ADN o ARN, recubiertos de proteínas. Actúan como parásitos, empleando la maquinaria de las células del organismo huésped para replicarse a sí mismos. Algunos virus son inofensivos, o incluso beneficiosos, pero otros causan enfermedades letales al huésped. No suelen considerarse seres vivos, en parte porque requieren un huésped vivo para replicarse.

Replicación viral
Para reproducirse, los virus entran en las células de un huésped, cuya maquinaria y componentes utilizan para replicar su propio ADN y proteínas miles de veces.

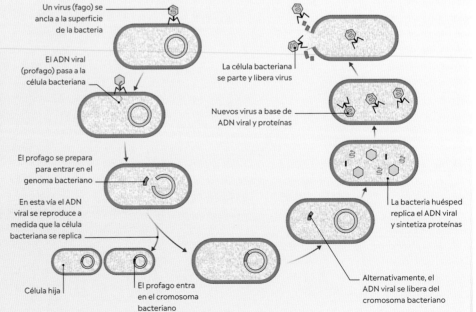

Un virus (fago) se ancla a la superficie de la bacteria

El ADN viral (profago) pasa a la célula bacteriana

El profago se prepara para entrar en el genoma bacteriano

En esta vía el ADN viral se reproduce a medida que la célula bacteriana se replica

Célula hija

El profago entra en el cromosoma bacteriano

La célula bacteriana se parte y libera virus

Nuevos virus a base de ADN viral y proteínas

La bacteria huésped replica el ADN viral y sintetiza proteínas

Alternativamente, el ADN viral se libera del cromosoma bacteriano

△ Svante August Arrhenius

1884
DISOCIACIÓN IÓNICA

El físico y químico sueco Svante August Arrhenius formuló su teoría de la disociación electrolítica después de concluir que la conductividad de una solución es el resultado de la presencia de iones en ella. Arrhenius demostró que, en solución, las moléculas de un electrolito se disocian en dos tipos de partícula con carga: iones de carga positiva (cationes) e iones de carga negativa (aniones).

1885
PRIMERA BIOMETRÍA

Francis Galton estableció el uso científico de un elemento biométrico —las huellas dactilares— para identificar a individuos. Reunió más de 8000 conjuntos de tales huellas, que estudió en detalle y a partir de las cuales pudo aportar un sistema de clasificación de huellas eficaz. Galton propuso que las huellas dactilares se forman antes de nacer, y casi no cambian a lo largo de la vida.

◁ Huella dactilar

1885 Aparece una nueva estrella brillante en la nebulosa de Andrómeda, luego reconocida como una lejana supernova.

1885 El físico inglés Lord Rayleigh predice ondas superficiales de terremotos, luego llamadas ondas de Rayleigh.

1885

1885 El ingeniero inglés Horace Darwin inventa el microtomo basculante, instrumento que corta finas láminas de material biológico.

1885 El químico alemán Clemens Winkler descubre el germanio, otro de los elementos pendientes de la tabla periódica de Mendeléiev.

1885
EL AUTOMÓVIL BENZ

El primer automóvil funcional fue el Benz Patent Motorwagen, creado por el ingeniero alemán Carl Benz en 1885 y patentado al año siguiente. El vehículo de Benz era un triciclo movido por un motor de combustión interna de cilindro único y cuatro tiempos. Una cadena impulsaba las ruedas traseras, y una simple columna de dirección dentada hacía girar la rueda delantera. Se construyeron más de 20 unidades. La esposa de Benz, Bertha, demostró de manera memorable su funcionalidad recorriendo los 106 km de Mannheim a Pforzheim.

▷ **Primer automóvil** producido por Carl Benz

1886
FIJACIÓN DEL NITRÓGENO EN LAS LEGUMBRES

Los químicos alemanes Hermann Hellriegel y Hermann Wilfarth estudiaron la capacidad de las leguminosas para asimilar el nitrógeno del aire, y descubrieron que los nódulos de las raíces contenían bacterias capaces de «fijar» el nitrógeno atmosférico, convirtiéndolo en amoníaco o compuestos relacionados que las plantas pueden aprovechar.

▷ **Nódulos fijadores del nitrógeno**
en las raíces de las legumbres

Al final del siglo XIX se habían descubierto 83 elementos; hoy se conocen 118.

1886

1886 La tabla periódica se va rellenando con el descubrimiento de elementos predichos como el disprosio, el gadolinio, el flúor y el germanio.

1886 Eugen Goldstein descubre los rayos de canal o anódicos, análogos a los catódicos pero que se mueven en sentido opuesto.

1887 El físico austríaco Ernst Mach determina la proporción entre la velocidad de un objeto y la del sonido, o número Mach.

1886
PRODUCCIÓN DE ALUMINIO

Los científicos habían producido pequeñas muestras de aluminio desde la década de 1820, pero era tan caro como la plata hasta que el químico estadounidense Charles Martin Hall y el científico francés Paul Héroult descubrieron de modo independiente un modo barato de producirlo con corriente eléctrica.

△ **El monumento a Washington,**
rematado con una pieza de aluminio

1887
EL MAYOR TELESCOPIO REFRACTOR

Este año se acabó de construir el mayor telescopio refractor (con lentes) del mundo, en el observatorio Lick, en California (EE. UU.). Con una lente de 90 cm de diámetro y un tubo principal de 17,4 m, fue uno de los telescopios más potentes del mundo durante varias décadas, y sirvió para descubrir el quinto satélite de Júpiter y fotografiar el cielo con un detalle sin precedentes.

△ **El telescopio** refractor James Lick

▷ Oscilador Hertz

El alemán Heinrich Hertz estudió ciencias e ingeniería antes de ser profesor de física. Realizó investigaciones en varios campos, dedicando gran parte de su carrera al estudio de las ondas de radio. La unidad de frecuencia, el hercio, se nombró en su honor.

1888
ONDAS DE RADIO

A lo largo de la década de 1880, el físico alemán Heinrich Hertz intentó producir y detectar ondas de radio, cuya existencia se había predicho dos décadas antes. En 1888 logró generarlas produciendo chispas regulares entre dos electrodos metálicos. Las ondas las detectaba un receptor con un espacio menor para la chispa entre sus dos electrodos.

1888

1887 Los estadounidenses Albert Michelson y Edward Morley practican una versión más precisa del experimento de 1881, con el mismo resultado.

1887 Heinrich Hertz descubre el efecto fotoeléctrico, por el que un metal pulido emite electrones si se expone a la luz ultravioleta.

1888 El químico francés Henry-Louis Le Chatelier halla cómo usar la temperatura, la presión y la concentración en las reacciones químicas para lograr síntesis eficientes.

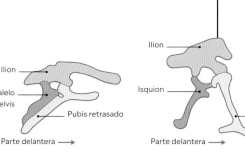

Ilion
Isquion paralelo a la pelvis
Pubis retrasado
Parte delantera →
PELVIS DE ORNITISQUIO

Ilion
Isquion
Pubis adelantado
Parte delantera →
PELVIS DE SAURISQUIO

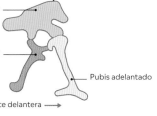
△ Galaxia espiral NGC 3982

1887
CLASIFICACIÓN DE LOS DINOSAURIOS

El paleontólogo inglés Harry Govier Seeley dio un empujón al estudio de los dinosaurios al proponer que estos reptiles extintos podían dividirse en dos grupos, según la diferente estructura de la cadera: los ornitisquios («cadera de ave») y los saurisquios («cadera de lagarto»). Resultó ser una división útil, aunque se ha puesto en cuestión posteriormente.

Formas de la pelvis
En la pelvis (cadera) de los ornitisquios, el pubis apunta hacia atrás, paralelo al isquio; en la de los saurisquios, apunta hacia delante y hacia abajo.

1888
EL CATÁLOGO NGC

El astrónomo danés John Louis Emil Dreyer publicó su *Nuevo catálogo general* de galaxias, cúmulos estelares y nubes cósmicas de gas. Partía del trabajo de William, Caroline y John Herschel, y devino el catálogo estándar de los objetos del cielo profundo.

1889
ISOSTASIA

El geólogo estadounidense Clarence Dutton atribuyó la diversa topografía de la Tierra a un proceso de equilibrio gravitatorio al que llamó isostasia: las rocas de la corteza terrestre «flotan» sobre el más denso y viscoso manto. La flotabilidad y la altura de las rocas de la corteza dependen de su densidad. Las rocas continentales, menos densas, se hunden menos que la roca más densa y pesada del lecho oceánico.

Mantener el equilibrio

Al igual que bloques de la misma densidad flotan en el agua a una altura que depende de su tamaño, como los icebergs, las rocas de la corteza terrestre, que flotan sobre el más denso y móvil manto, se elevan por encima del nivel del mar en función de su tamaño y densidad.

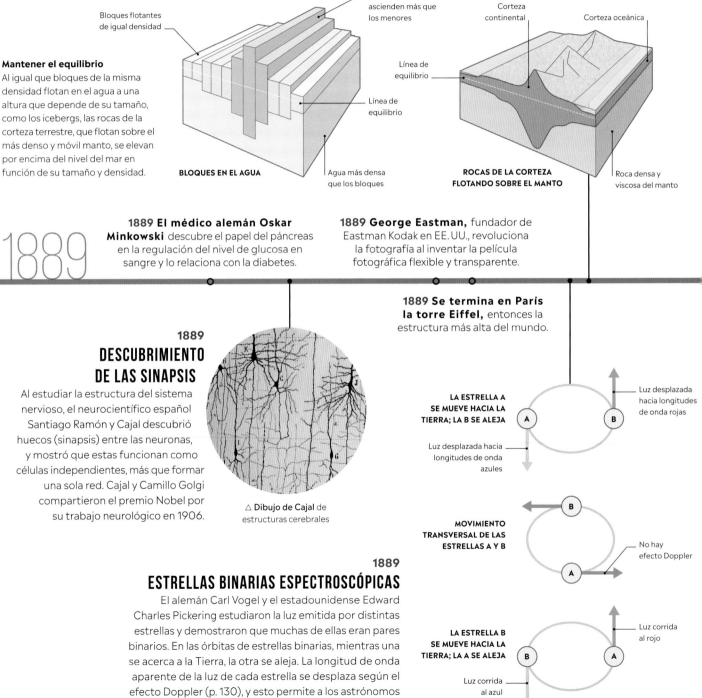

Bloques flotantes de igual densidad

Los bloques mayores ascienden más que los menores

Línea de equilibrio

BLOQUES EN EL AGUA

Agua más densa que los bloques

Corteza continental

Corteza oceánica

Línea de equilibrio

ROCAS DE LA CORTEZA FLOTANDO SOBRE EL MANTO

Roca densa y viscosa del manto

1889

1889 El médico alemán Oskar Minkowski descubre el papel del páncreas en la regulación del nivel de glucosa en sangre y lo relaciona con la diabetes.

1889 George Eastman, fundador de Eastman Kodak en EE. UU., revoluciona la fotografía al inventar la película fotográfica flexible y transparente.

1889 Se termina en París la torre Eiffel, entonces la estructura más alta del mundo.

1889
DESCUBRIMIENTO DE LAS SINAPSIS

Al estudiar la estructura del sistema nervioso, el neurocientífico español Santiago Ramón y Cajal descubrió huecos (sinapsis) entre las neuronas, y mostró que estas funcionan como células independientes, más que formar una sola red. Cajal y Camillo Golgi compartieron el premio Nobel por su trabajo neurológico en 1906.

△ **Dibujo de Cajal** de estructuras cerebrales

LA ESTRELLA A SE MUEVE HACIA LA TIERRA; LA B SE ALEJA

Luz desplazada hacia longitudes de onda rojas

Luz desplazada hacia longitudes de onda azules

MOVIMIENTO TRANSVERSAL DE LAS ESTRELLAS A Y B

No hay efecto Doppler

LA ESTRELLA B SE MUEVE HACIA LA TIERRA; LA A SE ALEJA

Luz corrida al rojo

Luz corrida al azul

1889
ESTRELLAS BINARIAS ESPECTROSCÓPICAS

El alemán Carl Vogel y el estadounidense Edward Charles Pickering estudiaron la luz emitida por distintas estrellas y demostraron que muchas de ellas eran pares binarios. En las órbitas de estrellas binarias, mientras una se acerca a la Tierra, la otra se aleja. La longitud de onda aparente de la luz de cada estrella se desplaza según el efecto Doppler (p. 130), y esto permite a los astrónomos calcular la velocidad y la masa relativa de las estrellas.

1889
ENERGÍA DE ACTIVACIÓN

El científico sueco Svante Arrhenius estudió cómo, a mayor temperatura, más rápido progresa una reacción. Propuso que debe alcanzarse una «energía de activación» para que las sustancias reaccionen. Esto explicaba por qué algunas reacciones, como en la pirotecnia, generan rápidamente suficiente energía para explotar.

△ Fuegos artificiales

1890
TROPISMOS ANIMALES

Inspirado por trabajos anteriores sobre el tema, el biólogo germano-estadounidense Jacques Loeb propuso que los animales exhiben tropismos (crecimientos o cambios en respuesta a estímulos determinados) comparables a los de las plantas, como la respuesta de las orugas a la luz. También creía que sus ideas aportarían un día el fundamento para una teoría matemática de la conducta humana.

△ Una oruga trepa hacia la luz

1890 El fisiólogo alemán Emil von Behring crea antitoxinas para las infecciones bacterianas potencialmente mortales de la difteria y el tétanos.

1890
PRINCIPIOS DE PSICOLOGÍA

El psicólogo y filósofo William James planteó sus ideas subyacentes al estudio de la psicología en *Principios de psicología*. Allí identificaba cuatro aspectos principales de la psicología: flujo de conciencia, emoción, hábito y voluntad. Su obra fue muy influyente y contribuyó a establecer el estudio de la psicología como disciplina científica.

◁ *Principios de psicología*

1843-1910
WILLIAM JAMES

Destacado pensador estadounidense, James dejó la carrera de medicina para centrarse en la psicología y la filosofía. Estableció los principios de la psicología y, como filósofo, propuso el pragmatismo y el empirismo radical.

«Lo grande, pues, en toda educación, es hacer del sistema nervioso nuestro aliado en lugar de nuestro enemigo.»

WILLIAM JAMES, *PRINCIPIOS DE PSICOLOGÍA* (1890)

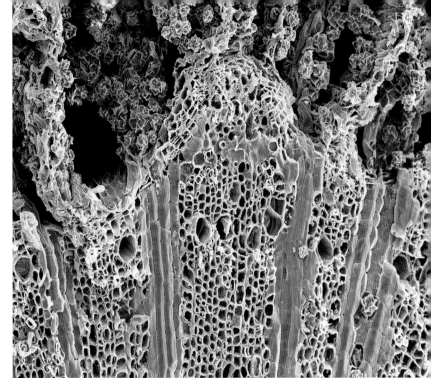

ASCENSO DE LA SAVIA EN LAS PLANTAS

Hacía mucho tiempo que se sabía que las plantas absorben agua y la transportan hasta sus ramas y hojas, pero la ruta y el mecanismo de este proceso eran un misterio. El botánico polaco-alemán Eduard Strasburger demostró que la savia asciende en columnas continuas de las raíces a las hojas por los vasos del xilema, y que esto no es el resultado de la presión del aire o las raíces, sino de algún otro mecanismo subyacente. Más tarde se descubriría que el mecanismo era la acción capilar.

▷ **Los vasos del xilema** transportan agua

1891 **La primera obra** de la química alemana Agnes Pockels sobre las propiedades de las superficies líquidas y sólidas ayuda a fundar la ciencia de superficies.

1891 **George Stoney** propone el nombre «electrón» para la unidad básica de carga eléctrica.

1891

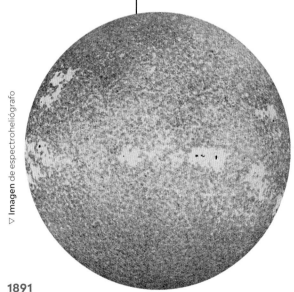

▽ Imagen de espectroheliógrafo

△ **Balanza de torsión** de Eötvös

1891
MASA Y GRAVEDAD

Los científicos llevaban tiempo usando el término «masa» para referirse tanto al peso de los objetos debido a la gravedad como a su inercia (la resistencia a los cambios en movimiento), pero no había razón para considerar que ambas fueran lo mismo. En 1891, el físico húngaro Loránd Eötvös diseñó un experimento con una versión temprana de su balanza de torsión, y con él demostró que la masa inercial y la gravitatoria eran idénticas hasta donde alcanzaba la precisión de las medidas. Su trabajo allanó el camino a la teoría de la relatividad general de Albert Einstein.

1891
IMÁGENES DEL SOL

George Ellery Hale en EE. UU. y Henri-Alexandre Deslandres en Francia inventaron independientemente el espectroheliógrafo, un instrumento que proyecta luz solar de una sola y estrecha longitud de onda sobre una placa fotográfica. Al descartar otras longitudes de onda, las imágenes permiten ver los detalles de la superficie del Sol, revelando patrones granulados en la fotosfera visible.

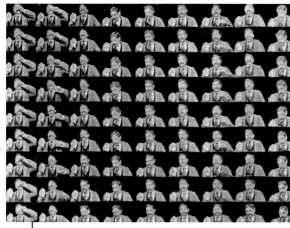

1891
IMÁGENES MÓVILES

Después de su éxito con el fonógrafo, Thomas Edison encargó a su empleado el inventor británico William Dickson una cámara de imágenes en movimiento. El resultado, el kinetógrafo, captaba 40 fotogramas por segundo. Dickson inventó también un ingenio en el que mostrar las imágenes, el kinetoscopio, y dejó una de las películas más antiguas conservadas, *El estornudo de Fred Ott*.

> «Estoy experimentando con un instrumento que hace para la vista lo que el fonógrafo para el oído.»

THOMAS EDISON, NOTA A SU ABOGADO (1888)

1892 El biólogo alemán August Weismann distingue el «plasma germinal», las células de ovarios y testículos que transmiten información hereditaria, de las células somáticas.

1893 El astrónomo británico E. W. Maunder descubre el llamado mínimo de Maunder, periodo de muy baja actividad de manchas solares a finales del siglo XVII.

1893

1892 El físico irlandés George Fitzgerald propone que la longitud de un objeto en movimiento es menor que la de uno estacionario.

1893 Los austríacos Josef Breuer y Sigmund Freud publican *Sobre el mecanismo físico de fenómenos histéricos*, que contribuye a iniciar el estudio del psicoanálisis.

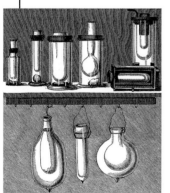

1892
EL FRASCO DE DEWAR

Experimentando con temperaturas muy frías, el químico y físico escocés James Dewar inventó un recipiente de dos paredes separadas por vacío, para impedir el flujo de calor entrante o saliente. El diseño se popularizó para mantener calientes o frías las bebidas.

1893
RELACIÓN ENTRE TEMPERATURA Y LONGITUD DE ONDA

El físico alemán Wilhelm Wien dedujo la relación entre la temperatura de un objeto y el pico de longitud de onda del espectro de la radiación que emite. La ley de Wien servía para calcular la temperatura de los objetos emisores de radiación.

1895
PRIMEROS RAYOS X

Mientras experimentaba con rayos catódicos, el físico alemán Wilhelm Röntgen detectó una radiación invisible que atravesaba un grueso cartón negro y que hacía iluminarse una pantalla fluorescente. Llamó a la radiación rayos X, y pocas semanas después los empleó para fotografiar los huesos de la mano de su esposa.

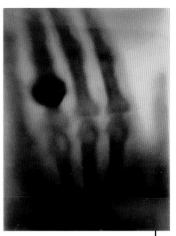

△ Primera radiografía de Röntgen

1894
MALARIA Y MOSQUITOS

Tras haber descubierto que los mosquitos propagaban la filariasis, enfermedad causada por un nematodo parásito, el parasitólogo escocés Patrick Manson se ocupó de la malaria, de cuya transmisión son también agentes los mosquitos. Publicó su trabajo en el artículo «Sobre la naturaleza y el significado de los cuerpos cresentéricos y flagelados en la sangre de la malaria».

▷ Mosquito *Anofeles*

1894

1894 El inventor alemán Rudolf Diesel desarrolla el eficiente y potente motor que lleva su nombre.

1894 Los químicos británicos John Strutt y William Ramsay descubren el elemento argón; Ramsay aislará más tarde el helio.

1894 El paleoantropólogo neerlandés Eugène Dubois publica su descubrimiento de *Pithecanthropus erectus*, fósil de homínido antiguo.

1894 Los psicólogos británicos Albert Sharpey-Schafer y George Oliver describen los efectos de una sustancia suprarrenal luego identificada como epinefrina (adrenalina).

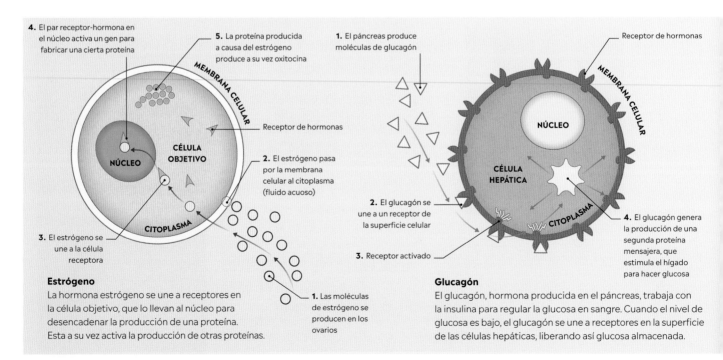

4. El par receptor-hormona en el núcleo activa un gen para fabricar una cierta proteína

5. La proteína producida a causa del estrógeno produce a su vez oxitocina

MEMBRANA CELULAR

Receptor de hormonas

NÚCLEO

CÉLULA OBJETIVO

2. El estrógeno pasa por la membrana celular al citoplasma (fluido acuoso)

3. El estrógeno se une a la célula receptora

CITOPLASMA

1. Las moléculas de estrógeno se producen en los ovarios

Estrógeno
La hormona estrógeno se une a receptores en la célula objetivo, que lo llevan al núcleo para desencadenar la producción de una proteína. Esta a su vez activa la producción de otras proteínas.

1. El páncreas produce moléculas de glucagón

Receptor de hormonas

MEMBRANA CELULAR

NÚCLEO

CÉLULA HEPÁTICA

CITOPLASMA

2. El glucagón se une a un receptor de la superficie celular

3. Receptor activado

4. El glucagón genera la producción de una segunda proteína mensajera, que estimula el hígado para hacer glucosa

Glucagón
El glucagón, hormona producida en el páncreas, trabaja con la insulina para regular la glucosa en sangre. Cuando el nivel de glucosa es bajo, el glucagón se une a receptores en la superficie de las células hepáticas, liberando así glucosa almacenada.

1896
DIÓXIDO DE CARBONO Y CLIMA

El científico sueco Svante Arrhenius, padre de la ciencia del cambio climático, usó los principios básicos de la química física para estimar cómo afectan los cambios en la cantidad de dióxido de carbono en la atmósfera a la temperatura superficial de la Tierra. Calculó que si el nivel de dióxido de carbono se redujera a la mitad, la temperatura de la superficie terrestre caería 4-5 °C; a la inversa, si el nivel se doblara, desencadenaría un ascenso de unos 5-6 °C. Esta cifra se estima hoy en 2-3 °C.

△ **Fábricas** emitiendo dióxido de carbono y otros contaminantes hacia 1900

1896 El bioquímico alemán Eduard Buchner descubre que una enzima, la zimasa, causa la fermentación y produce dióxido de carbono y alcohol.

1896

1895 El físico neerlandés Hendrik Lorentz propone correctamente que la masa aumenta con la velocidad, y que deviene infinita a la velocidad de la luz.

1896 El estudio del médico neerlandés Christiaan Eijkman de pollos con una enfermedad semejante al beriberi revela la deficiencia alimentaria, y lleva a identificar la tiamina (vitamina B).

HORMONAS

Las hormonas, mensajeros químicos de animales, plantas y hongos, regulan el crecimiento y el desarrollo de estos. Algunas hormonas animales afectan al comportamiento: la adrenalina, por ejemplo, aumenta el ritmo cardíaco y causa inquietud. La insulina controla el nivel de azúcar en sangre ordenando a las células que tomen glucosa del flujo sanguíneo. Algunas hormonas regulan otras hormonas, como la adrenalina, que inhibe la secreción de insulina. En las plantas, las auxinas estimulan el crecimiento de brotes y tallos hacia la luz. Las auxinas actúan también en relaciones de beneficio mutuo entre plantas y hongos.

▷ Henri Becquerel

1896
RADIACTIVIDAD

El físico francés Henri Becquerel descubrió que compuestos fosforescentes del uranio emiten una radiación penetrante semejante a los rayos X. Al hallar que compuestos no fosforescentes del uranio hacían lo mismo, comprendió que la radiación procedía del uranio mismo. Había descubierto la radiactividad.

La radiactividad de un material puede medirse en becquerels o curies.

LA RADIACTIVIDAD

Uranio
Los isótopos radiactivos del uranio pueden extraerse de minerales naturales, como la torberita (arriba).

El núcleo de un átomo consiste en protones, con carga positiva, y neutrones, de masa similar a los protones pero sin carga eléctrica. El núcleo atómico se considera estable cuando hay equilibrio entre el número de protones y neutrones. Este equilibrio no es una simple equivalencia numérica, pues en la mayoría de los átomos hay más neutrones que protones. El núcleo de un átomo de cobre, por ejemplo, tiene 29 protones y 34 neutrones.

Con el tiempo, los núcleos atómicos inestables se desintegran, liberando energía o partículas (abajo, izda.) hasta lograr una configuración más estable. Esta emisión de energía o partículas es la radiactividad. Este es un proceso físico más que químico, y depende de la configuración del núcleo. Algunos elementos existen en versiones tanto estables como inestables; así, el carbono-12, que tiene 6 protones y 6 neutrones, es estable, mientras que el carbono-14, con 6 protones y 8 neutrones, es radiactivo. Las distintas versiones se llaman isótopos.

La radiactividad se da naturalmente, pero también puede ser inducida. Hay elementos radiactivos que ya estaban presentes en la formación de nuestro planeta y que perduran porque tienen una vida media larga (abajo, dcha.), y otros núcleos radiactivos se forman por el impacto de rayos cósmicos sobre átomos no radiactivos. También pueden obtenerse sustancias radiactivas bombardeando núcleos con energía o partículas, en un reactor nuclear (pp. 224–225) o en un acelerador de partículas.

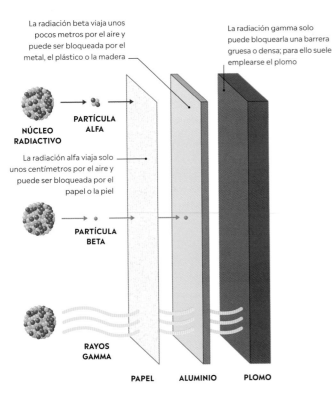

La radiación beta viaja unos pocos metros por el aire y puede ser bloqueada por el metal, el plástico o la madera

La radiación gamma solo puede bloquearla una barrera gruesa o densa; para ello suele emplearse el plomo

NÚCLEO RADIACTIVO

PARTÍCULA ALFA

La radiación alfa viaja solo unos centímetros por el aire y puede ser bloqueada por el papel o la piel

PARTÍCULA BETA

RAYOS GAMMA

PAPEL **ALUMINIO** **PLOMO**

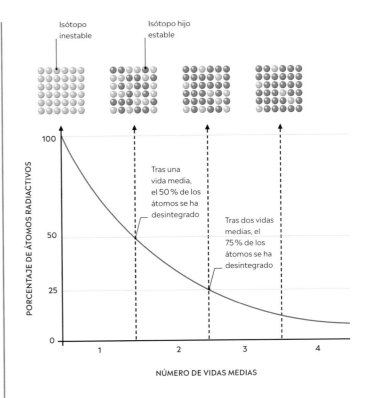

Isótopo inestable

Isótopo hijo estable

Tras una vida media, el 50 % de los átomos se ha desintegrado

Tras dos vidas medias, el 75 % de los átomos se ha desintegrado

PORCENTAJE DE ÁTOMOS RADIACTIVOS

NÚMERO DE VIDAS MEDIAS

TIPOS DE RADIACIÓN

Los núcleos inestables emiten la masa o la energía excedentes como partículas o radiación. Un núcleo demasiado masivo emite una partícula alfa (dos protones y dos neutrones); si tiene demasiados neutrones, emite una partícula beta, convirtiendo un neutrón en un protón. Un núcleo con demasiada energía emite rayos gamma, sin alteración en las partículas.

MEDIR LA RADIACTIVIDAD Y LA VIDA MEDIA

Cada elemento radiactivo tiene una vida media característica: el tiempo que tarda la mitad de sus átomos en desintegrarse. Esta vida media varía desde unas millonésim de segundo hasta miles de millones de años. La radiactividad de una muestra de un elemento se mide contando cuántos átomos se desintegran por segundo. La unidad del SI es el becquerel (Bq): un Bq equivale a una desintegración por segundo.

Detección sutil
La radiactividad permaneció tanto tiempo sin descubrir por ser un proceso invisible. Puede detectarse con herramientas como una cámara de niebla, donde la radiación interactúa con un vapor y cada tipo de radiación deja un rastro neblinoso característico.

PARTÍCULAS ELEMENTALES

Fundamentos últimos del universo, las partículas elementales se combinan en átomos. Hay dos grandes familias de partículas elementales: las que componen la materia (fermiones) y las portadoras de fuerzas (bosones). Algunas partículas subatómicas, como los electrones y los fotones, existen de forma independiente, y otras se dan solo en combinación con otras: los quarks, por ejemplo, se combinan en partículas compuestas como protones y neutrones. El modelo estándar, la teoría de mayor éxito sobre física de partículas, clasifica todas las partículas elementales conocidas según sus propiedades.

PARTÍCULAS SUBATÓMICAS

FERMIONES: conforman toda la materia. Pueden ser partículas elementales (como los electrones) o compuestas (como los protones).

BOSONES: portadoras de fuerzas, se distinguen por su espín (momento angular).

FERMIONES ELEMENTALES: partículas de materia que son indivisibles.

HADRONES: partículas compuestas hechas de al menos dos quarks.

BOSONES ELEMENTALES: tienen un papel especial, sea transmitiendo fuerza entre partículas o dándoles masa.

Quarks	Leptones
Arriba	Electrón
Abajo	Positrón
Encanto	Muon
Extraño	Antimuón
Cima	Tau
Fondo	Antitau

BARIONES: formados por un número impar de quarks.

Protón
Dos quarks arriba y uno abajo

Neutrón
Dos quarks abajo y uno arriba

Partícula lambda
Un quark arriba, uno abajo y un quark más

Muchas otras

MESONES: formados por un número par de quarks.

Pion
Un quark y un antiquark

Kaón
Un quark extraño y uno arriba o abajo

Muchas otras

Fotón

Gluon

Bosón W-

Bosón W+

Bosón Z

Bosón de Higgs

1897

1897 El físico e ingeniero alemán Karl Braun inventa el osciloscopio, aparato que sirve para visualizar señales eléctricas.

1897 Se termina de construir un telescopio refractor con una lente de un metro de diámetro en el observatorio de Yerkes, en EE. UU.

1897 El químico francés Paul Sabatier descubre que el níquel puede utilizarse como catalizador para añadir átomos de hidrógeno a los compuestos de carbono.

1897 El físico neozelandés Ernest Rutherford distingue entre la radiación alfa y la beta.

1897
EL ELECTRÓN

A lo largo de la década de 1890, los físicos debatieron sobre la naturaleza de los rayos catódicos. En 1897, el británico J. J. Thompson utilizó un campo eléctrico dentro de un tubo de Crookes para desviar los rayos, y así demostró que eran haces de partículas minúsculas, o «electrones», las primeras partículas subatómicas conocidas.

△ **Experimento** del tubo de rayos catódicos de Thompson

«No veo cómo escapar de la conclusión de que [los rayos catódicos] son cargas de electricidad negativa que transportan partículas de materia.»

J. J. THOMPSON, *PHILOSOPHICAL MAGAZINE* (1897)

▷ Virus del mosaico en una planta de tabaco

1898
AGENTES VIRALES

El microbiólogo neerlandés Martinus Beijerinck publicó los resultados de sus experimentos con la filtración, que demostraban que la enfermedad del mosaico del tabaco se debe a un agente infeccioso aún menor que una bacteria. Aunque no fue capaz de aislarlo, lo consideró un «fluido vivo contagioso», y lo llamó virus.

1867-1934
MARIE CURIE
Nacida Maria Skłodowska en Varsovia (Polonia), Marie Curie emigró a París, donde estudió física y química. Pionera en el campo de la radiactividad, sus investigaciones, muchas de ellas realizadas con su marido Pierre, le valieron dos premios Nobel (en 1903 y 1911).

1898 La química polaco-francesa Marie Curie y su marido Pierre descubren el elemento radiactivo polonio.

1899

1898 Los químicos británicos William Ramsay y Morris Travers hallan los gases inertes kriptón, neón y xenón.

1899 El químico escocés James Dewar solidifica el hidrógeno a 14K (-259 °C), la temperatura más cercana al cero absoluto lograda hasta entonces.

△ Jagadish Chandra Bose

1897
MICROONDAS

Tras dos años experimentando con ondas de radio cortas, hoy conocidas como microondas, el físico y biólogo indio Jagadish Chandra Bose hizo una demostración de sus descubrimientos en la Royal Institution de Londres: su aparato empleaba la radiación de microondas para hacer sonar una campana y hacer explotar pólvora. La radiación de microondas se emplea hoy en telecomunicaciones, incluido el sistema wifi.

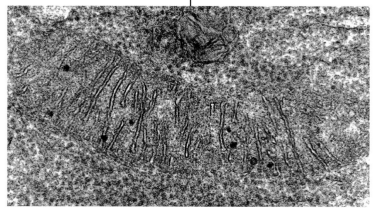

△ Mitocondrias al microscopio electrónico

1898
OBSERVACIÓN DE MITOCONDRIAS

El microbiólogo alemán Carl Benda fue uno de los primeros en realizar estudios microscópicos de la estructura interna de las células. Usando una tinción de cristal violeta para hacer visibles los componentes celulares, observó que las células contenían ciertas pequeñas estructuras en el citoplasma. Las llamó mitocondrias y postuló que intervenían en el metabolismo celular, lo cual fue confirmado más adelante.

1900
LA MENTE INCONSCIENTE

Tratando de comprender la personalidad humana, el neurólogo austríaco Sigmund Freud fundó el psicoanálisis. Tras estudiar medicina en Viena y París, estableció una consulta privada en Viena en la que trató a pacientes con trastornos nerviosos. En 1900 publicó su obra principal, *La interpretación de los sueños*, que analiza los sueños y explica su significado en relación con experiencias y deseos inconscientes.

> «La interpretación de los sueños es el camino real al conocimiento de la actividad inconsciente de la mente.»

SIGMUND FREUD, *LA INTERPRETACIÓN DE LOS SUEÑOS* (1900)

1900 El británico Owen Richardson descubre que la carga eléctrica que liberan los metales calentados implica la liberación de electrones.

1900 El físico francés Paul Villard descubre un tercer tipo de radiación emitido por sustancias radiactivas, los rayos gamma.

1900 El físico francés Henri Becquerel halla que los rayos beta están hechos de partículas de igual masa y carga que los electrones.

1900

Electrón desparejado

Átomo de carbono

◁ **Molécula** de trifenilmetano

1900
RADICAL LIBRE ESTABLE

El químico estadounidense de origen ruso Moses Gomberg aisló el primer radical libre orgánico estable en el compuesto trifenilmetano. El átomo central de carbono de la molécula forma tres enlaces, no los habituales cuatro, y tiene un electrón desparejado. El descubrimiento llevó a comprender cómo el electrón libre de un radical lo hace altamente reactivo. Los radicales son una parte muy importante de muchas reacciones químicas.

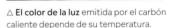

△ **El color de la luz** emitida por el carbón caliente depende de su temperatura.

1900
CUANTOS DE ENERGÍA

Max Planck formuló una ecuación para explicar la propagación de longitudes de onda emitidas por los objetos llamados cuerpos negros, idóneos para absorber y emitir radiación. La ecuación se basa en la existencia de «paquetes» de energía o cuantos, esenciales en la teoría cuántica.

1858–1947
MAX PLANCK

Nacido en Kiel (Alemania), Planck estudió física y matemáticas en Múnich, adonde se mudó su familia cuando él tenía nueve años. Realizó la mayor parte de su carrera como profesor de física teórica en la Universidad Friedrich-Wilhelms de Berlín.

1901

GRUPOS SANGUÍNEOS

Las primeras transfusiones de sangre acababan a menudo en complicaciones y muertes. El fisiólogo austríaco Karl Landsteiner descubrió la razón: hay distintos tipos de glóbulos rojos humanos, y las transfusiones seguras requieren emplear grupos sanguíneos que sean compatibles.

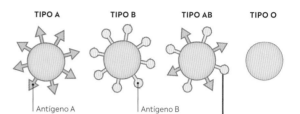

TIPO A   TIPO B   TIPO AB   TIPO O

Antígeno A   Antígeno B

Grupos sanguíneos
Hay cuatro grupos sanguíneos principales: A, B, AB y O, definidos por tener antígenos A, antígenos B, ambos antígenos o ninguno. Cada grupo puede ser además rhesus (Rh) positivo o negativo.

1900

TEORÍA DE LA MUTACIÓN

El genetista neerlandés Hugo de Vries propuso en 1901 el proceso del «mutacionismo» como modo de explicar la evolución. Este chocaba con la teoría de la evolución gradual por selección natural de Charles Darwin, pues suponía cambios repentinos: mutaciones en los organismos que creaban nuevas especies. Los estudios de la onagra por De Vries mostraban que esta parecía producir súbitamente formas nuevas (que él llamó mutaciones), lo cual le llevó a plantear que las especies nuevas también surgían repentinamente. Estudios posteriores desacreditaron la teoría de la mutación y respaldaron las ideas de Darwin.

◁ **Hojas de onagra** estudiadas por De Vries

1901 El químico francés Victor Grignard descubre compuestos de magnesio que favorecen reacciones orgánicas útiles.

1901

1900 El químico alemán Friedrich Dorn descubre el gas noble radón, que es altamente radiactivo.

1900 El biólogo inglés William Bateson es el primero en emplear el término «genética» y la establece como ciencia.

1901 El inventor italiano Gugliemo Marconi afirma haber enviado señales de radio a través del Atlántico.

1901

EL OKAPI

El okapi (*Okapia johnstoni*), pariente de la jirafa, vive en bosques a 500-1500 m de altitud en la República Democrática del Congo, y antes también en Uganda. Se parece a la jirafa, pero tiene el cuello mucho más corto y el pelaje principalmente marrón oscuro, y rayas como las de las cebras en las patas. Desconocido hasta el momento salvo por relatos y leyendas, fue descrito y nombrado oficialmente en 1901 por el zoólogo inglés Philip Lutley Sclater.

▷ **Okapi**

Computación cuántica
Ciertos fenómenos cuánticos, como la capacidad de una partícula de existir en dos estados a la vez, pueden explotarse en la computación. Los ordenadores cuánticos se emplean para resolver determinados problemas que son demasiado complejos para los ordenadores estándar.

FÍSICA CUÁNTICA

A la escala de los átomos y las partículas subatómicas, las leyes físicas con las que estamos familiarizados en la vida cotidiana se ven remplazadas por otras que parecen desafiar el sentido común. Este es el mundo de la física cuántica. A esta escala, la materia puede comportarse como ondas y la luz como partículas, debido a un fenómeno llamado dualidad onda-partícula (p. 84).

Central en la física cuántica es el concepto de cuantización. Si algo se cuantiza, tiene una mínima cantidad posible (el cuanto), y en cualquier cantidad es un múltiplo en números enteros de ese cuanto, es decir, es discreto. La luz, por ejemplo, se da en cuantos llamados fotones.

Otro rasgo importante de la física cuántica es la incertidumbre. La física clásica describe un universo de relojería en el que todo puede predecirse en teoría con perfecta precisión. Esto es imposible en el mundo cuántico, que no es determinista, sino probabilista. En otras palabras: es imposible calcular, por ejemplo, la situación precisa de un electrón; solo es posible calcular la probabilidad de que se encuentre en un área dada. Hasta que se mida, está simultáneamente en todos los lugares posibles. E incluso cuando se haya medido, cuanto mayor sea la precisión con la que se determine su posición, con menor precisión se conocerá su momento. Esto se conoce como el principio de incertidumbre.

El mundo cuántico está lleno de fenómenos como estos, pero no siempre son discernibles a la escala mayor en la que la física clásica es tan eficaz para describir comportamientos.

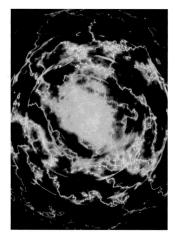

Nube de electrones
La probabilidad de encontrar los electrones de un átomo de helio en varias posiciones se puede representar mediante una nube cuántica.

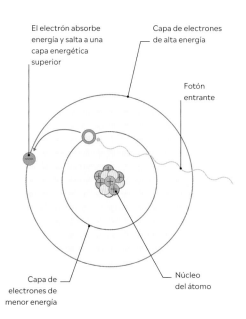

El electrón absorbe energía y salta a una capa energética superior

Capa de electrones de alta energía

Fotón entrante

Capa de electrones de menor energía

Núcleo del átomo

PAQUETES DE ENERGÍA
La cuantización supone que hay un mínimo posible de cualquier cantidad física, o cuanto. Así, por ejemplo, la luz se da en cuantos llamados fotones, que no son divisibles. Cuando un electrón en órbita alrededor de un núcleo absorbe un fotón, puede adquirir energía suficiente para saltar a una capa o nivel energético superior.

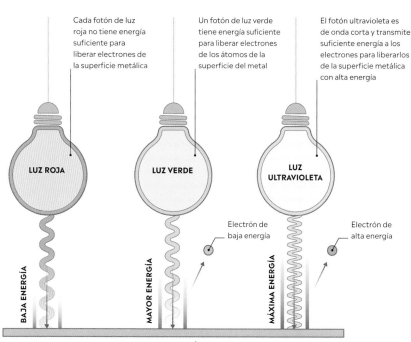

Cada fotón de luz roja no tiene energía suficiente para liberar electrones de la superficie metálica

Un fotón de luz verde tiene energía suficiente para liberar electrones de los átomos de la superficie del metal

El fotón ultravioleta es de onda corta y transmite suficiente energía a los electrones para liberarlos de la superficie metálica con alta energía

LUZ ROJA

LUZ VERDE

LUZ ULTRAVIOLETA

Electrón de baja energía

Electrón de alta energía

BAJA ENERGÍA

MAYOR ENERGÍA

MÁXIMA ENERGÍA

SUPERFICIE METÁLICA

EL EFECTO FOTOELÉCTRICO
Un material expuesto a la luz puede emitir electrones y producir una corriente eléctrica, en el llamado efecto fotoeléctrico. Cuando un electrón atrapado en la órbita de un átomo de un material determinado absorbe un fotón, el electrón puede adquirir suficiente energía para escapar, pero esto requiere cierta frecuencia mínima de la luz.

▽ Philippe Lenard

1902
EFECTO FOTOELÉCTRICO

La luz ultravioleta hace que los metales expulsen electrones con carga negativa; es lo que se llama efecto fotoeléctrico. En 1902, el físico alemán Philippe Lenard descubrió que la energía de los electrones expulsados aumenta con la frecuencia de la luz, lo cual contradecía la teoría ondulatoria de la luz. Einstein explicaría el fenómeno recurriendo a la teoría cuántica.

1902 Los fisiólogos británicos Ernest Starling y William Bayliss descubren la secretina, primera hormona conocida.

1902
SONDEO DE LA ATMÓSFERA

El meteorólogo francés Teisserenc de Bort fue el primero en usar globos aerostáticos provistos de instrumentos para estudiar la atmósfera superior. Descubrió que la temperatura del aire caía hasta -51 °C a 17 km de altura, pero se mantenía igual a mayor altura. Llamó a la capa inferior troposfera, y a la superior, estratosfera.

△ **Lanzamiento** de un globo meteorológico

1902

1902 Ernest Rutherford y el químico británico Frederick Soddy proponen que los elementos radiactivos, al desintegrarse, se transforman en otros elementos.

ESTRUCTURA DE LA ATMÓSFERA

Los datos reunidos por globos, aviones y satélites muestran que la atmósfera de la Tierra se divide en capas. La más baja de estas, la troposfera, soporta la vida gracias a su abundante oxígeno y clima cambiante. Sobre esta hay otras cuatro capas —la estratosfera, la mesosfera, la termosfera y la exosfera— de temperatura y composición diversas. La capa de ozono de la estratosfera impide que la radiación solar dañe a la vida que habita en la troposfera. Mientras que la radiación solar calienta la estratosfera superior, la temperatura en la mesosfera cae hasta los –90 °C, antes de ascender de nuevo hasta los 1500 °C. La exosfera exterior contiene muy poco gas, y se funde con el espacio.

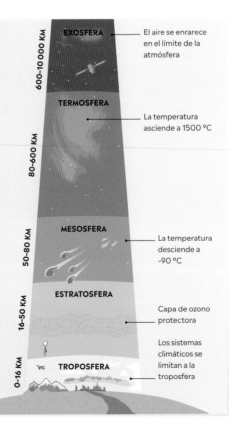

EXOSFERA — El aire se enrarece en el límite de la atmósfera

TERMOSFERA — La temperatura asciende a 1500 °C

MESOSFERA — La temperatura desciende a –90 °C

ESTRATOSFERA — Capa de ozono protectora

TROPOSFERA — Los sistemas climáticos se limitan a la troposfera

600-10 000 KM
80-600 KM
50-80 KM
16-50 KM
0-16 KM

1871–1937
ERNEST RUTHERFORD

Nacido en Nelson (Nueva Zelanda), Rutherford realizó estudios en Reino Unido y Canadá que contribuyeron al conocimiento de la estructura y el comportamiento de los átomos. En 1908 recibió el premio Nobel de Química.

△ **El Wright Flyer** en Kitty Hawk, el 17 de diciembre de 1903

1903
VUELO A MOTOR

El 17 de diciembre de 1903, los hermanos Wilbur y Orville Wright realizaron el primer vuelo exitoso con un aparato más pesado que el aire en Kitty Hawk (Carolina del Norte, EE. UU.). Este vuelo, de 12 segundos, fue la culminación de años de investigación y desarrollo de innovadoras técnicas aerodinámicas como la torsión alar y un timón móvil.

1903 El médico neerlandés Willem Einthoven desarrolla un electrocardiógrafo que registra la actividad eléctrica cardíaca.

1903 El físico austríaco Ernst Mach cuestiona la noción de espacio absoluto, y contribuye así a inspirar las teorías de la relatividad de Einstein.

1903

△ **Iván Pávlov** experimentando con el condicionamiento

1903
REFLEJO CONDICIONADO

El psicólogo ruso Iván Petróvich Pávlov observó que sus perros salivaban en cuanto veían a una persona que les traía comida. Si se asociaba el momento de alimentarse con un sonido particular, como el de un metrónomo, los perros salivaban al oír el sonido, aun en ausencia de comida, en lo que Pávlov definió como un reflejo condicionado.

1903
TEORÍA CROMOSÓMICA DE LA HERENCIA

Walter Sutton, genetista estadounidense, estableció que las leyes de la herencia se reflejan en el comportamiento de los cromosomas, portadores de la información genética. El zoólogo alemán Theodor Boveri llegó a una conclusión similar.

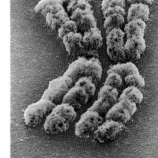

▷ **Los cromosomas** portan información genética

«¡Aprende, compara, reúne los datos!»

IVÁN PÁVLOV, SOBRE EL GRADUALISMO

1904
EL DIODO DE VACÍO DE FLEMING

El físico británico John Fleming desarrolló un tubo de vidrio evacuado que contenía un alambre calentado y una placa metálica, y que utilizaba la emisión termoiónica (la liberación de electrones por un metal). Conocido también como válvula termoiónica, pues permite a la corriente fluir en un solo sentido, hizo posibles muchos dispositivos electrónicos cruciales para el desarrollo de la radio.

▽ **Señales sinápticas** en el córtex cerebral

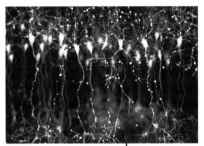

1904
TEORÍA NEURONAL

Por medio de estudios microscópicos del tejido cerebral y espinal, el científico español Santiago Ramón y Cajal, considerado el padre de la neurociencia, mostró cómo las células nerviosas (neuronas) se conectan entre sí, más que ser continuas. En 1906 compartió el premio Nobel con el italiano Camillo Golgi.

1904 El astrónomo neerlandés Jacobus Kapteyn identifica dos corrientes de estrellas moviéndose en dirección opuesta; esto se considerará luego como una prueba de la rotación de la Vía Láctea.

1904

1904 El físico británico J. J. Thomson publica su modelo «pudín de pasas» del átomo, que luego se demostraría impreciso.

1904 El físico británico Charles Barkla demuestra que los rayos X son un tipo de radiación electromagnética, como la luz, los infrarrojos y las ondas de radio.

△ **Diodo de Fleming** o válvula termoiónica

1904
MATERIA INTERESTELAR

Mientras estudiaba el espectro del sistema estelar binario Mintaka en Orión, el astrónomo alemán Johannes Franz Hartmann observó que la mayoría de las líneas de absorción oscilaban en un patrón regular debido a la órbita de las estrellas, pero no así las líneas asociadas al calcio. Propuso que había una nube invisible que contenía calcio entre la estrella y la Tierra. Fue la primera prueba del difuso «medio interestelar» que hoy se sabe llena gran parte de la Vía Láctea.

◁ **Mintaka** (arriba, izda.), en el cinturón de Orión

1905
LOS CUATRO TRABAJOS TRASCENDENTALES DE EINSTEIN

Albert Einstein publicó cuatro trabajos revolucionarios en su llamado *annus mirabilis*. El primero, sobre el efecto fotoeléctrico, demostró que la energía lumínica se da en cuantos. El segundo, sobre el movimiento browniano (abajo), demostró la existencia de los átomos, de la que algunos aún dudaban. El tercero introdujo la teoría de la relatividad especial, y el cuarto incluía la ecuación $E = mc^2$, consecuencia de la relatividad especial.

1879-1955
ALBERT EINSTEIN

Einstein nació en Ulm (Alemania). Sus teorías de la relatividad especial y general y sus aportaciones a la teoría cuántica pusieron los cimientos de la física moderna y lo convirtieron en uno de los científicos más celebrados de todos los tiempos.

Las colisiones con moléculas de gas desvían las partículas

Movimiento browniano
El movimiento browniano se puede observar al microscopio como el azaroso e irregular movimiento de las partículas de humo. Einstein demostró que es el resultado del choque de átomos y moléculas invisibles con las partículas mayores.

Moléculas de gas en el aire

Partícula de humo

1905 El astrónomo danés Ejnar Hertzsprung identifica una relación entre el color y el brillo de las estrellas, y distingue clases de estrellas de distintas luminosidades.

1906 El químico alemán Walther Nernst enuncia la tercera ley de la termodinámica.

1906

1905 Los genetistas estadounidenses Nettie Stevens y Edmund Wilson descubren los cromosomas que determinan el sexo en los mamíferos.

1906 J.J. Thomson propone que los átomos tienen un número de electrones igual al número atómico del elemento.

▷ **Test de inteligencia para niños**

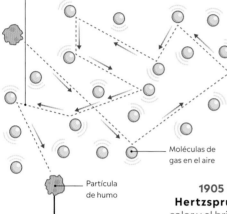

1905
PRUEBAS DE COEFICIENTE INTELECTUAL

Los tests de coeficiente intelectual son un método para estimar y comparar la «inteligencia». El psicólogo francés Alfred Binet diseñó el primero de estos tests con su colega Théodore Simon para determinar qué escolares podían necesitar una ayuda especial.

Roca comprimida

Roca estirada

La roca se mueve en ángulo recto respecto a la dirección de la onda

Dirección de la onda

ONDA P

ONDA S

1906
EL NÚCLEO DE LA TIERRA

Al estudiar las ondas de choque de los terremotos, el físico británico R. D. Oldham halló diferencias en las propiedades de las ondas primarias o compresivas (P) y secundarias o de cizalla (S). Como las ondas P viajan a través de la Tierra y llegan al lado opuesto más tarde de lo esperable, concluyó que la composición de la Tierra varía a gran profundidad y el núcleo debe de ser de un material más denso que las ralentiza.

Ondas P y S
Las ondas de choque atraviesan la Tierra como ondas primarias o compresivas, o como ondas secundarias o de cizalla. Ambas viajan a través de la roca maciza, pero las ondas S no atraviesan los líquidos.

(38)

Ersetzt man in der Bewegungsgleichung die gestrichenen Grössen durch die ungestrichenen, so erhält man zunächst

$$\frac{m\frac{dq}{dt}}{\left(1-\frac{q^2}{c^2}\right)^{\frac{3}{2}}} = \varepsilon\, n_x \quad \ldots \quad (26).$$

Berücksichtigt man, dass

$$\frac{\frac{dq}{dt}}{\left(1-\frac{q^2}{c^2}\right)^{\frac{3}{2}}} = \frac{d}{dt}\left\{\frac{q}{\sqrt{1-\frac{q^2}{c^2}}}\right\}$$

ist, und dass die rechte Seite von (26) nach einer Anmerkung des § 2 als die auf den materiellen Punkt wirkende Kraft aufzufassen ist, so nimmt (26) die Form an

$$\frac{d}{dt}\left\{\frac{mq}{\sqrt{1-\frac{q^2}{c^2}}}\right\} = K_x\, \mathfrak{k}_x$$

Soll also in der Relativitätstheorie der Impulssatz aufrecht erhalten werden, so müssen wir den in der geschweiften Klammer stehenden Ausdruck als den Impuls des materiellen Punktes auffassen. Hieraus schliessen wir verallgemeinernd, dass $\frac{mq}{\sqrt{1-\frac{q^2}{c^2}}}$ dem Impulsvektor eines beliebig bewegten materiellen Punktes gleich ist. Soll also der Impulssatz in der Relativitätstheorie aufrecht erhalten und die Grundlage der Lorentz'schen Elektrodynamik beibehalten werden, so muss die Vektorgleichung der Bewegung des materiellen Punktes unter der Einwirkung der bewegenden Kraft $\mathfrak{k}$, $\mathfrak{k}$ lauten

$$\frac{d}{dt}\left\{\frac{mq}{\sqrt{1-\frac{q^2}{c^2}}}\right\} = \mathfrak{k} \quad \ldots \ldots \quad (27)$$

Ist die einzige auf den materiellen Punkt wirkende Kraft elektrodynamischer Natur, so ist hiebei $\mathfrak{k} = \varepsilon\left\{\mathfrak{n} + \left[\frac{q}{c}, \mathfrak{f}\right]\right\}$ zu setzen.

Es ist leicht zu zeigen, dass (27) auch dem Energiesatz gerecht wird, wenn als Ausdruck $\mathfrak{k}q$ für die pro Zeiteinheit an dem materiellen Punkte geleistete Arbeit beibehalten wird. Man erhält nämlich

$$\mathfrak{k}q = q\frac{d}{dt}\left\{\frac{mq}{\sqrt{1-\frac{q^2}{c^2}}}\right\} = \frac{d}{dt}\left\{\frac{mq^2}{\sqrt{1-\frac{q^2}{c^2}}}\right\} - \frac{mq\dot{q}}{\sqrt{}} = \frac{d}{dt}\left\{\frac{mq^2}{\sqrt{1-\frac{q^2}{c^2}}} + mc^2\sqrt{1-\frac{q^2}{c^2}}\right\}$$

oder

$$\mathfrak{k}q = \frac{d}{dt}\left\{\frac{mc^2}{\sqrt{1-\frac{q^2}{c^2}}}\right\} \quad \ldots \ldots \quad (27a)$$

Der Ausdruck unter der Klammer rechts spielt die Rolle der kinetischen Energie des bewegten Massenpunktes, wobei allerdings, wie eine Integrationskonstante. Dieser Ausdruck nicht für

$$E = \frac{mc^2}{\sqrt{1-\frac{q^2}{c^2}}} \quad \ldots \quad (28)$$

Notas de Einstein
Albert Einstein propuso la teoría de la relatividad especial en 1905. Con ella pretendía poner al día la mecánica, pues la mecánica clásica resultaba incompatible con las ecuaciones del electromagnetismo de James Clerk Maxwell.

LA TEORÍA DE LA RELATIVIDAD ESPECIAL

Masa y energía
Las armas nucleares se basan en el principio de que la masa es energía concentrada; una masa minúscula puede contener una cantidad colosal de energía.

Propuesta en 1905, la teoría de la relatividad especial de Albert Einstein describe cómo la velocidad de un objeto afecta a la masa, el tiempo y el espacio. La luz recorre el vacío siempre a la misma velocidad, sin importar a qué velocidad se mueva su fuente, y por ello es especial: tiene un límite de velocidad universal. Al aproximarse la velocidad de un objeto a la de la luz, su masa tiende al infinito, como la energía requerida para moverlo, por lo que es imposible alcanzar dicha velocidad. Esta idea, combinada con el principio de que las leyes de la física son las mismas para todos los sistemas de referencia inerciales —por ejemplo, ya se encuentre alguien estático o en un tren a velocidad constante—, tiene consecuencias interesantes.

La teoría sostiene que el tiempo y el espacio no son absolutos sino relativos, y se distorsionan al aproximarse a la velocidad de la luz. Esto implica fenómenos como la dilatación temporal y la contracción de la longitud (o de Lorentz), y supone que dos personas experimentan tiempos de distinta duración si una permanece en la Tierra y la otra viaja a una velocidad próxima a la de la luz por el espacio. Por otra parte, masa y energía son equivalentes, relacionadas ambas por la velocidad de la luz.

Los efectos de la teoría de Einstein pueden parecer contrarios al sentido común, pero se han confirmado experimentalmente, y tecnologías de uso cotidiano como la navegación por satélite los tienen en cuenta.

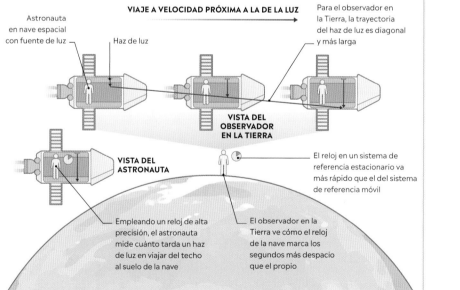

DILATACIÓN TEMPORAL
La teoría de la relatividad especial afirma que el tiempo es relativo, es decir, que pasa a distinto ritmo para observadores que se mueven a distintas velocidades. Si un reloj viajara por el espacio a una velocidad cercana a la de la luz, un observador en la Tierra lo vería marcar los segundos más despacio. Cuanto mayor es la velocidad a la que se mueve el reloj, mayor es la dilatación del tiempo.

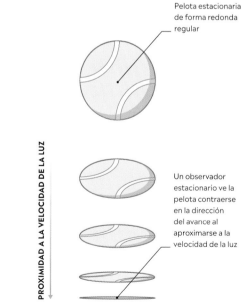

CONTRACCIÓN DE LORENTZ
La teoría de Einstein predice un efecto de contracción de la longitud, por el que el espacio alrededor de un objeto en movimiento (incluido este y cualquier aparato de medición) se contrae desde el punto de vista de un observador. Este fenómeno es más extremo a medida que el objeto se acerca a la velocidad de la luz.

1907
DATACIÓN DE ROCAS

El químico estadounidense Bertram Boltwood descubrió que, a lo largo de millones de años, el uranio radiactivo se transforma en plomo. Midió la proporción de ambos elementos en minerales como el circón para calcular su edad.

△ **Cristal** de circón
(parte oscura del centro)

1908
FOTOGRAFÍA EN COLOR

El físico francés Gabriel Lippmann fue galardonado con el premio Nobel por producir la primera placa fotográfica en color. En lugar de usar tintes para reproducir el color, Lippmann trató las placas sensibles con mercurio para crear un espejo, que reflejaba la luz que interfería con la luz incidente para reproducir los colores originales. Las imágenes eran técnicamente difíciles de lograr, y el proceso no llegó a alcanzar un uso generalizado.

1908 Ejnar Hertzsprung propone clasificar el brillo de las estrellas por su apariencia calculada a una distancia estándar.

1907 El químico alemán Emil Fischer crea el primer péptido sintético a partir de 18 aminoácidos y abre el estudio de la estructura de las proteínas.

1908 El físico alemán Hans Geiger desarrolla una técnica para detectar partículas alfa, e inventa el llamado contador Geiger para medir la radiación.

1908 La Conferencia Internacional sobre Unidades y Normas Eléctricas formaliza el amperio y el ohmio como unidades internacionales.

DATACIÓN RADIOMÉTRICA

En el siglo pasado, la datación radiométrica revolucionó las ciencias de la Tierra, al ofrecer una cronología fiable de la formación y la historia del planeta. Algunas rocas contienen minerales con elementos radiactivos inestables —como el uranio y el potasio— que decaen a una tasa determinada hasta convertirse en otros más estables. Medir la proporción de elementos radiactivos y sus productos en una muestra de roca revela el tiempo transcurrido desde su formación.

Cómo funciona la datación uranio-plomo
Al cristalizar un mineral que contiene uranio-235, los átomos de uranio-235 atrapados en el cristal comienzan a decaer a átomos de plomo-207 a una tasa específica fija.

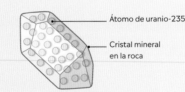

Átomo de uranio-235

Cristal mineral en la roca

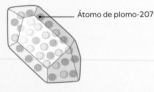

Átomo de plomo-207

1. Roca recién formada
Al formarse una roca, crecen minerales en el magma al enfriarse, algunos con elementos radiactivos como el uranio-235.

2. Pasados 704 millones de años
La concentración de átomos de uranio-235 se ha reducido a la mitad al decaer a otro elemento, el plomo-207.

Proporción mayor de átomos de plomo-207 que de uranio-235

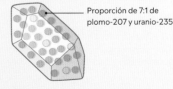

Proporción de 7:1 plomo-207 y uranio-235

3. Pasados 1406 millones de años
La concentración de átomos de uranio-235 es de nuevo la mitad, y el elemento estable plomo-207 es dominante.

4. Presente
Si la proporción de plomo-207 y uranio-235 es de 7:1, la muestra de roca tiene una edad de 2812 millones de años.

La baquelita es un aislante excelente, ideal para aparatos eléctricos.

△ Fotografía en color de Gabriel Lippmann

1909
PLÁSTICO SINTÉTICO

El químico estadounidense de origen belga Leo Hendrik Baekeland inventó la primera resina sintética, a la que llamó baquelita. La sustancia se produjo comercialmente utilizando fenol y formaldehído. Era un plástico duro, impermeable y resistente a sustancias químicas al que se podía dar cualquier forma para hacer objetos como teléfonos y radios.

◁ **Teléfono de baquelita** de principios de la década de 1920

1909 El geofísico croata Andrija Mohorovičić halla que la velocidad de las ondas de los terremotos depende de la composición de la roca.

1910

1910 J. J. Thomson y el químico británico Francis Aston miden la masa de distintas formas (o isótopos) de elementos.

1908
PRODUCCIÓN INDUSTRIAL DE AMONÍACO

El químico alemán Fritz Haber descubrió un modo eficaz de convertir los gases nitrógeno e hidrógeno en amoníaco (NH_3) con alta presión y catalizadores. El proceso permitió producir industrialmente fertilizantes nitrogenados, que aumentaron el rendimiento agrícola para alimentar a una población creciente. El amoníaco forma también nitratos, que se usaron como explosivos en la Primera Guerra Mundial.

△ **Fritz Haber** en su laboratorio

▷ **Variantes** del color de los ojos en *Drosophila*

1910
RASGOS LIGADOS AL SEXO

El embriólogo estadounidense Thomas Hunt Morgan estudió la herencia del color de los ojos en la mosca de la fruta *(Drosophila melanogaster)*. La mayoría tiene los ojos rojos, pero algunas los tienen blancos. Todas las moscas de ojos blancos eran machos, luego era un rasgo ligado al sexo.

1911
RAYOS CÓSMICOS

Un electroscopio es un instrumento con dos finas hojas metálicas, que la radiación ionizante carga y hace repelerse entre sí. El físico estadounidense de origen austríaco Victor Hess llevó un electroscopio a gran altitud en un globo, halló que la radiación se originaba en el espacio y descubrió así los rayos cósmicos.

▷ **Electroscopio** de láminas de oro

1868-1921
HENRIETTA SWAN LEAVITT

Nacida en Lancaster (Massachusetts, EE. UU.), Leavitt estudió en el Oberlin College y en el Radcliffe College, donde trabajó como voluntaria en el observatorio. Sus estudios proporcionaron las herramientas utilizadas para cartografiar las estrellas y las distancias entre ellas.

1911 **El médico alemán Alois Alzheimer** halla anormalidades en el cerebro de pacientes con síntomas degenerativos.

1911 **El físico neerlandés Heike Onnes** descubre la superconductividad del alambre de mercurio a muy baja temperatura.

1912 **El físico alemán Max von Laue** experimenta con la difracción de rayos X y aporta información sobre la estructura atómica de los cristales.

1911

△ **Anillos** en un árbol cortado

1911
REGISTRO CLIMÁTICO ARBÓREO

El número y el grosor de los anillos de crecimiento de un árbol reflejan su edad y los cambios del clima durante su vida. Estudiando el patrón de crecimiento de árboles de vida larga, el astrónomo estadounidense Andrew Douglass obtuvo un registro histórico del crecimiento arbóreo ligado al clima, llamado dendrocronología.

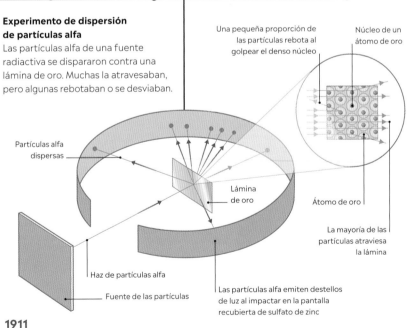

Experimento de dispersión de partículas alfa
Las partículas alfa de una fuente radiactiva se dispararon contra una lámina de oro. Muchas la atravesaban, pero algunas rebotaban o se desviaban.

Una pequeña proporción de las partículas rebota al golpear el denso núcleo

Núcleo de un átomo de oro

Partículas alfa dispersas

Lámina de oro

Átomo de oro

La mayoría de las partículas atraviesa la lámina

Haz de partículas alfa

Fuente de las partículas

Las partículas alfa emiten destellos de luz al impactar en la pantalla recubierta de sulfato de zinc

1911
LA COMPOSICIÓN DE LA MATERIA

Desde 1908, Ernest Rutherford y dos colegas iniciaron una serie de experimentos para estudiar cómo se comporta la materia bombardeada con partículas alfa (compuestas por dos protones y dos neutrones enlazados). En uno de ellos, lanzaron partículas alfa contra una lámina de oro. Al analizar el rebote y la desviación de algunas partículas, concluyeron que la carga positiva de los átomos se concentra en su centro, y así descubrieron el núcleo atómico.

TECTÓNICA DE PLACAS

Las capas más exteriores de la Tierra se dividen en placas que se hallan en constante movimiento. A lo largo de la historia de la Tierra, han chocado unas con otras formando montañas y se han separado creando océanos, en un proceso conocido como tectónica de placas.

Movimiento de placas

El movimiento de placas es impulsado por la temperatura interna de la Tierra. El calor ascendente genera volcanes y las rompe. Donde dos placas chocan, la más densa se hunde bajo la otra en el manto.

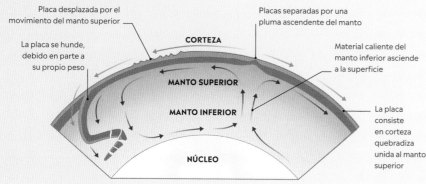

Placa desplazada por el movimiento del manto superior

La placa se hunde, debido en parte a su propio peso

CORTEZA

Placas separadas por una pluma ascendente del manto

Material caliente del manto inferior asciende a la superficie

MANTO SUPERIOR

MANTO INFERIOR

La placa consiste en corteza quebradiza unida al manto superior

NÚCLEO

1912
DERIVA CONTINENTAL

El alemán Alfred Wegener relacionó la forma de las masas terrestres del mundo y conjeturó que una vez formaron un solo supercontinente, lo cual encajaba con las estructuras geológicas y los fósiles separados por la «deriva». De entrada, su obra fue mayormente ignorada.

△ Alfred Wegener

1912 Henrietta Swan Leavitt descubre la relación entre la luminosidad y el periodo de variabilidad de las estrellas fluctuantes llamadas cefeidas, aportando un modo de medir la distancia de estrellas de otras galaxias.

1912 El químico alemán Friedrich Bergius desarrolla un proceso para producir combustible líquido a base de polvo de carbón e hidrógeno.

1912

1912 El bioquímico de origen polaco Casimir Funk aísla una sustancia del arroz que cura una enfermedad de las palomas; la llama «vitamina».

1912
EL HOMBRE DE PILTDOWN

Charles Dawson, arqueólogo aficionado británico, halló parte de un cráneo de aspecto humano en un lecho de grava cerca de la aldea de Piltdown, en Sussex (Inglaterra). Su antigüedad se estimó en 500 000 años: un eslabón perdido entre simios y humanos. La tecnología posterior mostró que los restos eran de dos especies: un cráneo de humano moderno y una mandíbula de simio. El hombre de Piltdown era un fraude científico.

△ **Examen** del cráneo de Piltdown

Átomos de oro
El experimento de dispersión de partículas alfa en una lámina de oro fue clave para descubrir que los átomos tenían un denso núcleo central. La estructura de los átomos de oro se puede ver con un microscopio de efecto túnel.

ESTRUCTURA ATÓMICA

Durante mucho tiempo se creyó que los átomos eran indivisibles, pero lo cierto es que están compuestos de partículas subatómicas menores: protones, neutrones y electrones. Distintos átomos tienen distinto número de partículas constituyentes, pero todos tienen la misma estructura básica: un núcleo central rodeado por electrones en órbita.

El núcleo de un átomo contiene protones de carga positiva y neutrones eléctricamente neutros, con la excepción de los átomos de hidrógeno, que contienen un solo protón en su forma más común. Casi toda la masa de un átomo —más del 99,9 %— se encuentra en el núcleo, pero este es minúsculo comparado con el átomo en su conjunto (más o menos como un guisante en un estadio deportivo).

Protones y neutrones tienen aproximadamente la misma masa. El número de protones en un átomo (o número atómico) determina de qué elemento químico se trata; así, por ejemplo, cualquier átomo con 26 protones es de hierro, sin importar cuántos neutrones o electrones tenga. El número de neutrones determina qué isótopo o tipo particular de átomo es.

En torno al núcleo hay minúsculos electrones dispuestos por capas, que se mantienen en órbita por su atracción eléctrica hacia los protones del núcleo, al tener una carga igual y opuesta (negativa). Cuanto más cerca está un electrón del núcleo, con mayor fuerza es atraído y más difícil es que el átomo lo pierda. Si el número de protones y electrones es el mismo, el átomo es eléctricamente neutro; si es distinto, el átomo se conoce como ion.

El Laboratorio Cavendish
Sir Ernest Rutherford fue una figura importante en la comprensión de la estructura atómica. En el Laboratorio Cavendish de la Universidad de Cambridge, propuso un modelo del átomo similar al Sistema Solar.

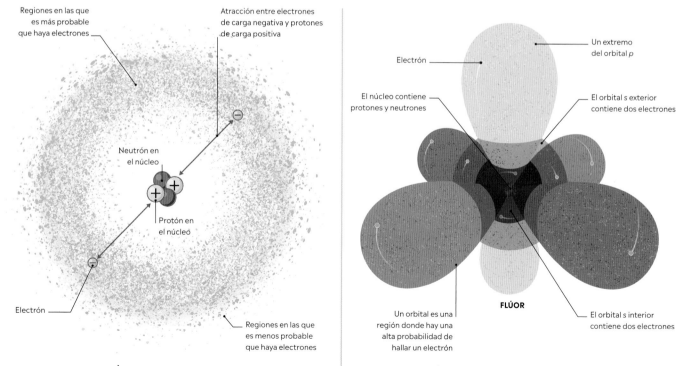

ESTRUCTURA DE UN ÁTOMO DE HELIO

El helio es el segundo elemento más ligero después del hidrógeno. El átomo de helio, eléctricamente neutro, contiene solo dos protones y (generalmente) dos neutrones en su núcleo, y dos electrones alrededor. La localización de los electrones se puede representar con una nube que muestra la probabilidad de hallar un electrón en una región dada: a mayor densidad, mayor probabilidad.

ORBITALES ATÓMICOS

Los electrones no orbitan alrededor del núcleo como los planetas en torno al Sol. Dada su naturaleza cuántica (pp. 180-181), es imposible precisar su posición, y existen en orbitales, es decir, regiones alrededor del núcleo. Los orbitales pueden acoger hasta dos electrones cada uno, y se llenan comenzando por el más próximo al núcleo.

1913
DIAGRAMA DE HERTZSPRUNG-RUSSELL

El danés Ejnar Hertzsprung y el estadounidense Henry Norris Russell estudiaron de manera independiente los patrones de color y brillo de las estrellas. En 1911, Hertzsprung publicó un diagrama que mostraba que las estrellas más luminosas de las Pléyades eran más calientes y azules que otras más débiles. A los dos años, Russell produjo un diagrama ampliado, con una gama mucho mayor de estrellas, y que mostraba el mismo patrón.

◁ Henry Norris Russell

EVOLUCIÓN ESTELAR

A lo largo de miles de millones de años, las estrellas nacen, envejecen y finalmente mueren. Brillan durante la mayor parte de su vida, al fusionar núcleos de hidrógeno y generar helio en su núcleo. El ritmo de este proceso depende de la masa de la estrella y la temperatura de su núcleo. Una vez agotado el hidrógeno en el núcleo, la fusión se extiende al resto de la estrella, pero el núcleo agotado puede volver a encenderse y fusionar elementos más pesados, haciendo que la estrella crezca enormemente en brillo y tamaño. Agotado ya por completo el núcleo, la estrella puede enfriarse, puede ir expulsando sus capas exteriores, o bien explotar violentamente en una supernova.

1913 El físico danés Niels Bohr usa la teoría cuántica para proponer que los electrones rodean el núcleo en órbitas «permitidas».

1913 El físico francés Charles Fabry halla que una capa de ozono atmosférico filtra la radiación solar ultravioleta.

1913

1913 La bioquímica alemana Leonor Michaelis y la médica canadiense Maud Menten desarrollan una ecuación para la tasa de las reacciones enzimáticas.

Isótopos de carbono
Dos variedades o isótopos de carbono muestran que el número de protones (número atómico) es constante pero el de neutrones varía, con el resultado de una diferencia en la masa atómica.

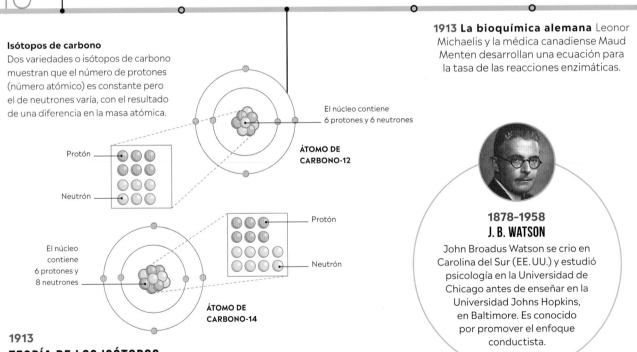

Protón

Neutrón

El núcleo contiene 6 protones y 6 neutrones

ÁTOMO DE CARBONO-12

Protón

Neutrón

El núcleo contiene 6 protones y 8 neutrones

ÁTOMO DE CARBONO-14

1878–1958
J. B. WATSON
John Broadus Watson se crio en Carolina del Sur (EE. UU.) y estudió psicología en la Universidad de Chicago antes de enseñar en la Universidad Johns Hopkins, en Baltimore. Es conocido por promover el enfoque conductista.

1913
TEORÍA DE LOS ISÓTOPOS

Mientras estudiaba la radiactividad, el químico británico Frederick Soddy observó que algunos elementos, productos de la desintegración, tenían más de una masa atómica pero el mismo número atómico. Soddy acuñó para ellos el término «isótopo» («mismo lugar», en la tabla periódica) a sugerencia de su amiga la médica escocesa Margaret Todd.

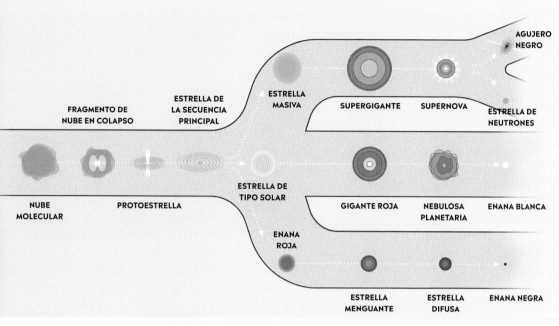

FRAGMENTO DE
NUBE EN COLAPSO

ESTRELLA DE
LA SECUENCIA
PRINCIPAL

ESTRELLA
MASIVA

AGUJERO
NEGRO

SUPERGIGANTE

SUPERNOVA

ESTRELLA DE
NEUTRONES

NUBE
MOLECULAR

PROTOESTRELLA

ESTRELLA DE
TIPO SOLAR

GIGANTE ROJA

NEBULOSA
PLANETARIA

ENANA BLANCA

ENANA
ROJA

ESTRELLA
MENGUANTE

ESTRELLA
DIFUSA

ENANA NEGRA

Estrellas de masa elevada

Después de brillar con fuerza durante unos pocos millones de años, estas estrellas explotan en una supernova. Algunas forman luego estrellas de neutrones, y las más masivas, agujeros negros.

Estrellas de masa intermedia

Tras miles de millones de años, estas estrellas se hinchan como rojas gigantes y luego pierden las capas exteriores como nebulosas planetarias.

Estrellas de masa baja

Estas estrellas brillan débilmente durante decenas de miles de millones de años. Agotado el hidrógeno, colapsan lentamente y se enfrían.

1913 El físico estadounidense Robert Millikan publica los resultados del experimento de la gota de aceite con el que calculó la carga eléctrica del electrón.

1914 El químico estadounidense Edward Calvin Kendall aísla la tiroxina, hormona producida por la glándula tiroides.

1914

1914 El físico británico Henry Moseley determina que el número atómico (el número de protones en el núcleo atómico) es una cantidad real, no un mero ordenamiento de la tabla periódica.

◁ **Rata blanca** de laboratorio

1913

EL CONDUCTISMO

El psicólogo J. B. Watson y otros quisieron introducir objetividad en el estudio del comportamiento. Watson expuso sus teorías en una conferencia en la Universidad de Columbia titulada «La psicología vista por el conductista». Trató de estudiar la conducta experimentalmente y la explicó en función de reflejos, asociaciones y el efecto de refuerzos, y en su trabajo usó a menudo ratas de laboratorio.

1914

ENANAS BLANCAS

El astrónomo estadounidense Walter Sydney Adams sugirió que la débil pero cercana estrella 40 Eridani B, que presentaba una superficie blanca típica de estrellas mucho más luminosas, podía ser un nuevo tipo de objeto estelar. En 1915 mostró que Sirio B, la tenue compañera de la estrella más brillante del cielo, tenía propiedades similares. Más tarde se supo que tales estrellas, conocidas hoy como enanas blancas, eran núcleos colapsados de estrellas solares.

◁ **Sirio B** es el puntito situado abajo y a la izquierda de la mucho más brillante Sirio

Colisión de dos
agujeros negros

1916
EL RADIO DE SCHWARZCHILD

La teoría de la relatividad general de Einstein describe cómo
la presencia de masa o energía en el espacio distorsiona,
o curva, el espacio-tiempo, el continuo cuatridimensional
del universo. La curvatura puede calcularse con una serie de
fórmulas, las ecuaciones de campo. En 1916, el físico alemán
Karl Schwarzschild usó estas ecuaciones para calcular el campo
gravitatorio alrededor de un objeto esférico. Descubrió que, a un
radio determinado del centro de un objeto muy denso, el campo
es tan fuerte que ni siquiera la luz puede escapar; dio así con la
expresión matemática de un agujero negro. El «radio de Schwarzchild»
determina la posición del horizonte de sucesos del agujero negro.

Las ondas gravitatorias
irradian a la velocidad
de la luz

Agujeros negros

Cuando estrellas enormes llegan al final de su vida, la gravedad
las hace colapsar por debajo de su radio de Schwarzschild, y se
convierten en agujeros negros. La influencia gravitatoria de
estos es tan fuerte que, cuando dos colisionan, producen
ondas en el espacio-tiempo, llamadas ondas gravitatorias.

1915 Se realiza la primera llamada
radiotelefónica transatlántica, desde
Arlington (Virginia, EE. UU.) a la torre
Eiffel en París.

1915

**1915 El astrónomo
británico Robert Innes**
descubre Proxima Centauri,
la estrella más cercana al Sol.

1915
EVOLUCIÓN POR SALTOS

El genetista británico Reginald
Punnet estudió la evolución del
mimetismo en las mariposas.
En la mariposa mormón común,
por ejemplo, vio que algunas
hembras parecían de otra especie
de sabor desagradable para los
depredadores. Punnet propuso
que esto era producto de saltos
evolutivos, y no de la evolución
gradual que propone la teoría
de Darwin.

▽ **Cristal** de
sal de roca

▽ **Estructura cristalina**
del cloruro sódico

1915
CRISTALOGRAFÍA DE RAYOS X

Los físicos ingleses Henry y Lawrence Bragg, padre e hijo,
detallaron en un libro sus avances en el uso práctico de la
difracción de rayos X para determinar la disposición de los
átomos en los cristales. Los primeros resultados surgieron
de la identificación de la estructura cristalina de diversos
compuestos, como la sal de roca (cloruro sódico) y el
diamante.

△ Mormón común

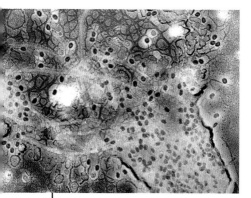

1916
BACTERIÓFAGOS

El microbiólogo franco-canadiense Félix d'Herelle descubrió un tipo de virus, luego llamado bacteriófago («comedor de bacterias»), que infecta y destruye bacterias, apoderándose de sus células y haciendo que creen nuevos virus.

◁ **Bacteriófagos** infectando a *E. coli*

1918
ESPECTROMETRÍA DE MASAS

El físico británico Francis Aston construyó el primer espectrómetro de masas práctico, un instrumento capaz de separar átomos e isótopos de distinta masa. Una corriente eléctrica ioniza (transmite una carga) a los átomos de una sustancia en un globo de vidrio. Campos eléctricos y magnéticos aceleran los iones resultantes, que siguen distintas trayectorias según su masa.

◁ **Espectrómetro de masas** de 1919

1917 Entra en servicio en California (EE. UU.) el telescopio Hooker, el mayor telescopio del mundo hasta 1949.

1918

1916 Albert Einstein publica la versión final de su revolucionaria teoría de la relatividad general (abajo).

1918 El astrónomo estadounidense Harlow Shapley muestra que la Vía Láctea es mucho mayor de lo que se creía, y que el Sol está lejos de su centro.

TEORÍA DE LA RELATIVIDAD GENERAL

La teoría de la relatividad general describe la gravedad no como una fuerza de atracción entre objetos masivos —como propusiera Isaac Newton—, sino como una propiedad geométrica del espacio-tiempo producida por tales objetos. Objetos masivos como las estrellas deforman el «tejido» del espacio-tiempo, y esa deformación se manifiesta como gravedad. La relatividad general da sentido a observaciones que no explica la teoría de Newton, y se utilizó para predecir fenómenos luego observados, como las ondas gravitatorias, descubiertas en 2015, un siglo después de publicarse la teoría.

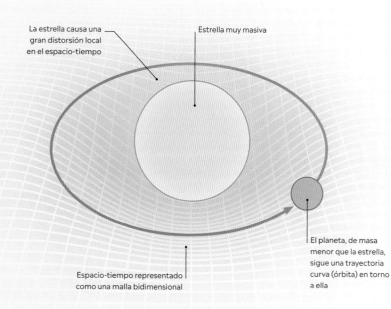

La estrella causa una gran distorsión local en el espacio-tiempo

Estrella muy masiva

El planeta, de masa menor que la estrella, sigue una trayectoria curva (órbita) en torno a ella

Espacio-tiempo representado como una malla bidimensional

Gravedad y espacio-tiempo

La teoría de Einstein conjuga las tres dimensiones del espacio y la del tiempo en el espacio-tiempo cuatridimensional. El espacio-tiempo es moldeado por la presencia de masa.

ENLACES QUÍMICOS

Las propiedades de los metales
Los metales deben muchas de sus propiedades a sus enlaces metálicos: tienen muchos electrones libres, por lo que son buenos conductores del calor y la electricidad, y son maleables si se calientan.

Un enlace químico es una interacción entre átomos que produce sustancias hechas de moléculas, iones, metales o cristales. La partícula subatómica que hace posibles los enlaces es el electrón, de carga negativa.

Los átomos tienen un núcleo central que contiene protones (de carga positiva), rodeado por un número igual de electrones dispuestos en capas. El número de electrones en la capa exterior (capa de valencia) determina el tipo y el número de enlaces que se forman.

Las moléculas se componen de átomos no metálicos (como carbono, oxígeno y nitrógeno), que se enlazan compartiendo pares de electrones para completar sus capas exteriores de electrones. Estos enlaces, llamados covalentes (abajo), pueden darse entre átomos del mismo elemento o de elementos distintos. Algunos átomos pueden compartir más de un par de electrones y formar enlaces dobles, triples y otros múltiples.

Los átomos metálicos donan electrones de su capa exterior a átomos no metálicos, formando iones metálicos positivos (aniones) e iones no metálicos negativos (cationes). Estos forman enlaces iónicos (abajo) usando fuerzas electrostáticas; así se forman los cristales, por ejemplo. Los átomos metálicos pueden perder también electrones de la capa exterior y formar enlaces metálicos, un entramado de iones metálicos rodeados por electrones libres compartidos.

Entre moléculas se dan también enlaces químicos electrostáticos más débiles, como los enlaces de hidrógeno del agua, que la hacen líquida a temperatura ambiente.

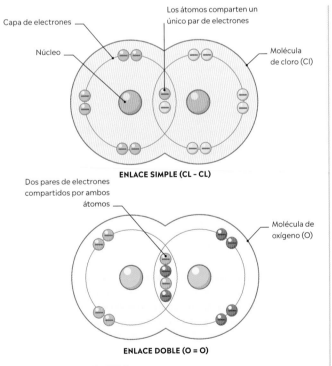

Capa de electrones

Los átomos comparten un único par de electrones

Núcleo

Molécula de cloro (Cl)

ENLACE SIMPLE (CL – CL)

Dos pares de electrones compartidos por ambos átomos

Molécula de oxígeno (O)

ENLACE DOBLE (O = O)

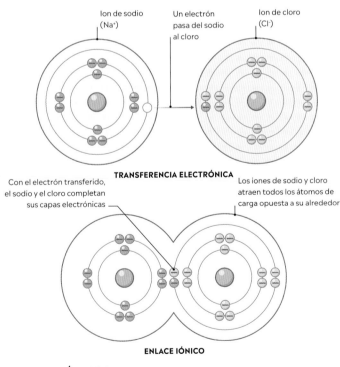

Ion de sodio (Na⁺)

Un electrón pasa del sodio al cloro

Ion de cloro (Cl⁻)

TRANSFERENCIA ELECTRÓNICA

Con el electrón transferido, el sodio y el cloro completan sus capas electrónicas

Los iones de sodio y cloro atraen todos los átomos de carga opuesta a su alrededor

ENLACE IÓNICO

ENLACES COVALENTES

Un enlace covalente se forma al compartir dos átomos no metálicos un par de electrones. Así los átomos de la molécula llenan sus capas exteriores de electrones, lo que los hace más estables. El número de electrones disponible para emparejar es la valencia, y sirve para determinar cómo se combinan los distintos elementos.

ENLACES IÓNICOS

Los enlaces iónicos se forman cuando se transfieren electrones de un átomo de un elemento (generalmente un metal) a un átomo de otro elemento (generalmente un no metal). La capa electrónica exterior de los átomos se llena, y los iones positivos y negativos creados se enlazan debido a la mutua atracción electrostática.

Enlaces metálicos
Esta imagen tridimensional se creó mediante la técnica de espín de helio. Representa los iones metálicos positivos en azul, rodeados por un mar de electrones libres en rojo.

▷ Eclipse solar total

1919
CONFIRMACIÓN DE LA TEORÍA DE EINSTEIN

La teoría de la relatividad general de Einstein propone que la presencia de masa distorsiona el espacio-tiempo y altera el curso de la luz, que de otro modo viajaría en línea recta. Sus ecuaciones permitían calcular cuánto se distorsiona el espacio, y el 29 de mayo de 1919, un eclipse solar total ofreció la ocasión de poner la teoría a prueba: dos expediciones distintas tomaron fotografías del Sol eclipsado, y el análisis de estas mostró que las estrellas adyacentes al Sol en el cielo habían cambiado de posición en la medida exacta que había predicho la teoría de Einstein.

1879–1958
MILUTIN MILANKOVIĆ

Nacido en Serbia, entonces parte del Imperio austrohúngaro, Milanković estudió y practicó la ingeniería en Viena. Más adelante enseñó matemáticas. Se interesó por las causas astronómicas de las glaciaciones y estudió las diferencias climáticas a lo largo del tiempo.

1919 El físico alemán Albert Betz publica la ley relativa a la máxima energía que puede extraer una turbina del aire en movimiento.

1919 Ernest Rutherford descubre que elementos como el nitrógeno se pueden «desintegrar» bombardeándolos con partículas alfa, lo cual hace que emitan protones.

1919

1919 El químico estadounidense Irving Langmuir explica cómo los átomos forman enlaces covalentes; recibe el premio Nobel en 1932.

1919
LA DANZA DE LAS ABEJAS

El biólogo austríaco Karl von Frisch estudió la vida de las abejas melíferas (*Apis mellifera*) y explicó cómo se comunican mediante una especie de baile. Una abeja danzando en un círculo cerrado informa a las demás de que hay alimento cerca; una danza más compleja moviendo el abdomen informa de la dirección y la distancia a fuentes de alimento más lejanas: el ángulo de la danza respecto a la vertical indica la dirección, y el tiempo que dura el movimiento del abdomen indica la distancia. Por esta y otras aportaciones, Von Frisch fue premiado con el premio Nobel en 1973.

◁ **Abejas** danzando en una colmena

1920
CICLOS DE MILANKOVIĆ

El astrofísico Milutin Milanković desarrolló una teoría sobre los cambios predecibles en el movimiento de la Tierra alrededor del Sol. Propuso que estos determinan cambios climáticos a largo plazo, como el avance y la retirada de los casquetes glaciares, y demostró que entran en juego tres aspectos del movimiento orbital: las variaciones en la forma de la órbita de la Tierra alrededor del Sol, o excentricidad orbital; los cambios en el ángulo del eje de rotación, u oblicuidad; y los cambios en la dirección del eje de rotación, o precesión. Las variaciones regulares de estos tres aspectos del viaje de la Tierra alrededor del Sol se combinan para hacer variar la cantidad de energía solar (térmica) que llega a la Tierra, y juntas se conocen como ciclos de Milanković.

Ciclos de Milanković
A lo largo de 100 000 años, la órbita de la Tierra cambia de circular a elíptica (excentricidad); a lo largo de 42 000 años, cambia la oblicuidad del eje de rotación, y a lo largo de 28 200 años, cambia su dirección (precesión). Con el tiempo, esto afecta a la temperatura superficial de la Tierra y causa fenómenos como el inicio y el final de las glaciaciones.

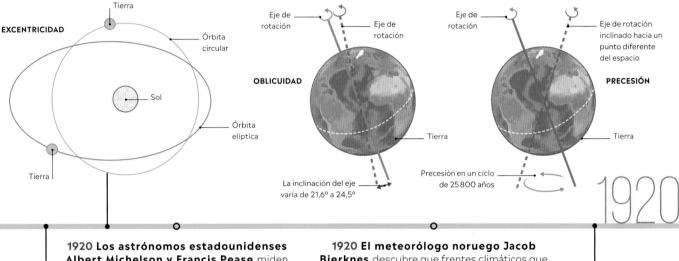

EXCENTRICIDAD
Tierra
Órbita circular
Sol
Órbita elíptica
Tierra

Eje de rotación
Eje de rotación
OBLICUIDAD
Tierra
La inclinación del eje varía de 21,6° a 24,5°

Eje de rotación
Eje de rotación inclinado hacia un punto diferente del espacio
PRECESIÓN
Tierra
Precesión en un ciclo de 25 800 años

1920

1920 **Los astrónomos estadounidenses Albert Michelson y Francis Pease** miden el diámetro de la estrella Betelgeuse, y hallan que es 300 veces mayor que el Sol.

1920 **El meteorólogo noruego Jacob Bjerknes** descubre que frentes climáticos que se forman a lo largo de una línea ondulada sobre el Atlántico se desarrollan hasta devenir ciclones.

▷ Fase bicelular de un embrión

Década de 1920
ANEMIA

La anemia es un trastorno en el que el número de glóbulos rojos que circulan por el cuerpo es insuficiente. El fisiólogo estadounidense George Hoyt Whipple propuso medios para estimular la formación de nuevos glóbulos rojos mediante la dieta, y determinó que alimentos como la carne, y en particular el hígado, ayudan a aliviar el problema.

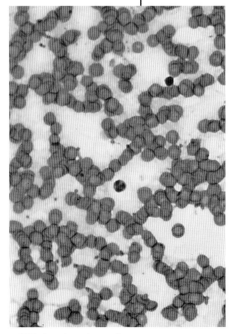

△ **Glóbulos rojos**, micrografía

1920
ORGANIZADORES DEL EMBRIÓN

Mientras estudiaban embriones de anfibios, los científicos alemanes Hans Spemann y Hilde Mangold realizaron un descubrimiento que cambió el objetivo y la dirección de la investigación en la biología del desarrollo. Señalaron la existencia de un cúmulo de células que induce el desarrollo del sistema nervioso central. La inducción es el proceso clave por el que ciertas células influyen en el desarrollo de las células vecinas.

▷ **Antigua dosis** de insulina

La hormona insulina ayuda a regular la cantidad de glucosa en la sangre.

1921
DESCUBRIMIENTO DE LA INSULINA
El cirujano Frederick Banting y el estudiante de medicina Charles Best aislaron la hormona insulina en la Universidad de Toronto (Canadá). Tras unas pruebas iniciales con perros, obtuvieron insulina de páncreas de vaca y aliviaron con éxito el trastorno diabético de un paciente de 14 años, allanando así el camino al tratamiento de esta enfermedad antes fatal.

1921

1921 El biólogo alemán Otto Loewi demuestra que los nervios actúan mediante transmisores químicos.

1921 El biólogo escocés Alexander Fleming descubre una sustancia que mata bacterias; la llama lisozima.

1922 El minerólogo noruego Victor Goldschmidt clasifica los elementos químicos según sus asociaciones con diversos materiales terrestres.

1921
VITAMINAS Y RAQUITISMO
El bioquímico estadounidense Elmer Verner McCollum ayudó a descubrir una serie de sustancias dietéticas clave gracias a sus experimentos con ratas. En los huevos y la mantequilla halló una sustancia esencial para el crecimiento sano, a la que llamó factor A (luego vitamina A), y también contribuyó a identificar la vitamina B. El raquitismo afecta al desarrollo óseo. McCollum señaló que las ratas con esta afección se recuperaban al ingerir aceite de hígado de bacalao, por efecto de lo que llamó vitamina D. Él y sus colegas descubrieron que la luz solar también las protegía del raquitismo.

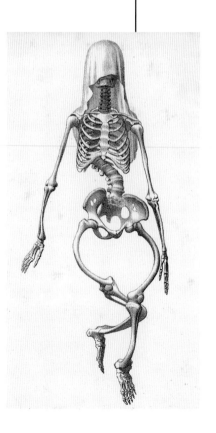

▷ **Esqueleto** de un humano raquítico

VITAMINAS
Esenciales para el crecimiento, la vitalidad y el bienestar del cuerpo, las vitaminas son nutrientes que, aunque se requieren en una cantidad minúscula, son necesarios para aprovechar otros nutrientes. Las vitaminas las fabrican plantas y animales. (Los minerales, por el contrario, proceden del suelo y el agua.) El cuerpo almacena las vitaminas liposolubles pero no las hidrosolubles, y por tanto es necesario obtener estas más a menudo.

Funciones de las vitaminas
Hay muchos tipos distintos de vitaminas, tanto liposolubles como hidrosolubles. Se hallan presentes en diversos alimentos y tienen distintas funciones en el organismo.

Líneas del campo magnético

Partícula rotatoria

N

S

1922
EL ESPÍN DE LAS PARTÍCULAS

Mediante un experimento consistente en enviar átomos de plata a través de un campo magnético, los físicos alemanes Otto Stern y Walther Gerlach determinaron que el espín de las partículas está cuantizado: solo puede tener ciertos valores, y esto ayuda a explicar la disposición de los electrones en los átomos.

Campos e inducción de espín
El espín de una partícula es análogo a la rotación física, y otorga a las partículas subatómicas un campo magnético asociado.

1923
PARTÍCULAS Y ONDAS

El físico estadounidense Arthur Compton determinó la naturaleza particulada de los rayos X, hasta entonces tenidos por ondas. El mismo año, el francés Louis de Broglie mostró que los electrones, tenidos por partículas, se comportaban también como ondas. Ambos avances asentaron la dualidad onda-partícula.

△ Louis de Broglie

1923

1922 Aplicando las ecuaciones de la relatividad general, el físico ruso Alexander Friedmann propone que el espacio se está expandiendo.

1923 El químico sueco Theodore Svedberg inventa la ultracentrifugadora, que puede separar pequeñas partículas, incluso proteínas, de distinta masa.

1923 Ácidos y bases se definen como especies químicas que tienden a perder (ácido) o ganar (base) un protón.

LIPOSOLUBLES

VITAMINA A
Necesaria para la visión, el crecimiento y el desarrollo; la deficiencia afecta a la vista.

VITAMINA D
Mejora la absorción de algunos minerales, como el calcio; la deficiencia causa raquitismo.

VITAMINA E
Mantiene sanos la piel y los ojos; la deficiencia perjudica al sistema inmune.

VITAMINA K
Necesaria para impedir trombos; la deficiencia puede causar hemorragias y hematomas.

HIDROSOLUBLES

VITAMINA B1
Libera energía del alimento y mejora el funcionamiento muscular y nervioso.

VITAMINA B2
Favorece la salud de la piel, los ojos y el sistema nervioso; la deficiencia produce anemia.

VITAMINA B3
(niacina) Mantiene los sistemas nervioso y cardiovascular, la sangre y la piel.

VITAMINA B5
Libera energía del alimento y ayuda a descomponer grasas; la deficiencia es rara.

VITAMINA B6
Mejora la función nerviosa y otras; la deficiencia afecta a la salud mental.

VITAMINA B7
(biotina) Necesaria para la salud de huesos y cabello; la deficiencia causa dermatitis y dolor muscular.

VITAMINA B9
(ácido fólico) La deficiencia en mujeres embarazadas aumenta el riesgo de espina bífida en sus bebés.

VITAMINA B12
Implicada en la producción de glóbulos rojos; la deficiencia causa trastornos sanguíneos.

VITAMINA C
Favorece la salud de piel, vasos sanguíneos, huesos y cartílago; la deficiencia causa escorbuto.

1924
AUSTRALOPITHECUS AFRICANUS

Un descubrimiento del antropólogo australiano Raymond Dart cambió la forma de entender la evolución humana. Mientras trabajaba en Sudáfrica, recibió unos fósiles desenterrados cerca de Taung. Uno era el cráneo de un individuo simiesco joven, con mandíbula y dientes de aspecto humano y un cerebro pequeño. Dart lo llamó *Australopithecus africanus* («mono del sur africano»), reconociéndolo como una prueba importante de la evolución humana temprana a partir de antepasados simios.

◁ **Réplica del cráneo** de *Australopithecus africanus*

1926
MECÁNICA DE ONDAS

El físico austríaco Erwin Schrödinger desarrolló un nuevo enfoque de la física cuántica. En la mecánica de ondas, el comportamiento de un sistema cuántico (como un átomo) se describe mediante una función de onda, que representa la probabilidad de que el sistema se encuentre en los diversos estados permitidos. La ecuación de Schrödinger sirve para calcular la función de onda.

▷ Erwin Shrödinger

1924 Partiendo del trabajo de Henrietta Swan Leavitt, el astrónomo estadounidense Edwin Hubble usa las estrellas variables para mostrar que las llamadas «nebulosas espirales» son en realidad galaxias lejanas.

1924

1924 El físico indio Satyendra Nath Bose establece un método para describir el comportamiento de las partículas subatómicas llamadas bosones.

1924 Los embriólogos alemanes Hans Spemann y Hilde Mangold identifican células organizadoras que dirigen el desarrollo embrionario.

1925 El químico alemán Carl Bosch desarrolla un proceso de manufactura de hidrógeno a escala industrial.

1924
NÚMEROS CUÁNTICOS DE LOS ELECTRONES

Hasta entonces, el estado de un electrón en un átomo se describía con tres números cuánticos, que indicaban su energía, su momento angular y la orientación de su órbita. En 1924, Wolfgang Pauli propuso un cuarto número cuántico (luego llamado «espín»). Según su principio de exclusión, dos electrones no pueden tener el mismo conjunto de números cuánticos —cosa útil para explicar la disposición de los electrones en los átomos—, y en 1940 lo extendió a todas las partículas de espín 1/2 (fermiones).

El principio de exclusión de Pauli
En cualquier átomo, los electrones emparejados comparten los mismos tres números cuánticos, pero los de espín son opuestos.

Dos electrones de nivel energético idéntico y con tres números cuánticos en común, pero con espín opuesto

e⁻   e⁻

El espín da a las partículas un campo magnético

«De todos modos, la física [...] es demasiado difícil para mí.»

WOLFGANG PAULI, CARTA A R. KRONIG (1925)

1926
AVANCES EN COHETES

El ingeniero estadounidense Robert Goddard lanzó el primer cohete con combustible líquido. Ya en 1903, el profesor ruso Konstantín Tsiolkovski había señalado la utilidad potencial de los propelentes líquidos (en vez de en polvo) para el vuelo espacial, pero el breve lanzamiento de Goddard, de solo 2,5 segundos, fue la primera demostración práctica de la idea, y despertó el interés por los cohetes y la exploración espacial en varios países.

▷ **Robert Goddard** en el lugar del lanzamiento, en Auburn (Massachusetts, EE. UU.)

1901-1954
ENRICO FERMI

Nacido en Roma, Fermi fue un físico brillante. Desarrolló la estadística cuántica para describir estados energéticos, exploró la producción de elementos pesados ausentes en la naturaleza, y en EE. UU. dirigió el equipo que construyó el primer reactor nuclear.

1926

1926 Enrico Fermi establece un método matemático para describir el comportamiento de los fermiones, partículas subatómicas que siguen el principio de exclusión de Pauli.

1926
LA TELEVISIÓN

El inventor escocés John Logie Baird realizó la primera demostración pública de su «televisor», rudimentario pero impresionante sistema de televisión, en 1926. Este utilizaba un disco de Nipkow (señalado con una B en esta imagen), desarrollado para la reproducción de imágenes. En 1927 transmitió imágenes en color, y en 1928, las envió a más de 700 km por cable telefónico. El sistema de Baird fue superado luego por un sistema plenamente electrónico.

◁ **Televisor** de John Logie Baird

EVOLUCIÓN HUMANA

Especies coexistentes
Los neandertales vivieron entre 430 000 y 40 000 años atrás, y coexistieron con los humanos. De hecho, los europeos modernos tienen un 1–2 % de ADN neandertal.

El estudio de fósiles, ADN y yacimientos arqueológicos sigue ayudando a comprender cómo evolucionaron los humanos modernos (*Homo sapiens*). El estudio del ADN de chimpancés y humanos sugiere que ambos tuvieron un antepasado común hace unos 6 millones de años. En ese punto se separó una rama evolutiva que daría lugar a la tribu de los llamados Hominini. *Homo sapiens* es el único superviviente de dicha tribu, que incluyó varias especies de los géneros *Australopithecus* y *Homo*, entre otros. Las especies más antiguas eran semejantes a los chimpancés, pero capaces de usar herramientas. (Para mayor confusión, también lo son algunos chimpancés.)

Durante muchos años se creyó que los humanos evolucionaron en África Oriental hace 200 000 años, y que se extendieron por Eurasia hace entre 90 000 y 45 000 años. Sin embargo, se han descubierto restos de humanos modernos de hace al menos 315 000 años en el noroeste de África, y algunos de hace 200 000 años han aparecido en el Mediterráneo oriental. Y se siguen descubriendo restos de homininos mucho más recientes.

Desde el hallazgo de los neandertales en 1864, se han descubierto otros veinte miembros del árbol genealógico humano. Entre los hallazgos recientes, en 2003 se excavó en una cueva de la isla indonesia de Flores el esqueleto parcial de una especie de hominino pequeño, de 1 m de altura aproximadamente. En 2019 se encontraron otros restos de homininos pequeños en Luzón (Filipinas): no eran de la especie *Homo floresiensis* descubierta en 2003, sino de otra nueva, *Homo luzonensis*, de 67 000 años de antigüedad.

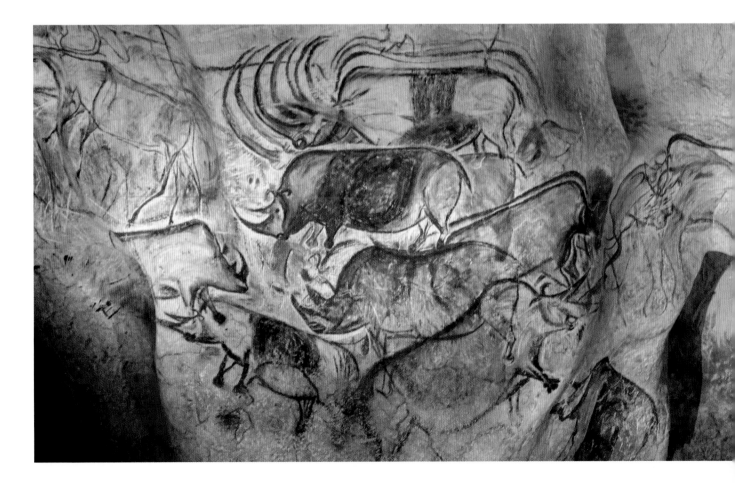

CRONOLOGÍA DE LA EVOLUCIÓN HUMANA

La tribu Hominini incluye numerosas especies, géneros y familias distintos. En conjunto, el linaje evolutivo que conduce a *Homo sapiens* está claro, pero las relaciones ancestrales directas, no tanto. Esta cronología muestra los periodos en los que existieron las especies, pero no indica el parentesco entre ellas. Con todo, la cronología está sujeta a cambios, pues continúan realizándose nuevos hallazgos.

CLAVE

■ *Ardipithecus* ■ *Australopithecus* ▦ *Homo*

Australopithecus sediba
Australopithecus garhi
Homo sapiens
Homo neanderthalensis
Homo naledi
Homo heidelbergensis
Australopithecus africanus
Homo antecessor
Australopithecus bahrelghazali
Homo erectus
Australopithecus afarensis
Homo ergaster
Homo luzonensis
Australopithecus anamensis
Homo georgicus
Homo floresiensis
Ardipithecus ramidus
Homo habilis

5 MILLONES DE AÑOS	4 MILLONES DE AÑOS	3 MILLONES DE AÑOS	2 MILLONES DE AÑOS	1 MILLÓN DE AÑOS

El surgimiento del arte
En 1994 se hallaron numerosas pinturas rupestres en la cueva de Chauvet, en el sureste de Francia. La datación por radiocarbono indica que se hicieron hace 32 000–30 000 años. Los ocupantes de la época hicieron también colgantes y abalorios.

△ Werner Heisenberg

1927
EL HUEVO CÓSMICO

En un nuevo análisis de las ecuaciones de la relatividad general de Einstein, el físico belga Georges Lemaître argumentó que permitían un universo estable que crece con el tiempo. En 1931 remontó la expansión del universo a un origen denso y caliente al que llamó «átomo primigenio», precedente de la teoría del Big Bang.

△ Lemaître era sacerdote además de físico

1927
EL PRINCIPIO DE INCERTIDUMBRE DE HEISENBERG

En la mecánica de ondas, una función matemática representa el estado exacto de una partícula. El carácter de onda de la función supone que es imposible conocer exactamente tanto la posición como el momento de una partícula. El físico alemán Werner Heisenberg mostró que esta limitación (aplicable también a otros pares de variables) es una limitación fundamental en el universo, no una mera curiosidad matemática.

1927 La observación de la difracción de electrones confirma la hipótesis de De Broglie de que las partículas pueden comportarse como ondas.

1928 El bioquímico húngaro Albert Szent-Györgi aísla el ácido hexurónico, luego llamado vitamina C, de la glándula suprarrenal.

1927

1927 Se funda una sociedad alemana de cohetería inspirada en los escritos del ingeniero Hermann Oberth. En 1930 empieza a probar motores de cohete.

«A decir verdad, la penicilina comenzó como una observación casual.»

ALEXANDER FLEMING, DISCURSO DEL NOBEL (1945)

1928
DESCUBRIMIENTO DE LA PENICILINA

El microbiólogo escocés Alexander Fleming descubrió la penicilina, el primer verdadero antibiótico. Al examinar unas placas de Petri con colonias experimentales de bacterias *Staphylococcus*, observó una zona despejada alrededor de una mancha de moho. Esto sugería que el hongo *(Penicillium notatum)* había segregado algo (luego llamado penicilina) que impedía el crecimiento bacteriano.

△ Sir Alexander Fleming en su laboratorio

1929

ELECTROENCEFALOGRAFÍA

El psicólogo alemán Hans Berger publicó su hallazgo de la electroencefalografía (EEG), un método para registrar la actividad eléctrica cerebral del que ya hizo una demostración en 1924. Berger fue el primero en describir distintos patrones de ondas cerebrales eléctricas, como las alfa y las más rápidas beta, así como las alteraciones en los patrones de onda en casos como la epilepsia, y cómo tales patrones cambian con el esfuerzo mental y la atención.

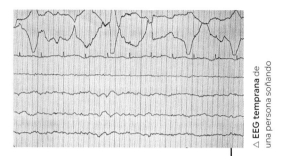

△ EEG temprana de una persona soñando

1929

UNIVERSO EN EXPANSIÓN

Tras usar la relación periodo-luminosidad en las estrellas variables para estimar la distancia de galaxias cercanas como la de Andrómeda, el astrónomo Edwin Hubble investigó otras propiedades, como los corrimientos Doppler en sus líneas espectrales. En 1929 publicó pruebas de una regla según la cual las galaxias más lejanas se alejan más rápido de la Tierra, debido a la expansión general del cosmos.

◁ Galaxia de Andrómeda

1928 El físico británico Paul Dirac publica una ecuación que combina la relatividad con la teoría cuántica, y predice la existencia de la antimateria.

1929 El alemán Adolf Butenandt y el estadounidense Edward Adelbert Doisy aíslan y purifican independientemente la estrona, primer estrógeno identificado.

1929

EL BIG BANG

La teoría moderna del Big Bang propone que el universo —el conjunto de toda la materia, la energía, el espacio y el tiempo— se originó en una vasta explosión hace unos 13 800 millones de años. En las condiciones supercalientes y superdensas del universo primigenio, materia y energía eran intercambiables; pero, al enfriarse el universo, la mayor parte de la energía quedó «encerrada» en partículas subatómicas, que se unieron para formar los átomos, estrellas y galaxias del universo posterior.

Del Big Bang a las primeras estrellas

Al enfriarse rápidamente el universo mientras se expandía a partir de la explosión original, se formaron objetos mayores, más complejos y estables.

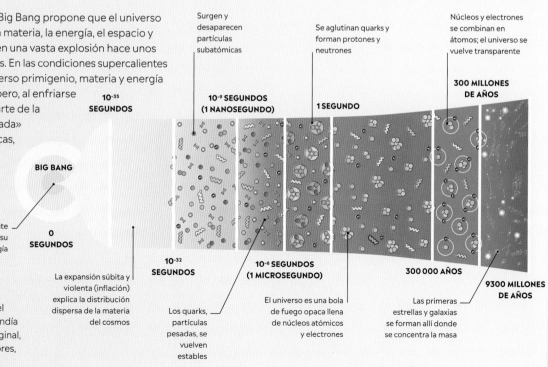

BIG BANG

El universo es infinitesimalmente pequeño pero contiene toda su masa y energía

0 SEGUNDOS

10^{-35} **SEGUNDOS**

10^{-32} **SEGUNDOS**

La expansión súbita y violenta (inflación) explica la distribución dispersa de la materia del cosmos

Surgen y desaparecen partículas subatómicas

10^{-9} **SEGUNDOS (1 NANOSEGUNDO)**

10^{-6} **SEGUNDOS (1 MICROSEGUNDO)**

Los quarks, partículas pesadas, se vuelven estables

Se aglutinan quarks y forman protones y neutrones

1 SEGUNDO

El universo es una bola de fuego opaca llena de núcleos atómicos y electrones

Núcleos y electrones se combinan en átomos; el universo se vuelve transparente

300 MILLONES DE AÑOS

300 000 AÑOS

Las primeras estrellas y galaxias se forman allí donde se concentra la masa

9300 MILLONES DE AÑOS

1930
DESCUBRIMIENTO DE PLUTÓN

Mientras buscaba un planeta más allá de Neptuno, el astrónomo estadounidense Clyde Tombaugh descubrió el planeta enano Plutón. Entonces se clasificó como planeta, pero su pequeño tamaño llevó a pensar a algunos astrónomos que era uno de muchos cuerpos helados en órbita en el límite del Sistema Solar.

▷ **Plutón** fotografiado en 2015 por la sonda New Horizons

1930

1930 El inventor estadounidense Vannevar Bush inventa el Intergraph, un ordenador mecánico.

1930 El físico austríaco Wolfgang Pauli plantea como hipótesis la existencia del neutrino, partícula subatómica implicada en la desintegración radiactiva.

1930 El físico británico Paul Dirac combina relatividad y física cuántica y postula la existencia de las antipartículas.

1930 El astrónomo de origen suizo Robert Trumpler muestra que granos de polvo en el espacio interestelar oscurecen las estrellas lejanas.

Plutón fue nombrado por una niña británica de 11 años, Venetia Burney.

▷ **Beebe y Barton** con su batisfera

1930
LA PRIMERA BATISFERA

Dos estadounidenses, el biólogo marino William Beebe y el ingeniero Otis Barton, construyeron una batisfera de acero resistente a la presión, que iba unida a un barco por un cable de acero. Entre 1930 y 1934 realizaron 35 inmersiones en la costa de las Bermudas, y observaron por primera vez la vida hasta los 923 m de profundidad.

1930
AVANCES TELESCÓPICOS

El óptico estonio Bernhard Schmidt inventó un telescopio que combinaba lentes y espejos y proporcionaba imágenes nítidas de grandes áreas del cielo. Por su parte, el astrónomo francés Bernard Lyot perfeccionó el coronógrafo, que bloquea la luz de una fuente brillante y revela objetos de luz más débil.

△ **Jansky** con su radiotelescopio

1931
RADIOASTRONOMÍA

Mientras estudiaba la radiointerferencia, el físico estadounidense Karl Jansky descubrió señales procedentes del espacio. Determinó que las más potentes venían de la dirección de Sagitario, el centro de nuestra galaxia. Su trabajo dio lugar al desarrollo de la radioastronomía.

1931 El científico estadounidense Harold Urey descubre el deuterio, isótopo pesado del hidrógeno con dos neutrones en lugar de uno.

△ Imagen coronográfica de la corona solar

1931

1930 El ingeniero británico Frank Whittle desarrolla el primer motor a reacción práctico.

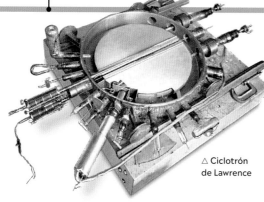

△ Ciclotrón de Lawrence

1930
EL CICLOTRÓN

En la década de 1920, los físicos empezaron a desarrollar aparatos que podían acelerar iones (átomos con carga) u otras partículas para usarlas como sondas para estudiar la estructura atómica. Los primeros aceleradores eran lineales, pero en 1930 el físico estadounidense Ernest Lawrence construyó el primer ciclotrón, un acelerador que utilizaba un campo eléctrico variable para enviar partículas a velocidades crecientes.

La estructura anular pasa constantemente de un estado a otro

Enlace doble

Enlace simple

Átomo de hidrógeno

Átomo de carbono

NOTACIÓN DE LA RESONANCIA

Enlaces del benceno
Los enlaces entre átomos de carbono en la molécula de benceno resuenan entre simples y dobles.

1931
RESONANCIA DE ENLACES

Para explicar las propiedades de determinadas sustancias, y especialmente del benceno, el químico estadounidense Linus Pauling desarrolló la idea de la resonancia de electrones. Al no haber isótopos del benceno, y ser igual la distancia entre los átomos de carbono, propuso que la mecánica cuántica podía explicar que los electrones de los enlaces fueran cambiando de estado en vez de mantener tres enlaces dobles fijos.

1932
LA LEY DE KLEIBER

El biólogo suizo Max Kleiber propuso que el tamaño corporal de los animales y su tasa metabólica guardan una relación, si bien esta no es lineal: la tasa metabólica equivale a la masa corporal elevada a la potencia ¾. La ley de Kleiber se ha demostrado cierta para organismos desde bacterias hasta animales grandes.

1932
DESCUBRIMIENTO DEL NEUTRÓN

En la década de 1920, los físicos habían supuesto que el núcleo atómico, además de protones de carga positiva, debía contener otro tipo de partícula, el llamado neutrón, que carecía de carga eléctrica. El físico británico James Chadwick descubrió el neutrón en 1932.

▷ **Detector de neutrones**
de Chadwick (réplica)

1932 El astrónomo estadounidense Theodore Dunham identifica el gas dióxido de carbono en el espectro infrarrojo de Venus.

1932

1932 En Cambridge (Reino Unido), los físicos Ernest Walton y John Cockcroft dividen el átomo y transmutan núcleos de litio en núcleos de helio.

1932
EL POSITRÓN

En 1930, Paul Dirac había postulado la existencia de un antielectrón, partícula de igual masa que el electrón pero de carga opuesta (positiva). En 1932, el físico estadounidense Carl Anderson descubrió esa partícula, a la que llamó positrón.

◁ **Trayectoria curva de un positrón**
en la cámara de niebla de Anderson

MATERIA OSCURA

La mayor parte de la materia del universo es invisible para nosotros. Las observaciones indican que hay unas seis veces más de materia oscura que de materia visible «normal». La naturaleza de la materia oscura, sin embargo, continúa siendo una incógnita. Se ha descartado que sea materia normal en forma compacta y difícil de detectar, como los agujeros negros; parece más probable que consista en partículas masivas débilmente interactuantes (WIMP), que interactúan por gravedad pero no por radiación electromagnética.

Lente gravitacional

Un cúmulo galáctico masivo puede desviar la luz de una galaxia lejana y producir una imagen distorsionada visible desde la Tierra. Este efecto de «lente gravitacional» puede aportar información valiosa sobre la materia oscura.

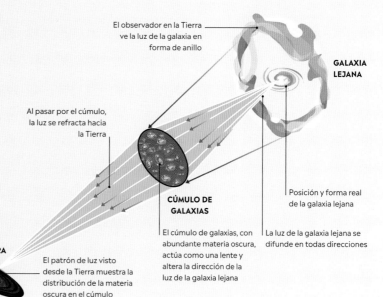

El observador en la Tierra ve la luz de la galaxia en forma de anillo

GALAXIA LEJANA

Al pasar por el cúmulo, la luz se refracta hacia la Tierra

CÚMULO DE GALAXIAS

Posición y forma real de la galaxia lejana

El cúmulo de galaxias, con abundante materia oscura, actúa como una lente y altera la dirección de la luz de la galaxia lejana

La luz de la galaxia lejana se difunde en todas direcciones

TIERRA

El patrón de luz visto desde la Tierra muestra la distribución de la materia oscura en el cúmulo

---

1933 El astrónomo suizo Fritz Zwicky propone que la materia oscura influye en los movimientos de las galaxias.

1933 El químico suizo Tadeus Reichstein fabrica vitamina C en el laboratorio, tras identificarse la molécula en 1928.

1933

1932
PRIMER MICROSCOPIO ELECTRÓNICO

El físico alemán Ernst Ruska había construido el primer prototipo de microscopio electrónico en 1931, y un año después este produjo sus primeras imágenes. Captaba imágenes empleando electrones en lugar de luz, y era capaz de producir imágenes con un nivel de aumentos mucho mayor que un microscopio convencional.

ONDA SÓNICA

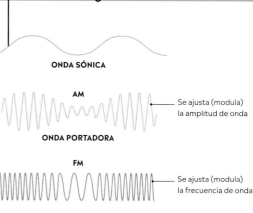

AM

Se ajusta (modula) la amplitud de onda

ONDA PORTADORA

FM

Se ajusta (modula) la frecuencia de onda

Modulación de una onda portadora
En la amplitud modulada (AM), la onda sónica modula la amplitud (altura) de la onda portadora; en la frecuencia modulada (FM), modula la frecuencia de la onda portadora.

El primer microscopio electrónico tenía 400 aumentos; los actuales alcanzan los 10 millones de aumentos.

1933
RADIO FM

La radio se basa en codificar la forma de las ondas sónicas modulando (cambiando) una onda de radio portadora. En 1933, el ingeniero estadounidense Edwin Armstrong inventó la frecuencia modulada (FM), en la que las ondulaciones de una onda sónica se codifican como variaciones en la frecuencia de la onda portadora.

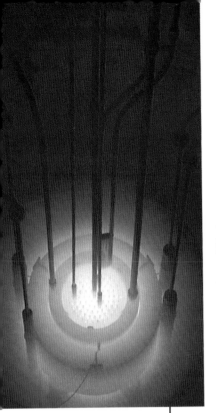

En su culmen, una supernova emite aproximadamente tanta luz como una galaxia.

1934
LA RADIACIÓN DE CHERENKOV

El físico soviético Pável Cherenkov observó que el agua en torno a un material radiactivo tiene un brillo azul. Esta radiación, visible en el agua que refrigera los reactores nucleares, es un tipo de onda de choque, análoga a la explosión sónica de los aviones a reacción, pero de ondas electromagnéticas, y se produce cuando partículas eléctricamente cargadas viajan más rápido que la luz en el mismo medio.

◁ **El brillo azul** de la radiación de Cherenkov en un reactor nuclear

1934
NOVAS Y SUPERNOVAS

El suizo Fritz Zwicky y el alemán Walter Baade distinguieron dos clases de explosiones estelares, novas y supernovas, y propusieron que las supernovas marcan la transición de una estrella normal a una estrella de neutrones: el teórico remanente estelar superdenso del astrónomo indio Subramanyan Chandrasekhar. Las supernovas, de hecho, señalan la muerte de estrella masivas.

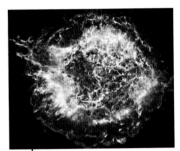

△ **Cassiopeia A,** remanente de supernova

1934

1934 Irene y Frédéric Joliot-Curie producen el primer isótopo radiactivo artificial bombardeando aluminio con partículas alfa.

1935 El químico estadounidense Wallace Carothers desarrolla la fibra de polímero sintético nailon, la primera que se comercializa.

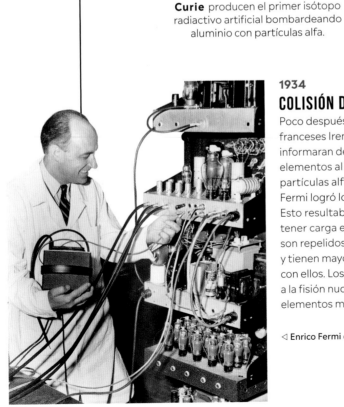

1934
COLISIÓN DE NEUTRONES

Poco después de que los químicos franceses Irene y Frédéric Joliot-Curie informaran de haber vuelto radiactivos elementos al bombardearlos con partículas alfa, el físico italiano Enrico Fermi logró lo mismo usando neutrones. Esto resultaba más sencillo, pues al no tener carga eléctrica, los neutrones no son repelidos por los núcleos atómicos, y tienen mayor probabilidad de chocar con ellos. Los estudios de Fermi llevaron a la fisión nuclear y a descubrir nuevos elementos más pesados.

◁ **Enrico Fermi** con un contador de neutrones

Partícula en dos estados
de espín superpuestos

La partícula
observada tiene un
espín determinado

Cuando se observa
la otra partícula, la
partícula entrelazada
deviene al estado de
espín opuesto

PARTÍCULAS ENTRELAZADAS

ESPINES OPUESTOS

1935

LA PARADOJA EPR

La paradoja EPR (de Einstein-Podolski-Rosen) fue un experimento mental que planteó un problema aparente de la física cuántica. En esta, una función matemática, la función de onda, determina el comportamiento de todas las partículas o sistemas de partículas. La paradoja EPR se centraba en pares de partículas subatómicas con funciones de onda codependientes, o entrelazadas. Según la física cuántica de la época, las partículas entrelazadas debían ser capaces de comunicarse más rápido que la luz, en contra de la demostrada teoría de la relatividad especial de Einstein. La paradoja fue resuelta más tarde.

Un problema de partículas

La paradoja EPR se refiere a la propiedad cuántica del espín, que puede ser «arriba» o «abajo». En principio, dos partículas entrelazadas están en una superposición de ambos estados, pero observar el estado de una de ellas hace que la función de onda de la otra devenga al estado opuesto.

1935 El sismólogo estadounidense Charles Richter desarrolla una medida numérica para los terremotos.

1935 El físico japonés Hideki Yukawa propone que la fuerza que mantiene unidos los núcleos atómicos se basa en el intercambio de partículas llamadas mesones.

1935

1935 El fisiólogo sueco Ulf Svante von Euler aísla una sustancia activa del fluido seminal que llama prostaglandina.

▷ Konrad Lorenz con sus patos

1935

IMPRONTA

El zoólogo austríaco Konrad Lorenz consideraba importante el instinto en el comportamiento animal, y estableció el concepto de impronta para describir el comportamiento de los patos y gansos, que establecen instintivamente un vínculo con un progenitor (o un humano, como en la imagen) poco después de nacer.

1935

EL RADAR

El ingeniero escocés Robert Watson-Watt demostró la idea subyacente a la tecnología del radar al mostrar que los aviones podían reflejar las ondas de radio. Usando una torre de transmisión, detectó ecos de radio claros de un avión que volaba cerca. Un sistema basado en el trabajo de Watson-Watt fue vital para la alerta durante la Segunda Guerra Mundial.

▷ **Estatua** de sir Robert Watson-Watt

POLÍMEROS Y PLÁSTICOS

El juguete favorito del mundo
La empresa danesa Lego fabrica
millones de kits de construcción
de plástico, y está desarrollando
piezas hechas solo de plástico
reciclable.

Un polímero es una sustancia natural o sintética
hecha de macromoléculas, es decir, moléculas
grandes formadas a su vez por unidades químicas
más simples, llamadas monómeros. Esenciales
para los seres vivos, entre los polímeros naturales
están las proteínas, la celulosa y los ácidos nucleicos.
Los polímeros sintéticos (plásticos incluidos) son
materiales abundantes e importantes en el mundo
actual. El primer plástico industrial, la baquelita,
se desarrolló en 1907.

Los termoplásticos se producen al reaccionar
sustancias simples y unirse en moléculas de
cadena larga, moldeables aplicando calor y
presión. Variando las sustancias iniciales se
pueden alterar las propiedades del plástico
producido —como la densidad, la conductividad
eléctrica, la transparencia y la resistencia—, lo cual
facilita la creación de productos muy diversos.

Algunos de tales productos son baratos
de producir y desechables, como envases de
bebidas (de tereftalato de polietileno, o PET),
tuberías flexibles (de cloruro de polivinilo, o PVC),
embalajes ligeros (de espuma de poliestireno),
ventanas irrompibles (de polimetilmetacrilato)
o tejidos (como el nailon y el elastano). Otros
plásticos, como la espuma de poliuretano, son
termoestables, y una vez formados no pueden
volver a moldearse, pues una reacción química
fija las cadenas de polímeros.

El problema de la contaminación por plásticos
ha generalizado el reciclaje, y se han desarrollado
plásticos biodegradables. Aunque los plásticos
desechables causan alarma, los plásticos ofrecen
una alternativa ligera a los metales: por ejemplo,
los automóviles con componentes de plástico son
más ligeros y consumen menos combustible.

MONÓMEROS
Un monómero es una molécula
que, bajo las condiciones adecuadas,
reacciona formando polímeros de
cadena larga. Los monómeros
pueden introducir átomos muy
diversos en dicha cadena, y estas
adiciones se emplean para alterar
las características y propiedades del
polímero o plástico que se produce.

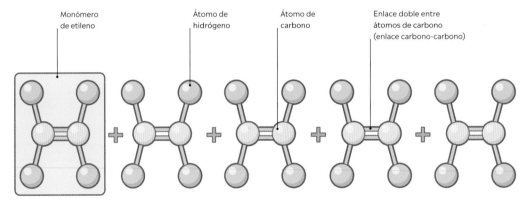

Monómero
de etileno

Átomo de
hidrógeno

Átomo de
carbono

Enlace doble entre
átomos de carbono
(enlace carbono-carbono)

POLÍMEROS
Un polímero es el producto de
reacciones controladas de monómeros.
Las largas cadenas formadas pueden
contener entre 10 000 y 100 000
monómeros. En este ejemplo, el etileno
reacciona y forma el plástico polietileno.
Al romper el enlace doble, la reacción del
etileno añade monómeros a una cadena
que sigue añadiendo más monómeros
en un proceso llamado polimerización.

Enlace simple entre
átomos de carbono

Material versátil
La introducción de los plásticos en el siglo XX ofreció una versátil alternativa a los materiales existentes. Tanto el aparato como la cúpula transparente de esta cabina telefónica de hotel de la década de 1950 son de plástico.

1936

EL CICLO DE KREBS

El bioquímico de origen alemán Hans Krebs esclareció la serie de reacciones en las células vivas en que se usa el oxígeno para descomponer glúcidos, lípidos y proteínas en compuestos ricos en energía, agua y dióxido de carbono. Esta secuencia es un ciclo porque en el proceso se emplea ácido cítrico que luego se regenera.

▷ **Hans Krebs** en su laboratorio

▷ Tilacino

1936

EL ÚLTIMO TILACINO

El último tilacino —tigre o lobo de Tasmania (*Thylacinus cyanocephalus*)— vivo del que hubo constancia murió en cautividad en Hobart (Tasmania). Presente antes en Australia, Tasmania y Nueva Guinea, su población se redujo bruscamente por la competencia con los dingos y la persecución de los ovicultores.

1936

1936 El análisis de ondas sísmicas por parte de la geofísica danesa Inge Lehmann revela el núcleo sólido de la Tierra.

1936 El médico británico Leonard Colebrook demuestra la eficacia de las sulfonamidas contra infecciones bacterianas como la meningitis neumocócica.

1937 El bioquímico sueco Arne Tiselius es el primero en utilizar la electroforesis, una técnica para separar proteínas en una suspensión usando una carga eléctrica.

1937

EL MOTOR A REACCIÓN

Después de registrar la patente del motor de reacción en 1930, Frank Whittle realizó al fin las primeras pruebas de su diseño en 1937. En 1938 funcionaba con éxito y producía un empuje enorme, pero fue el ingeniero alemán Hans von Ohain quien construyó el primer avión a reacción, el Heinkel He 178, que realizó su primer vuelo en 1939.

△ **Motor a reacción** experimental

1937

El LZ 129 Hindenburg fue un dirigible alemán de pasajeros. Como otros dirigibles de su época, ascendía gracias a su fuselaje lleno del ligero pero inflamable gas hidrógeno. Mientras amarraba en su destino, la Estación Aeronaval de Lakehurst en Nueva Jersey (EE. UU.), el hidrógeno estalló en llamas; el dirigible quedó destruido y murieron 36 personas.

◁ **El dirigible Hindenburg** en llamas

1937 Carl D. Anderson y Seth Neddermeyer, físicos estadounidenses, descubren el muon como parte de las «lluvias» de partículas de rayos cósmicos.

1938 El físico germano-estadounidense Hans Bethe propone el mecanismo por el que se forman elementos dentro de las estrellas (nucleosíntesis).

1938

1937 El biólogo ucraniano-estadounidense Theodosius Dobzhanski explica el papel de la mutación en la evolución de especies y poblaciones naturales.

1937 El biólogo británico Frederick Charles Bawden descubre que los virus contienen ácido nucleico (ARN o ADN).

1938

HALLAZGO DE UN FÓSIL VIVIENTE

El celacanto (género *Latimeria*) es un pez grande que antes era conocido solamente por fósiles de hace entre 360 y 80 millones de años. Frente a la costa sudafricana se atrapó un espécimen vivo, al que enseguida llamaron fósil viviente, y después de otros varios hallazgos se han reconocido dos especies distintas de este pez tan singular.

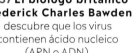

△ Celacanto

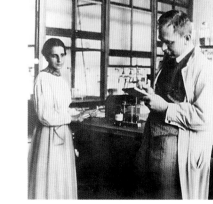

▷ **Hahn y Meitner** en el laboratorio

1938

FISIÓN NUCLEAR

Mientras bombardeaban uranio con neutrones, los químicos alemanes Otto Hahn y Friedrich Wilhelm Strassmann hallaron trazas de bario. Su antigua colega, la física austríaca Lise Meitner, exiliada en Suecia tras huir de la Alemania nazi, demostró que los núcleos de uranio se habían partido (fisión), liberando energía y produciendo un isótopo estable, el bario.

1939
ADVERTENCIA NUCLEAR

Partir núcleos atómicos grandes libera neutrones, que chocan con núcleos cercanos, y la fisión continúa así sucesivamente. El físico húngaro-estadounidense Leo Szilard comprendió las consecuencias de semejante reacción incontrolada, y en 1939, poco después de lograr la fisión, escribió una influyente carta, firmada también por Albert Einstein, al presidente de EE. UU. para advertirle del posible plan de la Alemania nazi para construir una bomba nuclear.

▽ Leo Szilard

1939

△ Fumigación de barracones con DDT

1939
LA INVENCIÓN DEL DDT

El químico suizo Paul Hermann Müller descubrió que el compuesto dicloro difenil tricloroetano (DDT) era un insecticida eficaz. Usado contra el tifus (propagado por piojos) y la malaria (por mosquitos) durante la Segunda Guerra Mundial, luego se descubrió su peligro para otros organismos y se prohibió.

1939 El inmunólogo ruso-estadounidense Philip Levine reconoce la importancia del factor rhesus (Rh) en la sangre humana.

1939 El físico suizo-estadounidense Felix Bloch descubre que el neutrón es una partícula compuesta (hecha de partículas menores).

La ionosfera impide a algunas ondas de radio alcanzar la Tierra.

IONOSFERA

Los electrones libres en la ionosfera reflejan las ondas de radio

Trayectoria de la onda de radio

Radio de onda corta y ionosfera
Los electrones libres de la ionosfera reflejan las ondas de radio cortas, que además rebotan en el suelo, lo cual implica que la radio de onda corta se puede usar para realizar transmisiones intercontinentales.

1939
ESTUDIO DE LA IONOSFERA

A altitudes por encima de los 50 km, la atmósfera está cada vez más ionizada: los electrones de carga negativa se separan de sus átomos, dejando atrás iones positivos. Esta mezcla de iones y electrones libres se llama ionosfera. El físico británico Edward Appleton confirmó la existencia de la ionosfera en 1927, y la siguió estudiando durante la década de 1930. Su investigación sobre las señales de radio y la ionosfera fueron cruciales en la inminente guerra.

Muchos ingenieros habían tratado de construir aeronaves de ala rotatoria prácticos, con éxito desigual. En particular, el ingeniero español Juan de la Cierva había inventado el autogiro en 1920. Pero la primera máquina práctica, y prototipo del helicóptero moderno, fue fruto del trabajo de Ígor Sikorski, ingeniero ruso-estadounidense.

◁ Sikorsky en su prototipo de helicóptero

1940 Se obtienen los elementos radiactivos neptunio y plutonio disparando neutrones y deuterio, respectivamente, contra átomos de uranio.

1940 El químico escocés Alexander Todd examina los nucleótidos, constituyentes del ARN y el ADN.

1941 El astrónomo británico Harold Spencer Jones calcula con precisión la distancia de la Tierra al Sol.

1940 Los genetistas estadounidenses George Beadle y Edward Tatum concluyen que la función de un gen es dirigir la formación de una enzima particular: «un gen, una enzima».

1941 Las primeras pruebas clínicas de la penicilina son todo un éxito.

1941 El químico germano-estadounidense Fritz Lipmann halla que las moléculas de fosfato con enlaces de alta energía son importantes en la generación de energía para las células.

ANTIBIÓTICOS

Los antibióticos, usados para tratar o prevenir determinadas infecciones bacterianas, actúan o bien matando a las bacterias o bien impidiendo que se reproduzcan. Esto lo hacen dañando a las células bacterianas sin dañar a las del anfitrión, o paciente. La penicilina fue el primer antibiótico descubierto, en 1928, y es la base de toda una serie de tratamientos actuales. Estos tratamientos —y muchos antibióticos— se basan en productos naturales de mohos. Los antibióticos combaten con éxito las infecciones bacterianas, pero no resultan eficaces contra las infecciones víricas.

Cómo los antibióticos combaten a las bacterias
Los antibióticos actúan interfiriendo con la función celular de las bacterias: les impiden reproducirse o las matan interrumpiendo procesos esenciales.

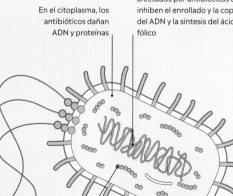

En el citoplasma, los antibióticos dañan ADN y proteínas

Los cromosomas se ven afectados por antibióticos que inhiben el enrollado y la copia del ADN y la síntesis del ácido fólico

CÉLULA BACTERIANA

Algunos antibióticos inhiben o detienen la formación de ribosomas y su producción de proteínas

Algunos antibióticos afectan a la membrana celular o a la formación de la pared celular

▷ El primer reactor nuclear

1942
REACCIÓN NUCLEAR SOSTENIDA

Como parte del Proyecto Manhattan, iniciativa secreta aliada para construir una bomba atómica, un equipo de científicos dirigido por el físico italiano Enrico Fermi construyó el primer reactor nuclear. Este contenía uranio, óxido de uranio, grafito y madera, y se construyó bajo las gradas de un campo deportivo en la Universidad de Chicago.

1942
MAPAS DE RADIO DEL UNIVERSO

El astrónomo estadounidense Grote Reber compiló el primer estudio de fuentes de radio celestes. Con un plato receptor orientable de 9 m de diámetro, amplificó señales de radio e identificó su dirección aproximada en el cielo, preparando así el camino a radiotelescopios posteriores más sofisticados.

△ **Grote Reber** con su radiotelescopio

1942

1942 El gobierno de EE. UU. inicia el proyecto secreto Manhattan para construir una bomba atómica.

1942 El físico británico James Stanley Hey descubre que las manchas solares grandes emiten ondas de radio.

1942 Los farmacólogos estadounidenses Alfred Gilman y Louis Goodman hallan que la mostaza nitrogenada reduce los linfomas, un primer paso en el desarrollo de la quimioterapia.

1912–1977
WERNER VON BRAUN

El ingeniero alemán Von Braun fue miembro de la VfR, sociedad espacial alemana que floreció a finales de la década de 1920. Posteriormente, él y muchos de sus colegas trabajaron para el ejército, desarrollando el cohete V-2.

1942
PRUEBAS DEL COHETE V-2

En su primer lanzamiento de prueba, el cohete V-2 alemán alcanzó el límite del espacio a 84,5 km de altura. Impulsado por la combustión de etanol y oxígeno líquido, fue el primer gran cohete de combustible líquido del mundo. Los problemas en su desarrollo retrasaron su uso como arma hasta fines de 1944, demasiado tarde para afectar al curso de la Segunda Guerra Mundial.

◁ **Preparativos de lanzamiento** del V-2

En 1945, los ordenadores Colossus habían descifrado 63 millones de caracteres de códigos alemanes.

1943
EL ORDENADOR COLOSSUS

El primer ordenador programable, electrónico y digital fue el Colossus Mark I, construido en la Escuela Gubernamental de Código y Cifrado de Reino Unido en Bletchley Park. Se diseñó para descifrar el complejo encriptado de las comunicaciones militares alemanas.

△ **El ordenador Colossus** en Bletchley Park

1943 El oceanógrafo Jacques Cousteau y el ingeniero Émile Gagnan, ambos franceses, inventan el Aqua-Lung, el primer aparato de respiración subacuático autónomo (SCUBA).

1943 El físico neerlandés Willem Kolff construye la primera máquina de diálisis (o riñón artificial) para tratar a pacientes con enfermedades renales.

1943

1942 Primer vuelo de prueba del Messerschmitt Me 262 V3, primer caza a reacción del mundo.

▽ Galaxia espiral Seyfert NGC1433

1943
CICLO DE UNA ERUPCIÓN VOLCÁNICA

Surgido de una fisura en un campo de cultivo en México, el volcán Paricutín creció durante nueve años hasta formar un cono de lava y ceniza de 424 m de altura. La erupción ofreció la primera ocasión de estudiar el ciclo vital completo de un volcán, desde su surgimiento hasta su extinción.

△ Erupción del Paricutín

1943
GALAXIAS SEYFERT

El estadounidense Carl Seyfert identificó una clase de galaxias espirales con fuentes de luz inusualmente brillantes en sus núcleos —demasiado para deberse solo a sus estrellas combinadas— y fuertes líneas de emisión en sus espectros. El comportamiento de estas «galaxias Seyfert» se vinculó posteriormente a agujeros negros supermasivos que consumían materia cercana.

FISIÓN Y FUSIÓN NUCLEAR

Reactor de fisión
En un reactor de fisión, la energía liberada al partir núcleos de uranio o plutonio se usa para convertir agua en vapor, y este mueve una turbina que genera electricidad.

La fisión y la fusión son reacciones nucleares: procesos en los que los núcleos atómicos (o un núcleo y una partícula subatómica) colisionan y se transforman produciendo núcleos distintos. Esto suele causar que los núcleos cambien de un elemento a otro. Así, en la fisión nuclear, un neutrón u otra partícula ligera es absorbido por un núcleo pesado, que se parte en al menos dos núcleos más ligeros. En la fusión nuclear, núcleos más ligeros se combinan formando un solo núcleo más pesado.

Los núcleos están vinculados por la fuerza nuclear fuerte (pp. 288–289), por lo que las reacciones nucleares requieren mucha energía para causar cambios. La energía puede liberarse también en la fisión y la fusión. En una reacción nuclear, puede parecer que desaparece una pequeña parte de la masa. Este «defecto de masa» es la diferencia entre la masa de un átomo y la suma de las masas de sus partículas constituyentes: un átomo de helio, por ejemplo, pesa menos que la masa total de dos protones y dos neutrones. Esto se explica porque romper el núcleo en sus partes constituyentes requiere cierta cantidad de energía —que es equivalente a la masa (pp. 186–187)—. Esta cantidad de energía se llama energía de unión, y es distinta para distintos átomos. Al fusionarse núcleos ligeros o partirse núcleos pesados, el resultado puede ser una liberación del exceso de energía de unión. Las centrales nucleares usan esta energía para generar electricidad.

Además de usarse en reactores y armas nucleares, las reacciones nucleares se dan en las estrellas y en interacciones entre los rayos cósmicos y la materia.

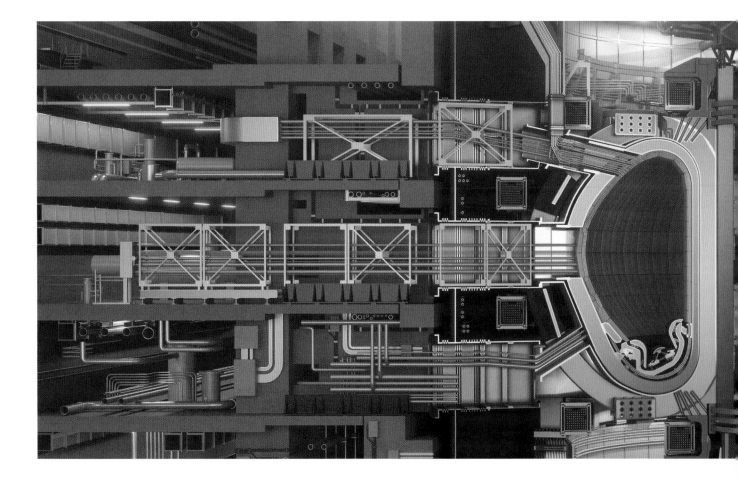

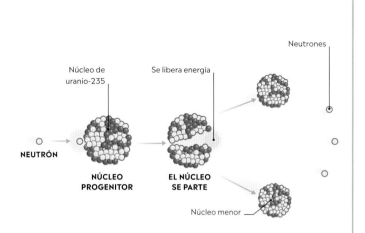

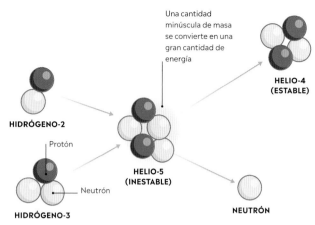

FISIÓN NUCLEAR

En el proceso de la fisión nuclear, un núcleo progenitor se parte en dos o más núcleos hijos más pequeños. Esto libera a menudo una gran cantidad de energía en forma de radiación gamma y neutrones rápidos que, bajo ciertas condiciones, puede iniciar una cadena de reacciones de fisión. La fisión puede ser inducida, o darse espontáneamente en un núcleo inestable.

FUSIÓN NUCLEAR

En la fusión nuclear, varios núcleos se combinan formando uno o más núcleos más pesados, como cuando se fusionan núcleos de hidrógeno y forman helio. La fusión de núcleos ligeros libera energía. Este es el proceso que alimenta al Sol y otras estrellas, y que produce la diversidad de elementos que se hallan en la Tierra.

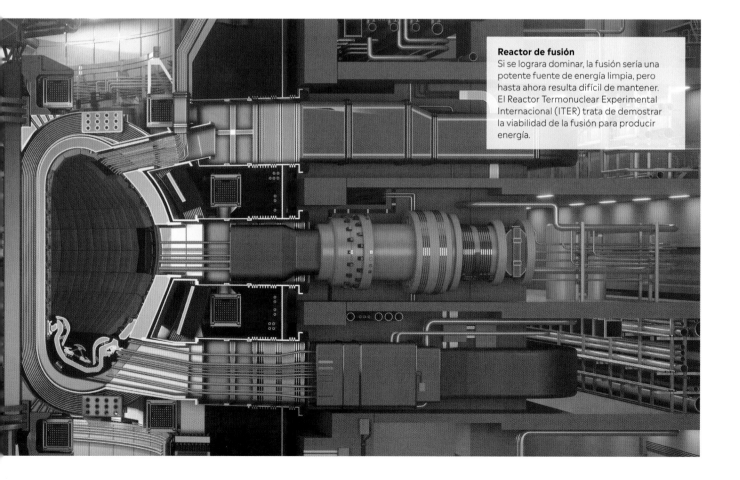

Reactor de fusión
Si se lograra dominar, la fusión sería una potente fuente de energía limpia, pero hasta ahora resulta difícil de mantener. El Reactor Termonuclear Experimental Internacional (ITER) trata de demostrar la viabilidad de la fusión para producir energía.

1944
ADN Y HERENCIA

En EE. UU., Oswald Avery, Colin MacLeod y Maclyn McCarty demostraron que el ADN es la sustancia que causa la transformación bacteriana y porta información genética. Purificaron hebras de una sustancia de una bacteria patógena y mostraron que ese extracto era capaz de transformar una forma inofensiva de la bacteria en la forma letal. Habían aislado el ADN, y demostraron que era este y no las proteínas el agente del cambio heredable.

◁ **Oswald Avery** trabajando

1944

1944 El físico alemán Carl von Weizsäcker explica la formación de los planetas por la acumulación y agregación de cuerpos menores, o planetesimales.

1944 Los científicos británicos A. J. P. Martin y R. L. M. Synge desarrollan la cromatografía en papel para separar y estudiar mezclas de sustancias.

1945 Físicos de EE. UU. observan la resonancia magnética nuclear (RMN) en la cera de parafina.

△ **Murciélago** pipistrela

1944
ECOLOCACIÓN

El zoólogo estadounidense Donald Griffin acuñó el término «ecolocación» para describir cómo navegan en vuelo los murciélagos, incluso en la oscuridad de las cuevas. Él y su colega Robert Galambos demostraron que los murciélagos emiten ultrasonidos de los que perciben el eco, y que bloquear esas emisiones o sus oídos les impide navegar.

1945
RADIOASTRONOMÍA EN JODRELL BANK

Los primeros experimentos radioastronómicos del físico británico Bernard Lovell en Jodrell Bank (Inglaterra) se ocuparon de señales de radio de meteoros entrantes en la atmósfera. Desde 1947, un nuevo telescopio cenital (capaz de cartografiar la franja de cielo sobre él) permitió localizar con mayor precisión fuentes cósmicas de radio. Los primeros hallazgos incluyeron señales de radio procedentes de la galaxia de Andrómeda.

△ **Telescopio** de Jodrell Bank en construcción

1945
ARQUITECTURA INFORMÁTICA

El matemático húngaro-estadounidense John von Neumann, mientras ayudaba a desarrollar el ordenador ENIAC, concibió el modelo en que se organizan las partes internas de la mayoría de los ordenadores modernos y en que ejecutan instrucciones y cálculos, basado en un programa almacenado (conjunto de instrucciones).

◁ John von Neumann

COMPUTACIÓN DIGITAL

Los ordenadores realizan una amplia serie de operaciones matemáticas con datos a partir de unas instrucciones dadas, o programas. Suelen incluir dispositivos para introducir, procesar, almacenar y producir datos. Los ordenadores digitales trabajan con datos en secuencias de dígitos, por lo general binarios. Las secuencias de ceros y unos representan respectivamente el encendido y apagado de la corriente eléctrica en componentes minúsculos.

Números binarios
Un número binario es un número que se expresa empleando solo dos símbolos: 0 y 1. Este es el lenguaje primario de la computación digital.

Número decimal	Visual binario					Número binario				
	16s	8s	4s	2s	1s	16s	8s	4s	2s	1s
1	☐	☐	☐	☐	■	0	0	0	0	1
2	☐	☐	☐	■	☐	0	0	0	1	0
3	☐	☐	☐	■	■	0	0	0	1	1
4	☐	☐	■	☐	☐	0	0	1	0	0
5	☐	☐	■	☐	■	0	0	1	0	1
6	☐	☐	■	■	☐	0	0	1	1	0
7	☐	☐	■	■	■	0	0	1	1	1
8	☐	■	☐	☐	☐	0	1	0	0	0
9	☐	■	☐	☐	■	0	1	0	0	1
10	☐	■	☐	■	☐	0	1	0	1	0

1945 El autor británico Arthur C. Clarke propone usar satélites en órbita sobre el ecuador para las comunicaciones globales.

1945 Físicos de Reino Unido y EE. UU. desarrollan aceleradores de partículas de alta energía llamados sincrotrones.

1946

1945 EE. UU. y la URSS capturan a científicos alemanes y su tecnología de cohetes para proyectos futuros.

1945
LA PRIMERA BOMBA NUCLEAR

La primera explosión de un arma nuclear fue una prueba realizada en el desierto de Nuevo México (EE. UU.), con el nombre en clave Trinity. El arma, una bomba de fisión a base de plutonio apodada *The Gadget* («el artilugio»), tenía el mismo diseño que la bomba que se lanzaría sobre Hiroshima un mes más tarde. La explosión liberó el equivalente de 25 000 toneladas de TNT.

◁ **Primera detonación nuclear**, en Nuevo México

«Me he convertido en la muerte, el destructor de mundos.»

ROBERT OPPENHEIMER, DIRECTOR DEL PROYECTO TRINITY, CITANDO EL *BHAGAVAD GITA* (1945)

«Fue como si, de repente, hubiéramos entrado en un huerto cerrado, donde florecían árboles protegidos y todo tipo de frutas exóticas habían madurado en gran profusión.»

CECIL POWELL, SOBRE SU DESCUBRIMIENTO DE PARTÍCULAS NUEVAS

1947
EL PION

El físico británico Cecil Powell empleó la emulsión fotográfica a gran altitud para registrar los resultados de la colisión de rayos cósmicos: partículas de alta velocidad, sobre todo protones, procedentes del espacio. En 1947 descubrió el mesón pi, o pion, cuya existencia había predicho 20 años antes el físico japonés Hideki Yukawa. En esta imagen, un rayo cósmico alcanza un núcleo (abajo, izda.) y produce una lluvia de partículas en forma de estrella, incluido un pion que en su trayectoria (hacia arriba a la derecha) golpea otro núcleo y produce una segunda lluvia en forma de estrella.

◁ **Emulsión** fotográfica de un pion

1947 El piloto de pruebas estadounidense Chuck Yeager es el primer piloto supersónico, en el avión cohete X-1.

1948 El botánico estadounidense Benjamin Duggarn descubre la aureomicina, primer antibiótico de la importante familia de las tetraciclinas.

1947

1947 Los químicos estadounidenses J. A. Marinsky, L. E. Glendenin y C. D. Coryell descubren el último elemento predicho, el prometio, producto de la fisión nuclear.

▽ Rollo del mar Muerto, datado por radiocarbono

△ Bardeen, Shockley y Brattain

1947
DATACIÓN POR RADIOCARBONO

El químico estadounidense Willard Libby desarrolló la datación por radiocarbono, que permite estimar la edad de materia orgánica antigua, como algodón o papel, midiendo la cantidad de carbono-14 radiactivo presente en ella. El carbono-14 se desintegra con el tiempo, y comparando sus niveles con los del isótopo estable carbono-12 se puede calcular la edad de la muestra.

c. 1947
EL TRANSISTOR

En EE. UU., los físicos John Bardeen, Walter Brattain y William Shockley Jr. inventaron el transistor como alternativa a las válvulas de vacío, usadas para la amplificación e interrupción de circuitos eléctricos. Aunque grande y rudimentario, inició una revolución en la electrónica que afectó a todas las áreas de la sociedad.

1948
EL TELESCOPIO HALE

En 1948 se acabó de construir el mayor telescopio reflector del mundo en el observatorio Palomar, en California (EE. UU.). El Hale, de 5,1 m de diámetro, utilizaba espejos grandes, relativamente ligeros y resistentes a la distorsión, así como monturas capaces de apuntar y hacer girar el enorme instrumento. Seguiría siendo el telescopio más eficaz del mundo hasta la década de 1990.

▷ Cúpula del telescopio Hale

1948
EL MODELO DE CAPAS NUCLEAR

El modelo de capas del núcleo atómico arrojó nueva luz sobre la organización de protones y neutrones en los átomos, usando reglas de física cuántica similares a las que predicen el nivel energético de los electrones en los átomos. Lo desarrollaron la germano-estadounidense Maria Goeppert Mayer, el alemán Johannes Jensen y el húngaro-estadounidense Eugene Wigner.

▷ Maria Goeppert Mayer

1948 El genetista estadounidense George Snell publica su trabajo sobre el rechazo de tejidos por diferencias genéticas, basado en experimentos con ratones.

1948

1948 El físico estadounidense Richard Feynman desarrolla la electrodinámica cuántica, que explica el comportamiento de partículas eléctricamente cargadas en términos de física cuántica y relatividad.

1948 En EE. UU., los físicos Ralph Alpher y George Gamow explican cómo el Big Bang pudo crear los elementos más ligeros del universo.

TRANSISTORES Y SEMICONDUCTORES

Los dispositivos electrónicos digitales procesan información a través de un circuito integrado compuesto de miles de millones de componentes minúsculos, llamados transistores. Estos suelen consistir en tres capas de material semiconductor, cada una con propiedades eléctricas únicas que pueden alterarse introduciendo elementos nuevos en su estructura (dopaje). Al acoplar semiconductores de distinto dopaje, se crea una vía por la que la corriente solo puede fluir de una manera determinada. Los semiconductores se pueden entender como las neuronas de un dispositivo, que transmiten, interrumpen y amplifican las señales eléctricas.

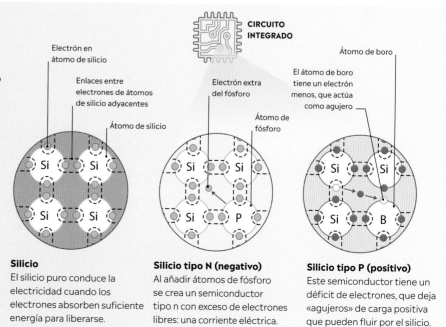

CIRCUITO INTEGRADO

Electrón en átomo de silicio

Enlaces entre electrones de átomos de silicio adyacentes

Átomo de silicio

Electrón extra del fósforo

Átomo de fósforo

Átomo de boro

El átomo de boro tiene un electrón menos, que actúa como agujero

Silicio
El silicio puro conduce la electricidad cuando los electrones absorben suficiente energía para liberarse.

Silicio tipo N (negativo)
Al añadir átomos de fósforo se crea un semiconductor tipo n con exceso de electrones libres: una corriente eléctrica.

Silicio tipo P (positivo)
Este semiconductor tiene un déficit de electrones, que deja «agujeros» de carga positiva que pueden fluir por el silicio.

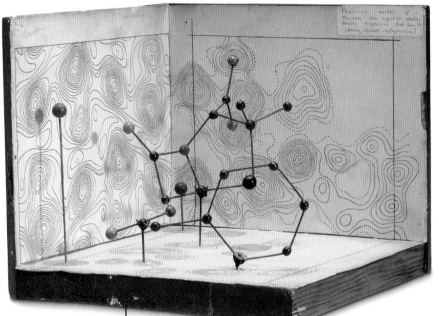

1949
MODELADO MOLECULAR

Para descubrir la estructura de las moléculas grandes, la bioquímica británica Dorothy Hodgkin creó patrones usando la difracción de rayos X. Procesó los datos obtenidos para trazar un modelo de la molécula de penicilina: fue la primera vez que se usó directamente un ordenador para resolver un problema bioquímico.

1949

1949 El astrónomo estadounidense Fred Whipple describe los cometas como «bolas de nieve sucia» (mezcla de roca y hielo).

1949 La URSS realiza en secreto su primer ensayo de un arma nuclear en el centro de pruebas de Semipalátinsk, en Kazajistán.

1949 El científico estadounidense Ralph Baldwin propone que los cráteres lunares se deben a impactos de objetos procedentes del espacio, y no al vulcanismo.

1949 El bioquímico estadounidense William Rose identifica los aminoácidos esenciales mediante experimentos de control de la dieta de animales.

1910-1994
DOROTHY HODGKIN

Dorothy Crowfoot Hodgkin fue una pionera de la cristalografía de rayos X para el estudio de moléculas grandes, entre ellas el antibiótico penicilina y la vitamina B12, por lo cual fue galardonada con el premio Nobel de Química en 1964.

1949
RELOJ ATÓMICO

Un equipo de la Oficina Nacional de Normas (actualmente Instituto Nacional de Estándares y Tecnología, NIST) de EE. UU. dirigido por el físico Harold Lyons desarrolló el primer reloj atómico. Este se basaba en la radiación de microondas producida por electrones en transición entre diferentes niveles energéticos en moléculas de amoníaco, y anunciaba un nuevo enfoque del cronometraje preciso.

△ **Reloj atómico** del NIST

> «Un hombre provisto de papel, lápiz y goma, y sujeto a una disciplina estricta, es en efecto una máquina universal.»

ALAN TURING, «INTELLIGENT MACHINERY: A REPORT» (1948)

▷ Alan Turing

1950
EL TEST DE TURING

El científico y matemático británico Alan Turing propuso un test práctico de la inteligencia (artificial) de un ordenador. En este test, llamado al principio «juego de imitación», un interrogador humano hace preguntas basadas en un texto a dos jugadores: un ser humano y un ordenador. Se considera que este tiene una inteligencia semejante a la humana si el interrogador no es capaz de adivinar qué respuestas son de cada jugador.

1949 El De Havilland Comet, el primer avión comercial a reacción, realiza su primer vuelo de prueba en Reino Unido.

1950 El bioquímico estadounidense Erwin Chargaff determina que en el ADN hay cantidades iguales de adenina y timina, y de citosina y guanina, algo clave para comprender la transmisión de información en la molécula de ADN.

1950

Sistema Solar interior
Nube de Oort exterior
Nube de Oort interior
Cinturón de Kuiper
Órbita de cometa de periodo largo
Órbita planetaria

ESTRUCTURA DE LA NUBE DE OORT

1950
LA NUBE DE OORT

Tras estudiar la trayectoria de cometas de periodo largo que tardan miles de años en completar una órbita alrededor del Sol, el astrónomo neerlandés Jan Oort propuso que proceden de una vasta nube esférica que rodea el Sistema Solar a un año luz de distancia.

1950
REGULADORES DE GENES

La genetista estadounidense Barbara McClintock estudió la biología celular y la genética del maíz. Cada grano de una mazorca es un embrión individual, y hay variedades con granos de distinto color. Su mayor logro fue hallar los elementos transponibles, también llamados genes saltarines. Descubrió que tales genes causaban cambios hereditarios, alterando así la idea científica de la herencia e inspirando lo que luego se conocería como epigenética. Hoy, estos elementos móviles se conocen como transposones.

△ **Barbara McClintock** estudiando el maíz

1951
LA FORMA DE LA VÍA LÁCTEA

Aunque las pruebas de que la Vía Láctea es un disco rotatorio de estrellas se acumularon a principios del siglo XX, su estructura precisa no estuvo clara hasta 1951. Entonces el astrónomo estadounidense William Morgan presentó su trabajo, que identifica concentraciones de supergigantes azules y áreas asociadas de formación estelar que trazan una estructura espiral a través del disco galáctico.

▷ **La Vía Láctea** como se vería desde fuera de la galaxia (impresión artística)

1951

1951 El Universal Automatic Computer (UNIVAC), diseñado para uso empresarial, es el primer ordenador digital con éxito en el mercado.

1951
CÉLULAS HELA

Cuando la estadounidense Henrietta Lacks murió de cáncer cervical, dejó un legado extraordinario: un linaje inmortal de sus propias células. De modo sorprendente, las células cancerosas de su cuerpo se replicaron prolíficamente en el laboratorio, a diferencia de la mayoría de tales células, que se dividen unas pocas veces y luego mueren. Esta fue la primera línea celular humana, que el biólogo celular George Otto Gey llamó células HeLa. Estas son hoy un recurso médico esencial, clave en el desarrollo de vacunas y en muchos otros campos de investigación.

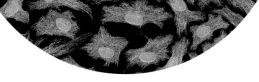

△ **Células HeLa** al microscopio de escaneo láser

Se han cultivado más de 50 millones de toneladas de células HeLa desde 1951.

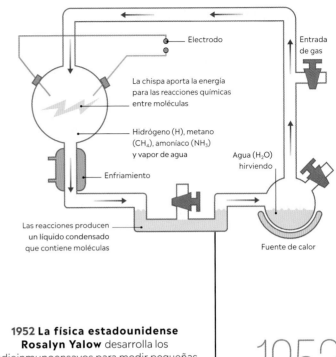

▷ **El experimento Miller-Urey**
Para simular las condiciones químicas de la atmósfera temprana de la Tierra, se aplicaron descargas eléctricas a vapor de agua y gases simples. En una semana se había formado una «sopa» de moléculas complejas.

Electrodo

Entrada de gas

La chispa aporta la energía para las reacciones químicas entre moléculas

Hidrógeno (H), metano (CH_4), amoníaco (NH_3) y vapor de agua

Agua (H_2O) hirviendo

Enfriamiento

Las reacciones producen un líquido condensado que contiene moléculas

Fuente de calor

1952
EL ORIGEN DE LA VIDA

Para tratar de comprender cómo pudo originarse la vida en la Tierra, los químicos estadounidenses Stanley Miller y Harold Urey realizaron un experimento que replicaba las condiciones del planeta hace 3500 millones de años. Aplicando descargas eléctricas a una mezcla de agua, amoníaco, hidrógeno y metano, produjeron aminoácidos y compuestos necesarios para hacer ácido ribonucleico (ARN), portador de información genética esencial para la vida.

1952 Los fisiólogos británicos Alan Hodgkin y Andrew Huxley crean un modelo matemático para describir el potencial de acción en las neuronas.

1952 La física estadounidense Rosalyn Yalow desarrolla los radioinmunoensayos para medir pequeñas concentraciones de sustancias en el cuerpo.

1952

1952 Los físicos polacos Marian Danysz y Jerzy Pneiwski descubren el hipernúcleo, un núcleo atómico que contiene protones, neutrones y uno o más hiperones.

1952 El astrónomo neerlandés Adrian Blaauw muestra que la asociación estelar de Zeta Persei contiene estrellas de solo unos millones de años de antigüedad.

◁ **Petrel** cahow

1951
REDESCUBRIMIENTO DEL PETREL

El raro petrel cahow o de las Bermudas (*Pterodroma cahow*) es una elegante ave marina que se creyó extinta durante casi tres siglos, hasta que se encontró una pequeña población de tan solo 18 parejas en cuatro islotes rocosos de las Bermudas. Gracias al trabajo de conservación, su población se recuperó lentamente, y hoy hay unos 400 individuos.

△ Detonación en Elugelab

1952
EXPLOSIÓN TERMONUCLEAR

En la isla pacífica de Elugelab, EE. UU. realizó la primera prueba real de un arma termonuclear, también llamada bomba de hidrógeno. La mayor parte de la energía de estas bombas se libera por fusión nuclear, a diferencia de otras armas nucleares, que solo emplean la fisión.

1953

ESTRUCTURA DEL ADN

En el hallazgo de la estructura del ADN (ácido desoxirribonucleico), la molécula de la herencia, intervinieron cuatro científicos: la química británica Rosalind Franklin y el biofísico neozelandés Maurice Wilkins obtuvieron imágenes detalladas del ADN con cristalografía de rayos X, que ayudaron al zoólogo estadounidense James Watson y al biólogo molecular británico Francis Crick a producir modelos moleculares del ADN. Estos anunciaron su descubrimiento del «secreto de la vida» en febrero de 1953.

△ Murray Gell-Mann

1953

EXTRAÑEZA

El estado de una partícula subatómica se define por una serie de números cuánticos, valores para cantidades como la energía o el momento. Al estudiar partículas antes desconocidas en colisiones de rayos cósmicos, el físico estadounidense Murray Gell-Mann descubrió un nuevo número cuántico, al que llamó extrañeza.

1953 El médico estadounidense John Gibbon inventa la máquina corazón-pulmón, que mantiene la circulación y oxigenación de la sangre durante la cirugía cardíaca.

1953

▷ **Estructura del ADN,** modelo de barras y esferas

1953 El alemán Karl Ziegler y el italiano Giulio Natta descubren catalizadores que controlan la ramificación en moléculas de polímeros.

La dorsal mediooceánica global marca el límite entre varias de las placas tectónicas que componen la corteza terrestre.

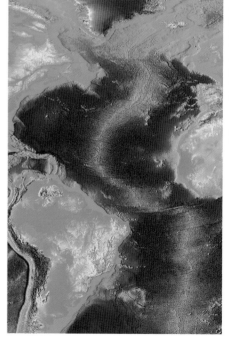

△ **Topografía** del lecho del Atlántico

1953

DORSAL MEDIOOCEÁNICA

Usando los datos de los sondeos de la topografía del lecho oceánico reunidos por el geólogo estadounidense Bruce Heezen, la cartógrafa estadounidense Marie Tharp creó unos revolucionarios mapas del lecho del Atlántico. Los perfiles topográficos mostraron por primera vez con claridad una cordillera, o dorsal mediooceánica, con un nítido e inesperado rift central.

1953
SUEÑO REM

Las dos fases principales del sueño se distinguen por movimientos de los ojos, y se llaman sueño REM y no REM, respectivamente. En 1953, los fisiólogos estadounidenses Nathaniel Kleitman y Eugene Aserinsky definieron la fase REM, asociándola a los sueños y a un aumento de la actividad cerebral.

▽ **Botadura** del *Nautilus*

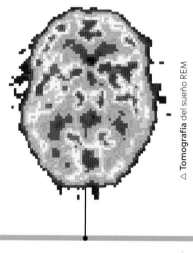

△ **Tomografía** del sueño REM

1954
ENERGÍA NUCLEAR PRÁCTICA

El primer submarino nuclear del mundo, el USS *Nautilus*, fue botado en enero de 1954 en Connecticut (EE. UU.). En junio del mismo año, la primera central nuclear conectada a la red eléctrica, la central nuclear de Óbninsk, comenzó a producir electricidad en la URSS.

1954

1954 El médico estadounidense Jonas Salk crea la primera vacuna exitosa contra la poliomielitis.

c. 1954 La hipótesis de la dinamo propone que el movimiento de fluidos puede generar la geodinamo y el campo magnético terrestres.

MAGNETISMO DE LA TIERRA

El movimiento del hierro fundido en el núcleo exterior de la Tierra genera un potente campo magnético a través de todo el planeta y hasta miles de kilómetros en el espacio. Este campo impide a la radiación dañina del Sol alcanzar la superficie terrestre. Como un imán, el campo tiene polos norte y sur, lo cual ha permitido navegar con brújula durante siglos. La aguja imantada de la brújula se alinea con el campo magnético, apuntando al norte.

Campo magnético y polos

El campo magnético terrestre se puede representar con unas líneas imaginarias. Las posiciones de los polos y la fuerza del campo cambian constantemente.

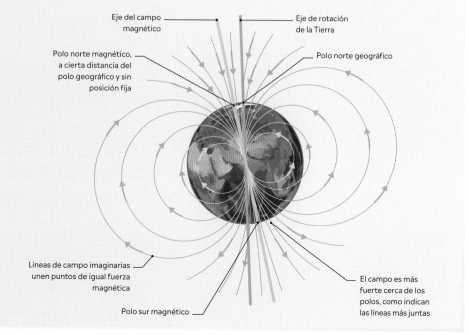

Eje del campo magnético

Eje de rotación de la Tierra

Polo norte magnético, a cierta distancia del polo geográfico y sin posición fija

Polo norte geográfico

Líneas de campo imaginarias unen puntos de igual fuerza magnética

El campo es más fuerte cerca de los polos, como indican las líneas más juntas

Polo sur magnético

EL ADN

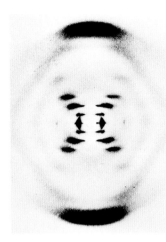

Descubrimiento de la hélice
Rosalind Franklin obtuvo esta imagen de difracción de rayos X en 1953. La cruz de franjas indica la forma helicoidal de la molécula de ADN.

El ácido desoxirribonucleico (ADN) es la molécula portadora de todas las instrucciones que necesita un ser vivo para crecer, funcionar y reproducirse. Durante años se consideró un polímero con solo cuatro subunidades: dos purinas (adenina y guanina) y dos piramidinas (timina y citosina). La estructura en doble hélice del ADN —descubierta por Watson, Crick, Franklin y Wilkins en la década de 1950— explica cómo la molécula se replica y codifica tanta información.

Los «peldaños» de la molécula (abajo) se forman al emparejarse las bases de un filamento con las del otro: la adenina se empareja siempre con timina, y la citosina siempre con guanina. Hay 3000 millones de pares de bases en el genoma humano. No todo el ADN codifica la información para fabricar proteínas (los genes). En los humanos,

solo el 3 % del genoma es codificante. Los miles de millones de bases restantes cumplen funciones diversas, como el apagado y encendido de genes.

Una gran longitud de ADN (2 m en una sola célula humana) se condensa en filamentos enrollados, los cromosomas, que se encuentran en el núcleo. Las bacterias (sin núcleo) tienen un único cromosoma circular y moléculas de ADN circulares menores llamadas plásmidos, que intercambian con otras bacterias. Los humanos tenemos 46 cromosomas en cada célula, 23 de cada progenitor.

Los genomas de dos personas cualesquiera son idénticos en un 99,9 %. Las diferencias no suelen estar en los genes, sino en las secuencias que los controlan. No hay dos individuos, salvo los gemelos idénticos, que tengan la misma secuencia de ADN.

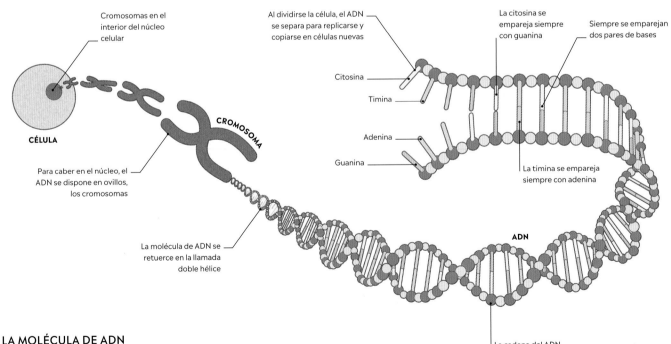

LA MOLÉCULA DE ADN
El ADN se compone de dos hebras conectadas, enrolladas la una alrededor de la otra como una escalera retorcida, en la denominada doble hélice. En cada hebra se alternan grupos de azúcares y fosfatos. Unido a cada azúcar hay una de cuatro bases: adenina (A), citosina (C), guanina (G) o timina (T).

El modelo de Crick y Watson
Francis Crick y James Watson usaron sus conocimientos de los enlaces químicos, junto con los resultados de la cristalografía de rayos X de Rosalind Franklin, para construir modelos de la doble hélice del ADN.

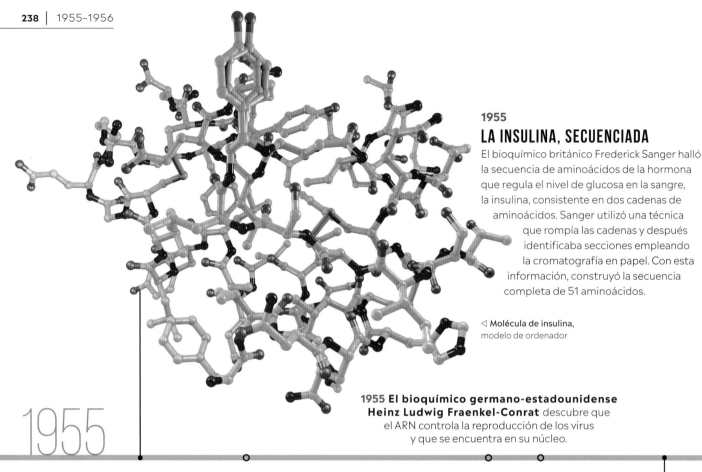

△ **Molécula de insulina,**
modelo de ordenador

1955

LA INSULINA, SECUENCIADA

El bioquímico británico Frederick Sanger halló
la secuencia de aminoácidos de la hormona
que regula el nivel de glucosa en la sangre,
la insulina, consistente en dos cadenas de
aminoácidos. Sanger utilizó una técnica
que rompía las cadenas y después
identificaba secciones empleando
la cromatografía en papel. Con esta
información, construyó la secuencia
completa de 51 aminoácidos.

**1955 El bioquímico germano-estadounidense
Heinz Ludwig Fraenkel-Conrat** descubre que
el ARN controla la reproducción de los virus
y que se encuentra en su núcleo.

1955

1955 El bioquímico español Severo Ochoa
descubre una enzima que sintetiza el ARN; el bioquímico
estadounidense Arthur Kornberg aísla luego la enzima
que ensambla el ADN, la ADN polimerasa.

**1955 El británico Fred Hoyle y el
germano-estadounidense Martin
Schwarzschild** explican la conversión de
estrellas moribundas en gigantes rojas.

Las mayores gigantes rojas conocidas tienen más de mil veces el diámetro del Sol.

▷ **Átomos de iridio** al microscopio de iones en campo

1955

ÁTOMOS VISUALIZADOS

En 1951, el físico alemán Erwin Müller inventó el microscopio
de iones en campo, que emplea un potente campo eléctrico para
lanzar iones desde la punta de una aguja metálica; los iones impactan
en una pantalla impregnada de fósforo en patrones que reflejan la
disposición atómica en la punta de la aguja. En 1955, el aparato de
Müller produjo las primeras imágenes nítidas a escala atómica.

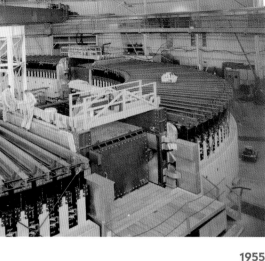

△ Acelerador Bevatron

1956
RIBOSOMAS

Mientras estudiaba los componentes de las células con un microscopio electrónico, el biólogo celular rumano-estadounidense George Palade identificó los ribosomas, orgánulos antes desconocidos donde tiene lugar la síntesis de las proteínas.

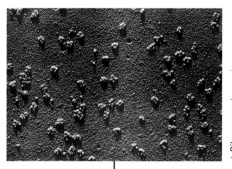

△ Ribosomas de conejo

1955
ANTIPROTONES DETECTADOS

El antiprotón es la antipartícula del protón, de masa idéntica pero con carga eléctrica opuesta. Paul Dirac predijo su existencia en 1933, pero no se detectó hasta 1955, cuando el ítalo-estadounidense Emilio Segrè y el estadounidense Owen Chamberlain crearon antiprotones mediante colisiones energéticas en el Bevatron, un acelerador de partículas del Laboratorio Nacional Lawrence Berkeley (EE. UU.).

1956 Entra en servicio el primer cable telefónico transatlántico, TAT-1.

1956

1955 El físico indio-estadounidense Narinder Singh Kapany logra avances importantes en la tecnología de la fibra óptica.

1956 El astrónomo estadounidense Cornell Mayer mide las emisiones de microondas de Venus y deduce el calor extremo de su superficie.

1956 Los físicos estadounidenses Clyde Cowan y Frederick Reines demuestran la existencia de los neutrinos, propuesta por Wolfgang Pauli en 1930.

1955
INTERFEROMETRÍA DE RADIO

El astrónomo británico Martin Ryle mostró cómo la interferometría (la comparación de señales de radio recibidas simultáneamente por dos o más antenas separadas) localiza con precisión fuentes de radio cósmicas. Con el desarrollo de la interferometría, Ryle construyó redes de antenas de hasta 5 km de longitud, y utilizando su técnica los astrónomos llegaron a obtener un nivel de detalle equivalente al de los instrumentos ópticos de la época.

▷ **Ryle** con su interferómetro

1918-2013
FREDERICK SANGER

Bioquímico británico, Sanger es una de las cinco personas que han sido galardonadas con dos premios Nobel: en 1958, por secuenciar la insulina, y en 1980, por hallar la primera secuencia completa de nucleobases del ADN de un virus.

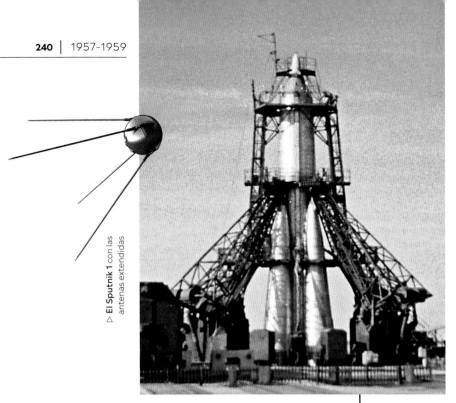

△ **El Sputnik 1** con las antenas extendidas

1957
SPUTNIK 1

El 4 de octubre, usando un misil R-7 Semiorka modificado, la URSS lanzó por sorpresa el primer satélite artificial del mundo, el Sputnik 1, una esfera metálica de 84 kg equipada con un simple transmisor de radio. El evento impactó al mundo y aceleró los planes ampliamente publicitados de EE. UU. para lanzar un satélite con motivo del Año Geofísico Internacional de 1957. El Sputnik siguió enviando señales durante 21 días, hasta agotarse sus baterías.

◁ **El misil** en la plataforma de lanzamiento

1957

1957 Se termina un radiotelescopio giratorio gigante de 76 m de diámetro en Jodrell Bank (Reino Unido).

1957 El ecólogo británico George Evelyn Hutchinson define el nicho ecológico como «un hipervolumen conformado por condiciones ambientales bajo las cuales una especie puede existir indefinidamente».

1957
LA QUÍMICA DE LA FOTOSÍNTESIS

El bioquímico estadounidense Melvin Calvin usó isótopos radiactivos de carbono-14 para marcar las sustancias creadas en la fotosíntesis y las identificó empleando la cromatografía. La extrema rapidez de las reacciones químicas dificultaba el trabajo, pero con paciencia Calvin descubrió todas las sustancias y procesos implicados.

△ Melvin Calvin

△ Efecto del ácido giberélico en la col

1957
HORMONAS VEGETALES

Las giberelinas y las auxinas, descubiertas en la década de 1920, regulan procesos como la germinación, la dormancia, la floración y el crecimiento de las plantas. En 1957 se aisló el ácido giberélico (giberelina A3), lo cual dio lugar a su empleo agrícola y hortícola para estimular la floración y aumentar el tamaño de los frutos.

▽ Lanzamiento del Explorer 1

1958
CINTURONES DE VAN ALLEN

Tras fracasar el sistema de cohetes Vanguard, EE. UU. usó el Juno 1, misil modificado diseñado por Wernher von Braun, para lanzar su primer satélite exitoso, el Explorer 1. Equipado con instrumental científico y un transmisor de radio, el Explorer 1 descubrió unas áreas de partículas de alta energía atrapadas por el campo magnético terrestre. Estas se llamaron luego cinturones de Van Allen, en honor al científico de la misión James van Allen.

△ Informe en la prensa soviética

1959
LA CARA OCULTA DE LA LUNA

La misión soviética Luna 3 sobrevoló la Luna para enviar las primeras imágenes de la cara oculta del satélite (el hemisferio que no se ve desde la Tierra). Con las técnicas de imagen electrónica todavía en ciernes, las imágenes se captaron en película fotográfica, que luego se escaneó para su conversión en señales de radio.

1958 El físico estadounidense Eugene Parker explica la naturaleza del viento solar, partículas emitidas al espacio desde la superficie del Sol.

1959

1957 El astrónomo británico Geoffrey Burbidge y otros demuestran que los elementos más pesados que el hierro se forman al morir estrellas masivas.

1958 El médico británico Ian Donald emplea ultrasonidos para el diagnóstico.

1959 En Cambridge (Reino Unido), los bioquímicos Max Perutz y John Kendrew hallan la estructura tridimensional de las proteínas.

1958
EL PRIMER MICROCHIP

El ingeniero estadounidense Jack Kilby construyó un circuito con diversos transistores, reostatos, condensadores y un pequeño fragmento de germanio (un semiconductor). Este fue el primer circuito integrado, o microchip.

▷ **Prototipo de microchip** recubierto de plástico, de 1958

Los microchips modernos pueden contener miles de millones de transistores de tan solo unos pocos nanómetros.

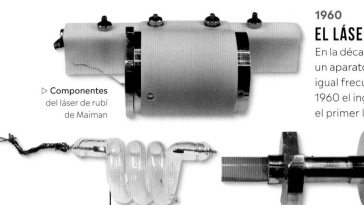

▷ **Componentes**
del láser de rubí
de Maiman

1960
EL LÁSER

En la década de 1950, varias personas trabajaron para desarrollar un aparato que produjera luz coherente (un haz de fotones de igual frecuencia y de longitudes de onda en fase). Lo logró en 1960 el ingeniero estadounidense Theodore Maiman, que creó el primer láser (acrónimo inglés de «amplificación lumínica por emisión estimulada de radiación»). Usó un cristal de rubí como medio de ganancia, la parte que produce la luz brillante y coherente.

1960
SATÉLITE METEOROLÓGICO

La agencia espacial de EE. UU., la NASA, lanzó TIROS-1 (Television Infrared Observation Satellite), el primer satélite a gran escala para el monitoreo del clima terrestre. Desde su posición en la órbita baja, TIROS envió imágenes de luz visible así como infrarrojas que destacaban las capas nubosas. Los satélites TIROS demostraron el potencial del espacio para la detección remota del entorno de la Tierra.

△ Imágenes de la Tierra de TIROS

1960 **Los biólogos estadounidenses Kenneth Norris y John Prescott** demuestran la ecolocación en los delfines, empleando a uno temporalmente cegado.

1960 **El físico estadounidense Luis Alvarez** descubre varias partículas subatómicas de vida breve a través de picos en las curvas energéticas en aceleradores de partículas.

1960
EXPANSIÓN DEL LECHO MARINO

El geólogo estadounidense Harry Hess propuso que, con el tiempo, la corteza oceánica se separa a ambos lados de las dorsales mediooceánicas volcánicamente activas, por las que sale lava. El proceso de expansión del lecho explica por qué la edad de sus rocas aumenta con la distancia de la dorsal.

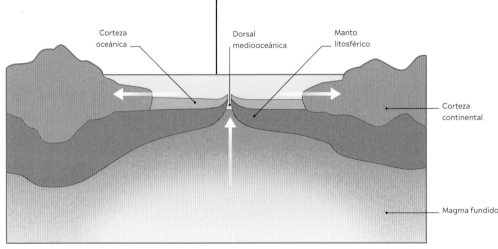

Corteza oceánica

Dorsal mediooceánica

Manto litosférico

Corteza continental

Magma fundido

△ **El magma ascendente bajo la dorsal oceánica** surge como lava y forma lecho nuevo. Al separarse las rocas a cada lado de la dorsal, el océano se ensancha, alejando los continentes.

«¡Veo la Tierra!
¡Es tan hermosa!»

YURI GAGARIN (1961)

1961
EL HOMBRE EN EL ESPACIO

El 12 de abril, el piloto ruso Yuri Gagarin se convirtió en el primer ser humano que alcanzó el espacio, a bordo de la nave *Vostok 1*. Su vuelo, de 108 minutos y mayormente automatizado, completó una órbita en torno a la Tierra. Eyectado de la nave tras la reentrada en la atmósfera, Gagarin descendió en paracaídas desde 7 km de altura.

▷ **Yuri Gagarin** a bordo de la *Vostok 1*

1961 El presidente de EE. UU. John F. Kennedy encarga a la NASA llevar astronautas a la Luna antes del fin de la década.

1961 Los bioquímicos franceses Jacques Monod y François Jacob revelan cómo un inductor (azúcar) se une a un represor y lo obstruye, y activa así los genes para fabricar enzimas.

1961

1961
DESCIFRAR EL CÓDIGO

En un experimento famoso, el estadounidense Marshall Nirenberg y el alemán Heinrich Matthaei descifraron el primer codón de tres letras (triplete) del código genético. Hallaron que un extracto de células bacterianas era capaz de fabricar proteína fuera de células vivas. Al añadirle una forma de ARN, producía una proteína de fenilalanina, lo cual mostraba que el ARN controla la producción de una proteína específica.

△ Marshall Warren Nirenberg

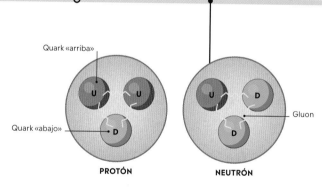

Quark «arriba»

Quark «abajo»

Gluon

PROTÓN

NEUTRÓN

△ **Hadrones:** protones y neutrones son hadrones: cada uno tiene una combinación distinta de quarks «arriba» y «abajo»

1961
TEORÍA DE LOS QUARKS

Al tratar de clasificar el creciente número de partículas subatómicas descubiertas, el estadounidense Murray Gell-Mann y el israelí Yuval Ne'eman propusieron independientemente un esquema que incluía una familia de partículas hoy llamadas hadrones. Gell-Mann propuso más tarde una teoría que explicaba lo que tenían en común todos los hadrones: están compuestos de partículas menores, a las que llamó quarks, unidos por gluones.

Genes y velocidad

Un gen (ACTN3) codifica una proteína presente en la fibra muscular de contracción rápida y da ventaja a los velocistas. Otros genes y factores ambientales, como la dieta y el entrenamiento, afectan también a la actividad de los genes.

EXPRESIÓN GÉNICA

La expresión génica es el proceso por el que genes estructurales se activan para producir proteínas. Este proceso implica la transcripción del ADN en una molécula relacionada, el ARN mensajero (ARNm), y la traducción del ARNm en proteína.

Hay tres tipos de ARN implicados en la expresión génica: el ARNm, que porta una copia del gen a expresar del ADN del núcleo; el ARN de transferencia (ARNt), que porta aminoácidos, los elementos constituyentes de las proteínas; y el ARN ribosómico (ARNr), que se une con la proteína para formar una estructura llamada ribosoma, que regula la síntesis de proteínas.

Todas las células de un organismo contienen todos los genes estructurales del genoma, pero en cada célula solo se expresa una fracción de estos genes. Las células tienen funciones diversas

—hepáticas o nerviosas, por ejemplo—, y cada una necesita proteínas distintas para desempeñar su papel. Así, la expresión génica está estrechamente regulada.

La transcripción comienza cuando la enzima ARN polimerasa se une en el filamento de ADN a un gen promotor, situado justo delante de donde se inicia la transcripción. Además de los promotores, la transcripción la regulan genes operadores, que aportan el lugar de enlace para las proteínas represoras. Estas detienen la transcripción, y son codificadas por genes reguladores.

Los operones, descubiertos por primera vez en procariotas (organismos con núcleos en sus células), son grupos de genes bajo el control de un solo promotor. Los genes contenidos en un operón se expresan todos juntos o no se expresan.

El operón lac
Requerido para el transporte y el metabolismo de la lactosa en bacterias como *E. coli*, el operón lactosa (operón lac) fue el primer mecanismo regulador genético comprendido.

REGULACIÓN
Las proteínas reguladoras ayudan a controlar la síntesis de proteína en las células. La transcripción del gen requerido es controlada por una serie de genes situados delante del mismo, entre ellos reguladores, promotores y operadores. El gen solo se transcribirá en las condiciones adecuadas.

REPRESIÓN
Las proteínas represoras inhiben la expresión de uno o más genes uniéndose al gen operador. Si una proteína represora bloquea el gen, la transcripción no puede realizarse. El gen solo se puede activar cuando un cambio en el medio retira la proteína represora.

ACTIVACIÓN
La transcripción puede comenzar cuando un activador se une al regulador, y no hay represores bloqueando el gen. Los activadores tienen un dominio de unión de ADN para secuencias específicas y otro de activación que incrementa la transcripción de genes. El primero determina que solo puedan activarse ciertos genes.

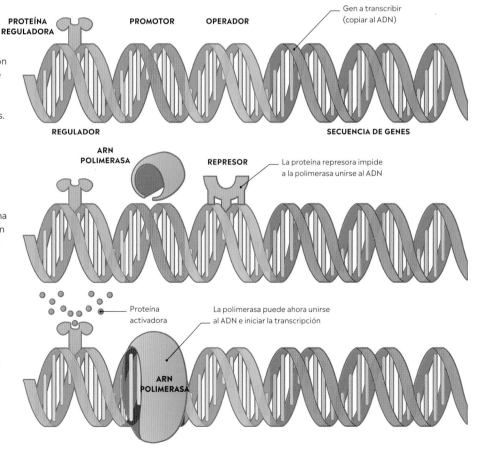

1962
SONDAS PLANETARIAS

El 14 de diciembre, la NASA lanzó la sonda Mariner 2 a una órbita que la llevó a menos de 35 000 km de Venus: fue el primer encuentro exitoso entre una nave espacial y otro planeta. Los instrumentos de la Mariner 2 revelaron la densa atmósfera de Venus y la abrasadora temperatura de su superficie, y confirmaron la presencia de un viento solar de partículas procedentes de la superficie del Sol que llenaba el espacio interplanetario.

△ Mariner 2

1962

1962 John Glenn es el primer astronauta de EE. UU. en orbitar alrededor de la Tierra.

1962 En EE. UU., los científicos Linus Pauling y Emile Zuckerkandl introducen el reloj molecular: la idea de que la evolución relativamente constante de las secuencias de ADN y proteínas puede usarse para estimar la divergencia de especies.

1962 Lanzamiento del Telstar 1, primer satélite de comunicaciones de televisión.

«La verdadera riqueza de la nación reside en los recursos de la Tierra: suelo, agua, bosques, minerales y vida salvaje.»

RACHEL CARSON, CARTA A
THE WASHINGTON POST (1953)

△ Rachel Carson

1962
DESPERTAR MEDIOAMBIENTAL

Primavera silenciosa, de la bióloga estadounidense Rachel Carson, inspiró el movimiento ecologista global. El libro trata el efecto dañino de los pesticidas sobre la naturaleza, y condujo a la prohibición de determinados insecticidas, en particular el muy tóxico DDT (dicloro difenil tricloroetano).

1963
OBSERVATORIO DE ARECIBO

Con 305 m de diámetro, el radiotelescopio de Arecibo, en Puerto Rico, fue el mayor del mundo durante cinco décadas. Se empleó para el descubrimiento de la rotación de Mercurio y de varios púlsares (restos estelares en rotación rápida), y también para la búsqueda de señales de radio extraterrestres. En 1974 envió el primer mensaje deliberado de la humanidad a las estrellas.

△ **Plato reflector** del telescopio de Arecibo

1963
INVERSIONES DE POLARIDAD

El campo magnético terrestre es generado por el flujo del núcleo exterior fundido. Actualmente, el campo tiene polos norte y sur próximos al eje de rotación de la Tierra. Los estudios de la magnetización de ciertos minerales del registro rocoso revelaron que, a lo largo del tiempo geológico, esta orientación se ha invertido muchas veces. La hipótesis Vine-Matthews-Morley de 1963 halló que la corteza oceánica es un registro de tales inversiones.

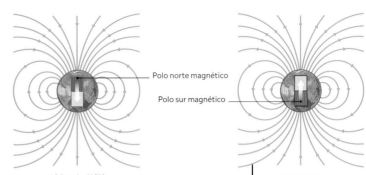

NORMAL - HOY   Polo norte magnético   Polo sur magnético   INVERTIDO

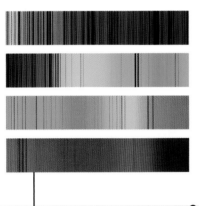

1963
GALAXIAS LEJANAS

Los astrónomos mostraron que una misteriosa clase de señales de radio de variación rápida parecían proceder de unos objetos similares a estrellas, a los que llamaron cuásares (fuentes de radio cuasi estelares). Cuando el neerlandés Maarten Schmidt analizó el espectro del cuásar 3C 273, advirtió que su luz estaba corrida al rojo, lo cual indicaba que se hallaba en una remota galaxia que se alejaba rápidamente de la Tierra.

◁ **Líneas de absorción** corridas al rojo en espectros de cuásares

1963

1963 El meteorólogo estadounidense Edward Lorenz acuña la expresión «efecto mariposa» para designar una propiedad de los sistemas complejos (como la atmósfera) por la que pequeños cambios pueden producir variaciones impredecibles a gran escala.

1963 La cosmonauta rusa Valentina Tereshkova es la primera mujer en el espacio, en la misión *Vostok 6*.

CUÁSARES

Las galaxias que emiten una cantidad excepcional de energía se llaman activas, y entre las galaxias activas más violentas que existen se hallan los cuásares. En el centro de todas las galaxias activas, un agujero negro supermasivo se alimenta de la materia de los alrededores. A medida que esta se sume en su potente campo gravitatorio, se calienta hasta temperaturas extremas, y emite una radiación brillante y chorros de partículas a alta velocidad. Los cuásares que observamos están en proceso de formación o de rápido crecimiento, pero los vemos como eran en el pasado remoto, pues su radiación tarda mucho en llegar hasta la Tierra. Esta fase de la evolución galáctica llegó a su pico de hecho hace miles de millones de años.

El choque de los chorros con material intergaláctico produce lóbulos de gas emisor de radio

LÓBULO DE RADIO

CHORRO DE PARTÍCULAS

Chorros de partículas escapan por los polos del campo magnético del agujero negro

Un grueso anillo de gas y polvo rodea el núcleo galáctico activo

Disco de acreción compuesto de material del anillo atraído en espiral hacia el centro

Sentido de la rotación del material

Las temperaturas en el disco de acreción alcanzan millones de grados

AGUJERO NEGRO

El disco emite luz brillante y otras radiaciones

El agujero negro supermasivo atrae el material cercano

La materia del disco es triturada por la potente gravedad y calentada por fuerzas de marea

Los chorros salen a una velocidad próxima a la de la luz

1964
RADIACIÓN DE FONDO DE MICROONDAS

Uno de los mayores avances en la cosmología —y la física en general— fue el descubrimiento de la radiación remanente de la historia temprana del universo. Esta radiación de fondo de microondas procede de todas las direcciones, y es una prueba convincente de la teoría del Big Bang. La radiación fue descubierta por los físicos Arno Penzias y Robert Wilson, usando una radioantena de comunicaciones en Holmdel, Nueva Jersey (EE. UU.).

◁ **La antena de microondas** de Holmdel

1964 La misión soviética Vosjod 1 pone tres cosmonautas en órbita en el primer vuelo espacial de varios tripulantes.

1964 El británico Peter Higgs y otros cinco físicos predicen la existencia de un campo que da masa a las partículas elementales, luego llamado campo de Higgs.

1964
SELECCIÓN DE PARENTESCO

El principio de la selección de parentesco del biólogo británico William Donald Hamilton explicó muchos ejemplos de comportamiento altruista que no explicaba la teoría evolutiva convencional de manera adecuada. En esta teoría es crucial el concepto de aptitud inclusiva, por la cual los individuos pueden aumentar la propagación de sus genes compartidos colaborando en la crianza de parientes próximos.

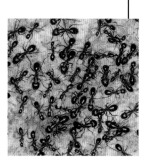

△ **Hormigas carpinteras,** ejemplo de altruismo

> «La cosmología es una ciencia que tiene solo unos pocos hechos observables con los que trabajar.»

ROBERT WOODROW WILSON, DISCURSO DEL NOBEL (1978)

1965
SONDA A VENUS

El 16 de noviembre, la URSS lanzó la misión Venera 3 a Venus. La sonda consistía en un vehículo de sobrevuelo y un módulo de aterrizaje cónico diseñado para descender en paracaídas por la atmósfera venusiana. Envió abundantes datos sobre el espacio interplanetario, pero la comunicación se interrumpió poco después de su encuentro con Venus. El módulo de aterrizaje fue lanzado con éxito, y fue el primer objeto artificial que alcanzó la superficie de otro planeta.

△ **Medallón de la Venera 3** llevado al espacio

1965
ASTRONOMÍA DE NEUTRINOS

Astrónomos de Sudáfrica e India detectaron por separado neutrinos solares, partículas sin apenas masa emitidas por la fusión nuclear del Sol. Ambos equipos usaron detectores instalados en minas profundas. Los neutrinos atravesaban la roca hasta los tanques detectores, mientras que otras partículas quedaban bloqueadas. Por entonces se empezó a construir el primer detector de neutrinos a gran escala en la mina Homestake, en Dakota del Sur (EE. UU.).

△ **Tanque detector** en la mina Homestake

1965 Un fósil de homínido hallado en la garganta de Olduvai (Tanzania) recibe el nombre de *Homo habilis* y se data en 2,4-1,4 Ma.

1965 La sonda Mariner 4 de EE. UU. sobrevuela Marte y envía las primeras imágenes de su superficie.

1965
ARN DE TRANSFERENCIA

Francis Crick había propuesto ya que debía de haber una molécula implicada en la traducción del código genético del ADN y el ARN en las cadenas de aminoácidos de las proteínas. En 1965, el bioquímico estadounidense Robert W. Holley halló en la levadura la secuencia de 77 nucleótidos de un compuesto tal, el ARN de transferencia (ARNt). Pronto se mostró que una molécula de ARNt codifica para un aminoácido particular: el ARN mensajero (ARNm) porta información genética del ADN, y el ARNt es el vínculo físico entre el ARNm y la síntesis de proteínas.

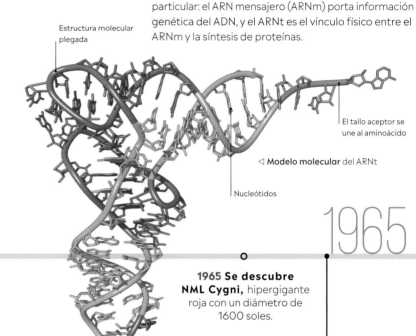

Estructura molecular plegada

El tallo aceptor se une al aminoácido

◁ **Modelo molecular** del ARNt

Nucleótidos

La secuencia de nucleótidos reconoce la secuencia de ARNm

1965

1965 Se descubre NML Cygni, hipergigante roja con un diámetro de 1600 soles.

1965
HOLOGRAFÍA

La idea de que una placa fotográfica bidimensional pudiera contener una imagen tridimensional la concibió el físico húngaro-británico Dennis Gabor en 1948. El invento de Gabor, que él llamó holograma, tenía la finalidad de mejorar las imágenes de los microscopios electrónicos, y producía imágenes por medio de electrones en lugar de luz. El láser hizo posible utilizar la idea de Gabor para crear imágenes holográficas de objetos cotidianos. El ingeniero eléctrico estadounidense Emmett Leith y el físico e inventor de origen letón Juris Upatnieks fueron de los primeros en producir hologramas en 1965.

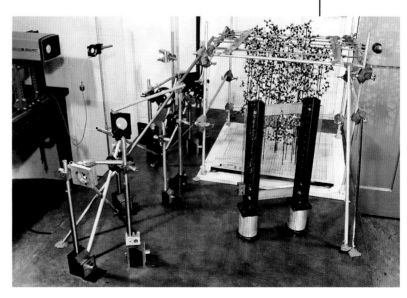

▷ **Creación** de un holograma

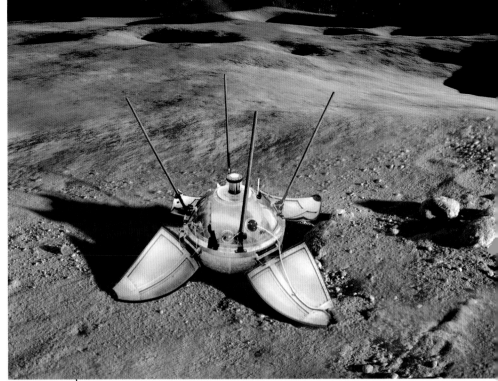

1966
MISIONES LUNARES

En la siguiente fase de la carrera espacial, EE. UU. y la URSS mandaron sondas a la superficie de la Luna que enviaron imágenes y otros datos. El 3 de febrero, la misión soviética Luna 9 hizo alunizar una esfera con instrumental. El 2 de junio, la Surveyor 1 de la NASA envió una plataforma más sofisticada, en forma de araña, para poner a prueba los procedimientos usados posteriormente con el módulo lunar Apolo. Los alunizajes demostraron que el suelo lunar podía soportar vehículos.

▷ **Luna 9** en el Oceanus Procellarum lunar

1966 En EE. UU., el cirujano Michael E. DeBakey conecta el primer corazón artificial a un paciente.

1966 El bioquímico estadounidense Marshall Nirenberg revela el código del ADN al completar el descifrado de los 64 codones («palabras» de tres letras) del ARN para los 20 aminoácidos.

1966

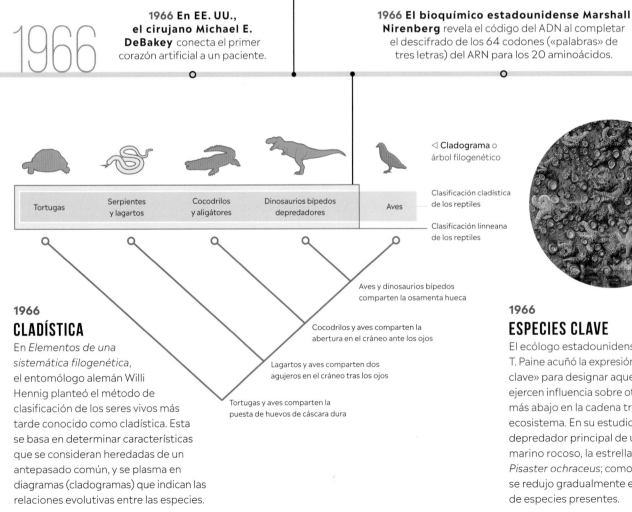

◁ **Cladograma** o árbol filogenético

Clasificación cladística de los reptiles

Clasificación linneana de los reptiles

| Tortugas | Serpientes y lagartos | Cocodrilos y aligátores | Dinosaurios bípedos depredadores | Aves |

Aves y dinosaurios bípedos comparten la osamenta hueca

Cocodrilos y aves comparten la abertura en el cráneo ante los ojos

Lagartos y aves comparten dos agujeros en el cráneo tras los ojos

Tortugas y aves comparten la puesta de huevos de cáscara dura

△ **Estrella de mar** *Pisaster ochraceus*

1966
CLADÍSTICA

En *Elementos de una sistemática filogenética*, el entomólogo alemán Willi Hennig planteó el método de clasificación de los seres vivos más tarde conocido como cladística. Esta se basa en determinar características que se consideran heredadas de un antepasado común, y se plasma en diagramas (cladogramas) que indican las relaciones evolutivas entre las especies.

1966
ESPECIES CLAVE

El ecólogo estadounidense Robert T. Paine acuñó la expresión «especies clave» para designar aquellas que ejercen influencia sobre otras situadas más abajo en la cadena trófica de un ecosistema. En su estudio, eliminó el depredador principal de un hábitat marino rocoso, la estrella de mar *Pisaster ochraceus*; como resultado, se redujo gradualmente el número de especies presentes.

1967
EL PRIMER PÚLSAR

Estudiando cuásares con el radiotelescopio de Cambridge (Reino Unido), la astrónoma británica Jocelyn Bell registró una señal de radio distinta a ninguna anterior. Más tarde halló que tenía una pulsación extremadamente regular, y la apodó LGM-1 (por *little green men*, «hombrecillos verdes»), pues sonaba como si procediera de una civilización extraterrestre. Al año siguiente se identificó la fuente de la señal como una estrella rotatoria de neutrones, el primer púlsar conocido.

△ Jocelyn Bell

«Encendí el registrador de alta velocidad y empezó a hacer blip... blip... blip... blip... blip.»

JOCELYN BELL, *BEAUTIFUL MINDS* (2010)

1966 Los imanes superconductores a baja temperatura dan a la espectroscopía RMN la precisión suficiente para determinar la estructura de moléculas orgánicas complejas.

1966 La científica escocesa June Almeida identifica un nuevo grupo de virus con una corona de espículas, los coronavirus.

1967

1967 El programa lunar de EE. UU. se retrasa debido a que un ensayo de la primera misión Apolo tripulada acaba con un incendio en el que mueren tres astronautas.

1967
TRASPLANTE DE CORAZÓN

El cirujano sudafricano Christiaan Barnard practicó el primer trasplante de corazón humano en Ciudad del Cabo. La noticia de la hazaña dio la vuelta al mundo e inspiró progresos en la técnica. El primer paciente de Barnard, Louis Washansky, murió tras solo 18 días, pero el quinto y el sexto vivieron 13 y 24 años más después de sus trasplantes, respectivamente.

△ Christiaan Barnard

1967
TEORÍA DE LA BIOGEOGRAFÍA DE ISLAS

Basándose en el estudio de poblaciones de hormigas en las islas melanesias, los biólogos estadounidenses Edward O. Wilson y Robert MacArthur propusieron que el número de especies que habitan en una isla es un equilibrio dinámico entre la inmigración de nuevas especies y la extinción de especies residentes.

△ Islas melanesias

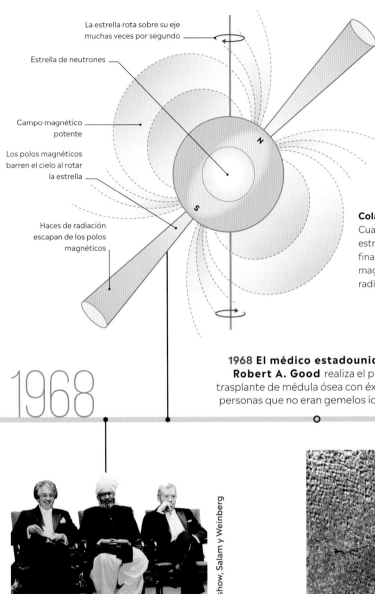

La estrella rota sobre su eje muchas veces por segundo

Estrella de neutrones

Campo magnético potente

Los polos magnéticos barren el cielo al rotar la estrella

Haces de radiación escapan de los polos magnéticos

1968
ESTRELLAS ROTATORIAS DE NEUTRONES

El astrónomo estadounidense Richard Lovelace usó el radiotelescopio de Arecibo para medir el periodo preciso de las señales del recién descubierto «púlsar» LGM-1. Se demostró que las características de la estrella encajaban con las propiedades de un resto estelar en rápida rotación o estrella de neutrones, que emitía radiación desde un intenso campo magnético. Fue la primera prueba de la existencia de las estrellas de neutrones.

Colapso estelar
Cuando el núcleo de una estrella colapsa en una estrella de neutrones del tamaño de una ciudad al final de su vida, su rotación se acelera y su campo magnético se intensifica. Esto produce haces de radiación como los de un faro.

1968

1968 El médico estadounidense Robert A. Good realiza el primer trasplante de médula ósea con éxito entre personas que no eran gemelos idénticos.

1969 El genetista suizo Werner Arber descubre las enzimas de restricción, lo cual conduce a estudios que explican el orden de los genes en el cromosoma.

△ Glashow, Salam y Weinberg

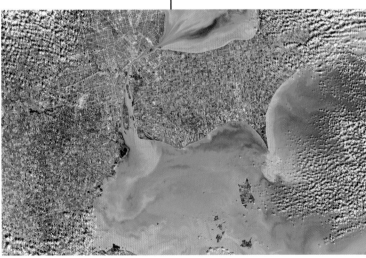

△ **El lago Erie** y su entorno

1968
INTERACCIÓN ELECTRODÉBIL

La fuerza nuclear débil, implicada en la desintegración radiactiva, es una de las cuatro interacciones fundamentales entre partículas. Para explicar determinadas disparidades entre la fuerza nuclear débil y las otras tres fuerzas fundamentales (la gravedad, el electromagnetismo y la fuerza nuclear fuerte), el pakistaní Mohammad Abdus Salam y los estadounidenses Steven Weinberg y Sheldon Glashow formularon una teoría que combinaba la fuerza nuclear débil y la fuerza electromagnética en una sola, la llamada interacción electrodébil.

1968
ADVERTENCIAS AMBIENTALES

El Control Federal de la Contaminación del Agua de EE. UU. declaró que «el hombre está destruyendo el lago Erie», y que este tardaría 500 años en recuperarse de tantos desechos municipales sin tratar. El asesor científico presidencial Donald F. Hornig advirtió a las empresas energéticas de que la quema de combustibles fósiles y las emisiones de CO_2 podían «tener consecuencias graves para el clima, desencadenando incluso efectos catastróficos como los del pasado».

1969
CINCO REINOS

El ecólogo estadounidense Robert H. Whittaker propuso un sistema de clasificación de los organismos según su estructura celular, modo de nutrición, modo de reproducción y organización corporal, en cinco reinos: Monera (bacterias), Protista (protozoos y algas, principalmente), Fungi (mohos, levaduras y hongos), Plantae (plantas) y Animalia (animales).

▷ **Higróforo verde**, un hongo

1969
DESCUBRIMIENTO DE LYSTROSAURUS

El paleontólogo estadounidense Edwin H. Colbert y su equipo hallaron fósiles de *Lystrosaurus* en Coalsack Bluff, en las montañas Transantárticas de la Antártida. Como se conocían fósiles del Triásico inferior de este herbívoro de aspecto perruno, el hallazgo respaldó la hipótesis de la deriva continental por la tectónica de placas.

▽ **Impresión artística** de *Lystrosaurus*

1969 El físico estadounidense Joseph Weber realiza el primer intento serio de detectar ondas gravitatorias, pero sin éxito.

1969

1969 ARPANET (la Red de la Agencia de Proyectos de Investigación Avanzada), precursora de internet, opera en EE. UU.

▽ **Buzz Aldrin** en la Luna

«Durante un momento inestimable en la historia del hombre, todos los pueblos de la Tierra son verdaderamente uno.»

EL PRESIDENTE DE EE. UU. RICHARD NIXON EN CONVERSACIÓN CON ALDRIN Y ARMSTRONG (1969)

1969
ALUNIZAJE

Neil Armstrong y Buzz Aldrin fueron las primeras personas que pisaron la superficie de la Luna tras alunizar su módulo lunar en el Mare Tranquillitatis el 20 de julio de 1969. La misión Apolo 11 siguió a cuatro ensayos tripulados, y fue el primero de seis alunizajes exitosos realizados entre 1969 y 1972.

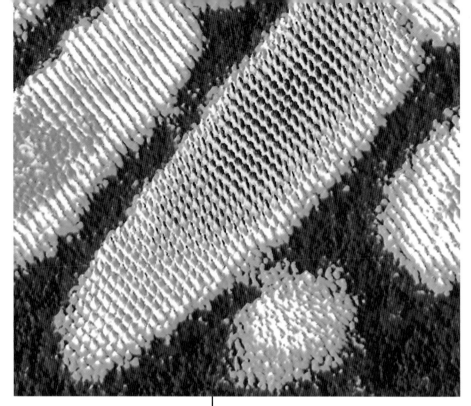

1970
MICROSCOPÍA ELECTRÓNICA DE TRANSMISIÓN DE BARRIDO

El microscopio electrónico de transmisión de barrido (STEM) es un instrumento de alta resolución en el que un haz de electrones atraviesa y escanea una fina muestra, y permite producir imágenes tan detalladas que pueden apreciarse los distintos átomos. Lo inventó el físico británico-estadounidense Albert Crewe, empleando un cañón de electrones de alta precisión que él mismo había construido en 1964.

◁ **Imagen STEM** de un microorganismo de 13 nm de longitud

1970 El químico indio Har Gobind Khorana completa la síntesis de un gen fuera de un organismo vivo, mostrando que puede funcionar en una bacteria.

1971 Se termina un radiotelescopio de 100 m de diámetro en Effelsberg (Alemania), el telescopio dirigible más grande del mundo durante 29 años.

1970

1970 Un equipo internacional lanza Uhuru, primer telescopio satélite de rayos X, desde la costa de Kenia.

▷ **Brazos espirales** de la galaxia de Andrómeda

1970
MASA INVISIBLE

En sus estudios de la rotación de la galaxia de Andrómeda, los astrónomos estadounidenses Vera Rubin y Kent Ford descubrieron que su perímetro rotaba a más velocidad de lo esperado. Esto indicaba que las galaxias espirales contienen varias veces más masa de lo que sugiere la luz de sus partes visibles, prueba clave de que gran parte del universo está compuesto de materia oscura, detectable solo por su efecto gravitatorio.

1928–2016
VERA COOPER RUBIN

Astrónoma estadounidense, Rubin fue una pionera que halló pruebas de la existencia de cúmulos y supercúmulos galácticos. Conocida sobre todo por sus estudios de la rotación galáctica, fue la segunda mujer elegida miembro de la Academia Nacional de Ciencias de EE. UU.

1971
LA SUPERFICIE DE MARTE

La misión Mariner 9 de EE. UU. llevó la primera sonda espacial a la órbita de Marte. Llegó durante una tormenta de polvo global, pero al despejarse la atmósfera, envió imágenes que revelaron los lechos fluviales secos, los cañones y los imponentes volcanes del planeta rojo.

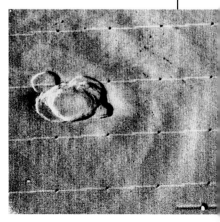

▷ **Vista del monte Olimpo** de Marte desde la Mariner 9

1972
ORÍGENES DE HAWÁI

El geólogo estadounidense Jason Morgan propuso que la cadena de islas volcánicas Hawái-Emperador se formó con el tiempo al pasar la placa tectónica Pacífica sobre una pluma del manto. La lava surge repetidamente del lecho marino y acaba formando un volcán que sobresale por encima del nivel del mar; luego, al enfriarse, se hunde y forma una isla.

△ **Imagen de satélite** de islas de Hawái

▽ **Fósil** de un caracol terrestre

1972
EQUILIBRIO PUNTUADO

Tras realizar estudios de especies como los caracoles terrestres, los paleontólogos estadounidenses Stephen Jay Gould y Niles Eldredge cuestionaron la idea de la evolución gradual. Propusieron que la mayoría de las especies cambian poco a lo largo de millones de años, pero que este equilibrio puede verse «puntuado» por periodos de rápido cambio en los que surgen nuevas especies, que dejan pocas pruebas en el registro fósil.

1971 Los astrónomos descubren Cygnus X-1, sistema estelar binario con un posible agujero negro.

1972 El matemático estadounidense Edward Lorenz menciona el «efecto mariposa» en un artículo de referencia para la teoría del caos.

1972

«Caos: cuando el presente determina el futuro, pero el presente aproximado no determina aproximadamente el futuro.»

RESUMEN DE LA TEORÍA DEL CAOS DE EDWARD LORENZ

TEORÍA DEL CAOS

La idea que se halla tras la teoría del caos es que el comportamiento de los sistemas muy sensibles a las condiciones iniciales parece (pero en realidad no es) azaroso. Aunque es difícil predecir la evolución de tales sistemas, no es imposible, y los científicos recurren a la teoría del caos para comprender sus patrones subyacentes. El caos se observa en muchos sistemas naturales, como los patrones climáticos y la turbulencia oceánica, así como en sistemas humanos como el tráfico y la bolsa.

Interacción entre variables

Al modelar el clima de la Tierra, el matemático Edward Lorenz consideró cómo pueden interactuar tres variables climáticas simples. El atractor de Lorenz demuestra cómo un sistema con tales variables siempre cambia, sin repetirse nunca.

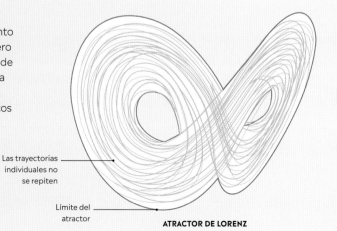

Las trayectorias individuales no se repiten

Límite del atractor

ATRACTOR DE LORENZ

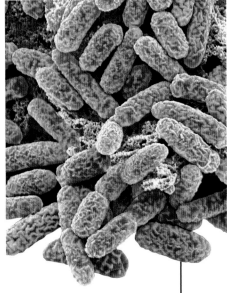

▷ Bacteria *E. coli*

1973
TRANSFERENCIA GENÉTICA

Los científicos estadounidenses Herbert W. Boyer y Stanley N. Cohen transfirieron con éxito un plásmido (una molécula de ADN en una célula que se puede replicar independientemente del ADN cromosómico) a la bacteria *Escherichia coli*, volviéndola resistente al antibiótico tetraciclina. Su trabajo mostró que el material genético podía transferirse entre especies e inspiró nuevos estudios, como el del uso de bacterias para transferir genes humanos.

1973
TEORÍA DE LA GRAN UNIFICACIÓN

La teoría de la gran unificación, desarrollada por el físico pakistaní Abdus Salam y el físico teórico indio-estadounidense Jogesh Pati, trata de simplificar las interacciones entre partículas subatómicas combinándolas en una sola «superfuerza». Esta fuerza actuaría con energías muy altas, como las inmediatamente posteriores al Big Bang.

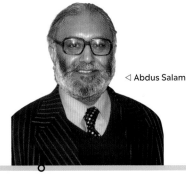

◁ Abdus Salam

1973 La sonda soviética Mars 5 entra en la órbita de Marte y mide el contenido químico y la temperatura de la superficie del planeta.

1973

1973 La Pioneer 10 de la NASA es la primera nave espacial en sobrevolar Júpiter y en trazar una ruta fuera del Sistema Solar.

1973 El paleontólogo estadounidense John Ostrom argumenta que las aves son descendientes directas de los dinosaurios.

1973 El equipo germano-británico de Hans Kosterlitz y John Hughes descubre las endorfinas, a las que llaman encefalinas.

INGENIERÍA GENÉTICA

El proceso de la ingeniería o modificación genética (MG) consiste en introducir un gen del genoma de un organismo en el genoma de otro. De este modo, pueden alterarse cultivos con genes que producen mejores nutrientes, por ejemplo. La MG es controvertida: a algunos les preocupan los riesgos desconocidos que puede conllevar cambiar el genoma. Los científicos están desarrollando tratamientos para tratar enfermedades hereditarias con un tipo de ingeniería genética conocido como terapia génica.

Fabricación de insulina
Se ha empleado la ingeniería con células bacterianas para producir insulina para tratar a pacientes diabéticos. El gen humano de la insulina se inserta en el ADN de una bacteria.

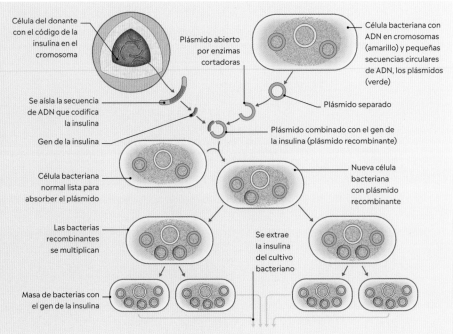

Célula del donante con el código de la insulina en el cromosoma

Plásmido abierto por enzimas cortadoras

Célula bacteriana con ADN en cromosomas (amarillo) y pequeñas secuencias circulares de ADN, los plásmidos (verde)

Se aísla la secuencia de ADN que codifica la insulina

Gen de la insulina

Plásmido separado

Plásmido combinado con el gen de la insulina (plásmido recombinante)

Célula bacteriana normal lista para absorber el plásmido

Nueva célula bacteriana con plásmido recombinante

Las bacterias recombinantes se multiplican

Se extrae la insulina del cultivo bacteriano

Masa de bacterias con el gen de la insulina

1973
SKYLAB

La primera estación espacial de la NASA, Skylab, se lanzó desde el Centro Espacial Kennedy, en Florida. Durante el lanzamiento resultó dañada, pero los astronautas de su primera misión tripulada la repararon. La URSS había lanzado su primera estación espacial, la efímera Salyut 1, en 1971, pero no volvió a lanzar otra con éxito hasta 1974, cuando EE. UU. había enviado ya tres tripulaciones a la Skylab.

◁ **Skylab** en la órbita terrestre

Skylab fue ocupada por nueve astronautas durante 171 días.

1974 **El físico estadounidense Martin Perl** descubre la partícula elemental leptón tau.

1974

1973 El físico estadounidense Edward Tryon propone que el universo surgió de una fluctuación cuántica (una alteración azarosa temporal de la cantidad de energía en un punto del espacio).

1974 Los astrónomos estadounidenses William K. Hartmann y Don Davies proponen que la Luna se formó a causa de un inmenso impacto contra la Tierra al poco de formarse.

1974
EL AGUJERO DE LA CAPA DE OZONO

Los químicos estadounidenses Mario Molina y F. Sherwood Rowland fueron los primeros en calcular el riesgo que suponía para la atmósfera de la Tierra la emisión de clorofluorocarburos industriales (CFC), empleados habitualmente como refrigerantes. Los CFC permiten que el cloro se acumule en la estratosfera, lo cual provoca la destrucción de la capa de ozono, que impide que la radiación ultravioleta del Sol dañe a la vida de la superficie terrestre.

◁ **La Mariner 10**

1974
MISIÓN A MERCURIO

Durante su primer sobrevuelo de Mercurio, la sonda Mariner 10 de la NASA envió imágenes del planeta. Para llegar hasta Mercurio, planeta interior de movimiento rápido, la sonda empleó la gravedad de Venus como catapulta, y así entró en una órbita que le permitió sobrevolar Mercurio en tres ocasiones con intervalos de 177 días.

▷ **Imagen de satélite** del agujero de la capa de ozono de la Antártida

1975
ANTICUERPOS MONOCLONALES

El biólogo argentino César Milstein y su colega alemán Georges Koehler fusionaron células de una línea inmortal de mieloma con linfocitos B que producían un anticuerpo específico. Estas células híbridas (hibridomas) produjeron luego gran cantidad de anticuerpos idénticos, conocidos como monoclonales.

Las chimeneas de las fuentes hidrotermales pueden crecer 9 m en 18 meses y alcanzar 60 m de altura.

1977
FUENTES HIDROTERMALES

El oceanógrafo estadounidense Tjeerd van Andel fue el primero en observar una fuente hidrotermal en la dorsal mesooceánica de las Galápagos, en el Pacífico. Estas fuentes se forman cuando el magma bajo la dorsal calienta el agua marina hasta los 400 °C y la expulsa a la gélida agua del océano, creando un ecosistema único, independiente de la luz solar.

▷ **Fumarola negra** hidrotermal

▷ Células de mieloma

1975 El biólogo estadounidense E. O. Wilson describe la base biológica del comportamiento social y explica cómo impulsan su evolución factores sociales y ecológicos.

1975

1975 Astronautas de EE. UU. y la URSS se encuentran en órbita durante la misión Apolo-Soyuz.

▷ **Módulo de aterrizaje** de la Viking 1

1976
ATERRIZAJES EN MARTE

Las misiones Viking 1 y 2 de la NASA llegaron a Marte. Ambas incluyeron un orbitador que envió imágenes en color del planeta desde el espacio, y un módulo de aterrizaje que envió imágenes y datos desde la superficie. Los módulos de aterrizaje tenían brazos robóticos para tomar muestras de roca y analizarlas en busca de rastros de vida, así como instrumentos para estudiar las condiciones atmosféricas.

△ **Lugar de aterrizaje** de la Viking 2 en Utopia Planitia

LA ESTRUCTURA DE LOS OCÉANOS

Mapas detallados de la topografía del lecho marino revelan rasgos importantes que son resultado del movimiento de las placas tectónicas (p. 191). En los márgenes de los continentes, las plataformas se precipitan en el lecho oceánico, cubierto por capas de sedimento. Una dorsal mesooceánica marca la unión original entre continentes; aquí surge roca volcánica al lecho marino y se esparce a ambos lados de la dorsal formando corteza oceánica nueva.

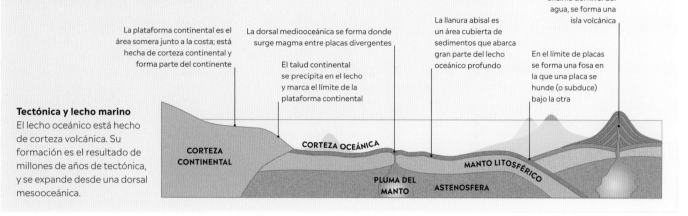

La plataforma continental es el área somera junto a la costa; está hecha de corteza continental y forma parte del continente

La dorsal mediooceánica se forma donde surge magma entre placas divergentes

El talud continental se precipita en el lecho y marca el límite de la plataforma continental

La llanura abisal es un área cubierta de sedimentos que abarca gran parte del lecho oceánico profundo

Donde un volcán submarino crece por encima del nivel del agua, se forma una isla volcánica

En el límite de placas se forma una fosa en la que una placa se hunde (o subduce) bajo la otra

Tectónica y lecho marino
El lecho oceánico está hecho de corteza volcánica. Su formación es el resultado de millones de años de tectónica, y se expande desde una dorsal mesooceánica.

CORTEZA CONTINENTAL

CORTEZA OCEÁNICA

MANTO LITOSFÉRICO

PLUMA DEL MANTO

ASTENOSFERA

1977 El bioquímico británico Richard Roberts y el genetista estadounidense Phillip Sharp descubren por separado que los genes se dividen en segmentos desperdigados en los cromosomas.

1977 Se erradica la viruela, después de una campaña global de inmunización iniciada en 1967.

1977

1977 Equipos de Reino Unido y EE. UU. desarrollan distintos métodos para secuenciar los nucleótidos en las hebras de ADN.

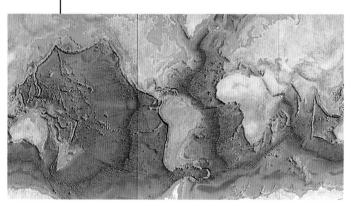

△ **Mapa del lecho oceánico** de Heezen-Tharp

1977
CARTOGRAFÍA DEL LECHO OCEÁNICO

La geóloga estadounidense Marie Tharp usó datos del geocientífico Bruce Heezen para crear el primer mapa del lecho oceánico. Este reveló los rasgos topográficos asociados a la tectónica de placas, como dorsales mesooceánicas, volcanes submarinos y zonas de subducción.

1977
LOS ANILLOS DE URANO

El astrónomo estadounidense James Elliot y sus colegas descubrieron anillos en torno a Urano. Tratando de medir los cambios en la luz de una estrella lejana al pasar por detrás del planeta, observaron que la estrella desaparecía brevemente varias veces a cada lado de Urano. Acabaron identificando un sistema de nueve anillos, mucho más oscuros y estrechos que los de Saturno; más tarde se descubrieron otros cuatro.

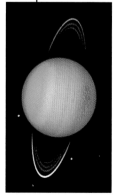

△ Urano y sus anillos

1978

COMPORTAMIENTO SOCIAL DE LOS DINOSAURIOS

El hallazgo de un nido con 15 esqueletos de hadrosaurio en Montana (EE. UU.) sugirió a los paleontólogos estadounidenses John Horner y Robert Makela que los dinosaurios cuidaban de sus crías. Como las aves actuales, los dinosaurios *Maiasaura* que estudiaron anidaban de forma comunal, y probablemente volvían al mismo lugar de anidación cada año.

▽ **Huevo de dinosaurio** en eclosión

1978

REACTOR DE FUSIÓN

El Princeton Large Torus (PLT) fue uno de los primeros tokamak, una cámara en forma de toro capaz de contener plasma (gas formado por iones y electrones libres) a las temperaturas extremadamente altas necesarias para las reacciones de fusión nuclear. En julio, el PLT mantuvo el plasma a 60 millones de °C, un hito en la investigación de la fusión.

1978

1978 El astrónomo estadounidense James Christy descubre Caronte, el mayor satélite del planeta enano Plutón.

1978

PIONEERS EN VENUS

Dos misiones Pioneer de la NASA llegaron a Venus. El Pioneer Venus Orbiter llevaba una serie de instrumentos, entre ellos un radar para cartografiar la superficie bajo la gruesa capa nubosa del planeta. La Pioneer Venus Multiprobe liberó cuatro sondas que descendieron por la atmósfera y enviaron datos sobre las extremas condiciones de calor y presión.

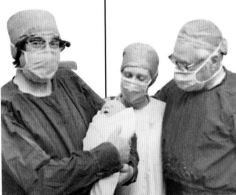

1978

BEBÉ PROBETA

Louise Joy Brown fue el primer ser humano concebido mediante la fecundación in vitro (FIV). En este método, desarrollado por científicos británicos, el óvulo y los espermatozoides se unen fuera del cuerpo, y luego el embrión se inserta en el útero materno para continuar su desarrollo hasta el parto.

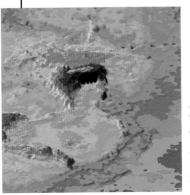

1979
IMPACTO DE UN METEORO

Al analizar arcilla del lecho marino de finales del Cretácico (la época en que se extinguieron los dinosaurios), el científico estadounidense Luis Alvarez y su hijo Walter descubrieron un pico en la concentración de iridio. Como normalmente el iridio llega a la Tierra desde el espacio en cantidades minúsculas, formularon la teoría de que el impacto de un gran asteroide fue responsable de la extinción de los dinosaurios. El gran cráter de Chicxulub fue más tarde identificado como el lugar del impacto.

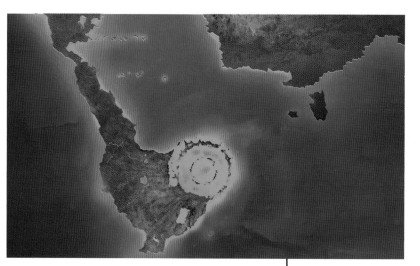

▷ **Impresión artística del cráter de Chicxulub** al poco tiempo del impacto

El cráter de Chicxulub se descubrió en la península de Yucatán (México) en 1990.

1979 Las naves Voyager 1 y 2 de la NASA sobrevuelan Júpiter y toman imágenes del planeta y sus satélites.

1979

1979 Se hallan pruebas de los gluones (las partículas que unen los quarks) en experimentos en el laboratorio DESY de Alemania.

1979 La fusión parcial de uno de los reactores de la planta de Three Mile Island (EE. UU.) genera alarma sobre la energía nuclear.

EXTINCIONES MASIVAS

Aunque aparecen y desaparecen especies continuamente, a veces se pierde un gran número de ellas en extinciones masivas. La desaparición de los dinosaurios hace 65 millones de años es un ejemplo, pero ha habido otras cinco extinciones masivas en los últimos 500 millones de años, debido al impacto de asteroides, erupciones volcánicas o cambios en el nivel del mar. Un reciente aumento de la tasa de extinción indica que está teniendo lugar una sexta.

CLAVE DE LOS PERIODOS GEOLÓGICOS

Cámbrico	Triásico
Ordovícico	Jurásico
Silúrico	Cretácico
Devónico	Paleógeno
Carbonífero	Neógeno
Pérmico	

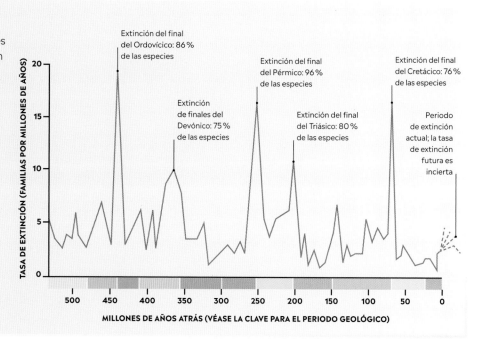

Extinción del final del Ordovícico: 86 % de las especies

Extinción del final del Pérmico: 96 % de las especies

Extinción del final del Cretácico: 76 % de las especies

Extinción de finales del Devónico: 75 % de las especies

Extinción del final del Triásico: 80 % de las especies

Periodo de extinción actual; la tasa de extinción futura es incierta

TASA DE EXTINCIÓN (FAMILIAS POR MILLONES DE AÑOS)

MILLONES DE AÑOS ATRÁS (VÉASE LA CLAVE PARA EL PERIODO GEOLÓGICO)

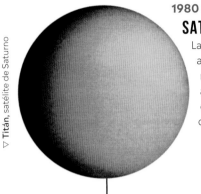

◁ **Titán, satélite de Saturno**

1980
SATÉLITES DE SATURNO FOTOGRAFIADOS

La Voyager 1 envió imágenes de los satélites de Saturno un año después de que la Pioneer 11 sobrevolara el planeta mismo. La sonda captó varias lunas heladas y la gruesa atmósfera de Titán antes de desviar el rumbo hacia el espacio interestelar. La Voyager 2 siguió un itinerario distinto nueve meses después.

1980
COMPORTAMIENTO CUÁNTICO

El efecto Hall es un fenómeno en el que un campo magnético desvía la trayectoria de los electrones a través de un conductor. Al experimentar con transistores de efecto de campo a muy baja temperatura, el físico alemán Klaus von Klitzing descubrió una versión cuántica del efecto que podía usarse para almacenar datos en ordenadores cuánticos.

▷ **Klaus von Klitzing**

1980 El informático inglés Tim Berners-Lee comienza a trabajar en ENQUIRE, proyecto de *software* precursor de la World Wide Web.

1981 IBM lanza en EE. UU. el IBM Personal Computer, el modelo de la mayoría de los ordenadores personales durante años.

1980

△ **Antenas del VLA** en el desierto de Socorro

1980
VERY LARGE ARRAY

El radiotelescopio Very Large Array (VLA), instalado en Socorro, en Nuevo México (EE. UU.), es un instrumento consistente en 28 antenas dirigibles, cada una de 25 m de diámetro, dispuestas en tres brazos de 21 km de longitud que forman una Y. Las señales captadas por las antenas se combinan con la técnica de la interferometría, permitiendo al VLA ver el universo con un nivel de detalle equivalente a los potentes telescopios de luz visible.

> «Por medio del transbordador, podremos construir estaciones espaciales y centrales energéticas, laboratorios, viviendas y todo lo demás en el espacio.»

ISAAC ASIMOV EN UNA ENTREVISTA (1979)

1981
TRANSBORDADOR ESPACIAL

El transbordador de la NASA salió este año en su primera misión. El revolucionario vehículo consistía en un orbitador en forma de avión con un gran depósito de combustible externo y asistido en el lanzamiento por dos cohetes propulsores. El transbordador se emplearía para lanzar y reparar satélites, además de servir como estación espacial temporal.

◁ **Despegue** del transbordador *Columbia*

1981

1981 El físico teórico estadounidense Andrei Guth publica su teoría de la inflación cósmica: la idea de que el universo se expandió exponencialmente rápido durante una fracción de segundo tras el Big Bang.

1981 Se informa de una nueva enfermedad con múltiples síntomas en California (EE. UU.), llamada posteriormente síndrome de inmunodeficiencia adquirida (SIDA).

1981 El biólogo molecular estadounidense George Streisinger clona con éxito un vertebrado, un pez cebra.

1981
IMAGEN POR RESONANCIA MAGNÉTICA

Un equipo de científicos británicos presentó un tomógrafo IRM de cuerpo entero y lo utilizó con un paciente. La IRM produce un potente campo magnético que alinea los átomos de hidrógeno del cuerpo. Estos son estimulados por ondas de radiofrecuencia y emiten una señal que es transformada, por un ordenador, en imágenes tridimensionales. Con las imágenes 3D de órganos internos, como el cerebro, se pueden detectar cambios a lo largo del tiempo.

▷ **Tomografía IRM** en color de una cabeza humana

△ **Imagen SEM** de una concha de foraminífero

1981
CLIMAS PASADOS

El proyecto CLIMAP analizó sedimentos marinos con restos calcáreos de organismos como foraminíferos, lo que permitió deducir las condiciones pasadas del océano y cartografiar las temperaturas del agua predominantes durante el último máximo glacial, hace entre 31 000 y 16 000 años.

1982

1982
SONDAS A VENUS

Las misiones soviéticas Venera 13 y 14 llegaron a Venus. Ambas constaban de un módulo de transporte y un módulo de aterrizaje que descendió en paracaídas hasta la superficie del planeta a través de su hostil atmósfera. Solo funcionaron durante 1–2 horas, tiempo en el que enviaron sonidos y las primeras imágenes en color de la superficie de Venus. También analizaron las rocas del lugar, confirmando que son ígneas (de tipo volcánico).

◁ **Módulo de aterrizaje** de la Venera 13 (maqueta)

1982 Bioquímicos de EE. UU. transfieren un gen del crecimiento de las ratas a óvulos de ratón: es la primera transferencia génica exitosa entre especies de mamíferos.

1982 El físico español Blas Cabrera detecta un imán con un solo polo, un fenómeno predicho por la gran teoría unificada.

1982
PRIONES

El bioquímico estadounidense Stanley Prusiner aisló una proteína de las neuronas de pacientes con la enfermedad degenerativa de Creutzfeldt-Jakob. Sospechó que esa proteína era el agente infeccioso, y la llamó prion. La proteína también estaba presente en personas sanas, pero plegada de forma distinta, y Prusiner halló que los priones transmiten su forma defectuosa a tipos normales de la misma proteína.

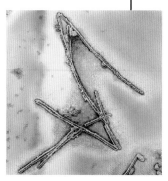
△ **Fibrillas compuestas de priones**

1982
EL NIÑO

De mayo de 1982 a junio de 1983, el planeta experimentó uno de los fenómenos de El Niño más extremos registrados. Este fenómeno climático, cuyo nombre se debe a que alcanza su pico alrededor de la Navidad, ocurre cada pocos años y consiste en el calentamiento de las aguas del Pacífico oriental tropical. El prolongado episodio de 1982-1983 causó sequías e incendios en Australia, África e Indonesia, y en Perú provocó lluvias torrenciales.

△ **Temperatura superficial** de la Tierra el año de El Niño

1983
ASTRONOMÍA INFRARROJA

El lanzamiento del Satélite Astronómico de Infrarrojos (IRAS) de EE. UU., Países Bajos y Reino Unido anunció un nuevo tipo de astronomía. La misión llevó un telescopio enfriado a -271 °C que captaba radiación infrarroja débil. Durante 300 días de observación, el IRAS detectó objetos y materiales demasiado débiles para emitir luz visible, como el polvo frío en galaxias y nebulosas de formación estelar, y discos protoplanetarios alrededor de estrellas.

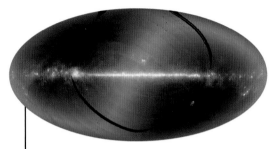

△ **Imagen del IRAS** del cielo, centrado en la Vía Láctea

1983
CAUSA DEL SIDA

Examinando muestras de un paciente con síndrome de inmunodeficiencia adquirida (SIDA), el virólogo francés Luc Montagnier y sus colegas hallaron un virus en los ganglios linfáticos, al que llamaron virus asociado a la linfoadenopatía. No estaban seguros de si era el virus causante del SIDA; esto lo confirmó el bioquímico estadounidense Robert Gallo, y desde entonces vino a conocerse como virus de la inmunodeficiencia humana (VIH).

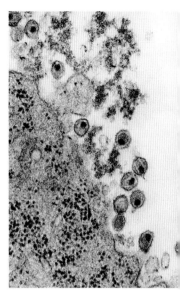

▷ **VIH**, micrografía electrónica

1983 El Motorola DynaTAC 8000X, lanzado en Chicago (EE. UU.), es el primer teléfono móvil en el mercado.

1983 El genetista estadounidense Kary Mullins descubre la reacción en cadena de la polimerasa, un método capaz de crear millones de copias de una muestra minúscula de ADN, y revoluciona la biotecnología.

1983

1983
INVIERNO NUCLEAR

El científico estadounidense Carl Sagan calculó los efectos de una guerra nuclear sobre la atmósfera global, y pronosticó que las tormentas de fuego resultantes liberarían cientos de millones de toneladas de humo y hollín a gran altura en la atmósfera, bloqueando la luz solar. Predijo que la oscuridad y las bajas temperaturas destruirían la vida vegetal, causando así el hambre global y una mortalidad masiva.

△ Instalación del sistema de alerta de misiles en Wyoming (EE. UU.)

«Hemos puesto a nuestra civilización y a nuestra especie en peligro.»

CARL SAGAN, REVISTA *PARADE* (1983)

EL MODELO COSMOLÓGICO ESTÁNDAR

Medir el equilibrio
El satélite Planck calculó el contenido energético del universo actual en 68,5 % de energía oscura, 26,6 % de materia oscura, y solo un 4,9 % de materia visible.

Hoy día, la mayoría de los cosmólogos cree que el universo se puede describir por un modelo estándar llamado lambda-CDM. Este añade una serie de supuestos a la teoría del Big Bang para obtener el universo actual con las propiedades observadas por los astrónomos.

Lambda (la letra griega ∧) es una constante cosmológica que hace que la expansión del espacio se acelere con el tiempo: el misterioso fenómeno conocido como energía oscura. Por otra parte, la materia oscura fría (CDM, por sus siglas en inglés) es la masa «faltante» del cosmos, que influye en los objetos visibles mediante la gravedad, pero es tanto completamente oscura como transparente a la luz y otras radiaciones.

La energía oscura y la materia oscura fría explican observaciones que no explica por sí sola la teoría del Big Bang: se requiere materia oscura de alguna clase para explicar cómo se formaron nudos de mayor densidad antes incluso de que el universo se volviera transparente, como muestran las variaciones en la radiación de fondo de microondas. Además, la materia oscura fría explica las observaciones de que las galaxias empezaron siendo pequeñas y crecieron por colisiones y fusiones. La materia oscura caliente, por contraste, habría producido inicialmente objetos mayores de la escala de supercúmulos galácticos, luego gradualmente separados en fragmentos menores.

La constante cosmológica lambda explica por qué las estrellas lejanas al explotar se ven más débiles y remotas de lo que se esperaría si la expansión cósmica fuera regular o se estuviera ralentizando (abajo).

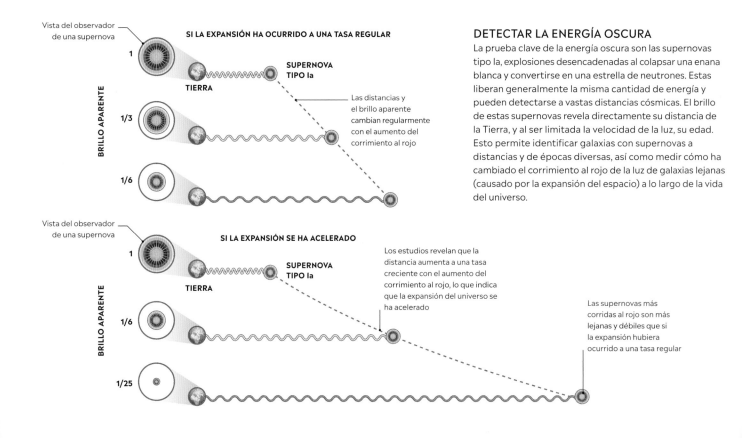

DETECTAR LA ENERGÍA OSCURA
La prueba clave de la energía oscura son las supernovas tipo Ia, explosiones desencadenadas al colapsar una enana blanca y convertirse en una estrella de neutrones. Estas liberan generalmente la misma cantidad de energía y pueden detectarse a vastas distancias cósmicas. El brillo de estas supernovas revela directamente su distancia de la Tierra, y al ser limitada la velocidad de la luz, su edad. Esto permite identificar galaxias con supernovas a distancias y de épocas diversas, así como medir cómo ha cambiado el corrimiento al rojo de la luz de galaxias lejanas (causado por la expansión del espacio) a lo largo de la vida del universo.

Materia oscura en cúmulos
Cúmulos galácticos lejanos como Abell 370 desvían rayos de luz de galaxias aún más remotas formando arcos distorsionados. Cartografiar la fuerza de este efecto de lente gravitacional permite ver la distribución de la materia oscura preponderante en la masa del cúmulo.

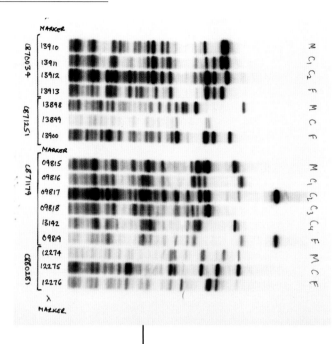

La probabilidad de que dos personas tengan el mismo perfil de 13 lugares de ADN es de una entre mil millones.

1984
HUELLA GENÉTICA

El genetista británico Alec Jeffries logró detectar variaciones en secuencias de ADN que eran únicas de cada individuo. Al separar las secuencias empleando campos eléctricos para «tirar» de ellas a través de un gel, se podía obtener una «huella genética». Esta técnica es capaz de identificar a individuos a partir de muestras de sangre, cabello o saliva, o detectar el parentesco entre dos muestras.

◁ **Prueba de ADN**

1984 La zoóloga estadounidense Katy Payne descubre que los elefantes se comunican a larga distancia mediante infrasonidos.

1984 Nace el primer bebé a partir de un embrión previamente congelado.

1984

1984
RELACIONES DEL ADN

Los biólogos estadounidenses Charles Gald Sibley y Jon Edward Ahlquist presentaron los resultados de sus estudios del ADN de monos y simios, en los que usaron el método de la hibridación de ADN, que muestra el porcentaje de similitud entre especies. Su estudio reveló que el orden de divergencia, de más antiguo a más reciente, fue: gibones, orangutanes, gorilas, chimpancés y humanos.

◁ **Mapa del genoma** de un chimpancé

▷ **Cráneo** del niño de Turkana

1984
EL NIÑO DE TURKANA

El equipo del antropólogo keniano Richard Leakey descubrió un esqueleto fósil cerca del lago Turkana, en Kenia. Este espécimen de *Homo erectus*, primera especie de *Homo* que se cree se difundió ampliamente por África y Asia, se dató en unos 1,5 millones de años. El fósil, conocido como «niño de Turkana», era extraordinario por su integridad, y sirvió para ampliar los conocimientos sobre la anatomía y la biología de este antepasado humano.

NANOTECNOLOGÍA

La nanotecnología es la ciencia e ingeniería de crear y utilizar materia a nivel atómico y molecular, y trabaja con tamaños de hasta 100 nanómetros (nm). Para hacerse una idea, el diámetro de un cabello humano es de 25 000 nm. En la escala nano, los materiales presentan distintas y útiles propiedades según tengan forma de tubos, alambres o partículas. La nanotecnología se emplea para producir catalizadores, mejorar baterías y obtener tejidos antimanchas.

Nanotubos y nanopartículas
El carbono se da en múltiples formas a nanoescala, como bolas huecas y tubos, así como láminas (grafeno). Los cables de silicio de este tamaño son sólidos, y se están aplicando a nuevos tipos de batería.

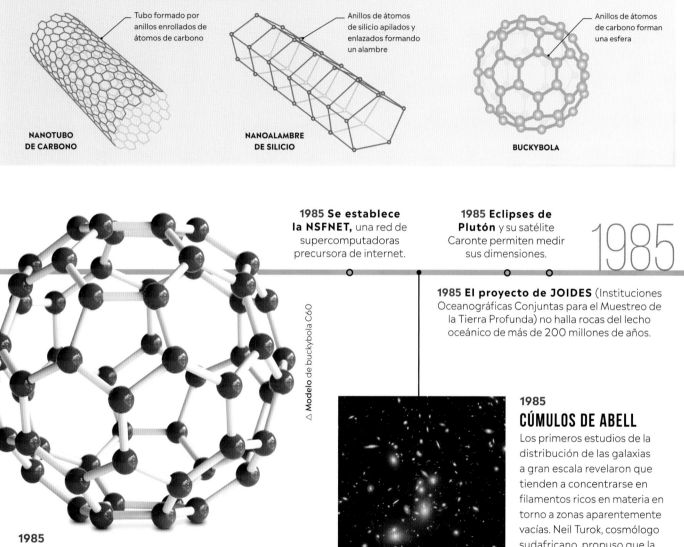

Tubo formado por anillos enrollados de átomos de carbono

NANOTUBO DE CARBONO

Anillos de átomos de silicio apilados y enlazados formando un alambre

NANOALAMBRE DE SILICIO

Anillos de átomos de carbono forman una esfera

BUCKYBOLA

1985 Se establece la NSFNET, una red de supercomputadoras precursora de internet.

1985 Eclipses de Plutón y su satélite Caronte permiten medir sus dimensiones.

1985

1985 El proyecto de JOIDES (Instituciones Oceanográficas Conjuntas para el Muestreo de la Tierra Profunda) no halla rocas del lecho oceánico de más de 200 millones de años.

△ **Modelo de buckybola** C60

1985
BUCKMINSTERFULLERENOS

El químico británico Harold Kroto y sus colegas estadounidenses Richard Smalley y Robert Curl descubrieron una nueva forma de carbono puro, compuesto de moléculas huecas de 60 átomos. Los químicos usaron un láser para vaporizar grafito y detectaron el alótropo buckminsterfullereno (también llamado buckybola), cuyo nombre alude a las cúpulas geodésicas diseñadas por el arquitecto estadounidense Richard Buckminster Fuller, a las que se asemeja.

△ **El denso cúmulo galáctico** Abell 2744

1985
CÚMULOS DE ABELL

Los primeros estudios de la distribución de las galaxias a gran escala revelaron que tienden a concentrarse en filamentos ricos en materia en torno a zonas aparentemente vacías. Neil Turok, cosmólogo sudafricano, propuso que la distribución de los cúmulos de galaxias del catálogo Abell encaja con la teoría de cuerdas cósmicas: vastas estructuras hipotéticas creadas en el Big Bang que pudieron ser el germen de la concentración de la materia que formó estrellas y galaxias.

△ **Planta nuclear de Chernóbil** tras el desastre

1986
ACCIDENTE DE CHERNÓBIL

El peor accidente nuclear de la historia ocurrió durante una prueba de seguridad en la central nuclear de Chernóbil, cerca de Pripiat, en el norte de Ucrania, entonces parte de la URSS. Causó la fusión del reactor n° 4 y un grave incendio en toda la planta. Se debió en parte a defectos de diseño y en parte a errores humanos. Decenas de miles de personas fueron evacuadas de la zona, y los vientos extendieron la contaminación radiactiva por Europa.

1986

1986 La URSS comienza a ensamblar la Mir, la primera estación espacial hecha de múltiples módulos.

1986 El gobierno federal de EE. UU. establece un marco regulador para el uso de los organismos genéticamente modificados y la biotecnología.

1986 La Voyager 2 sobrevuela Urano y envía imágenes del planeta, sus anillos y sus mayores satélites.

1986 Científicos de EE. UU. amplían el potencial de la ingeniería genética al controlar la capacidad del patógeno vegetal *Agrobacterium tumefaciens* para transferir genes.

1986
CERÁMICA SUPERCONDUCTORA

La superconductividad —resistencia cero al flujo de corriente eléctrica— se descubrió en 1911. Hasta 1986 solo se observó en materiales metálicos a muy baja temperatura, cerca del cero absoluto. Ese año, sin embargo, el alemán Georg Bednorz y el suizo Alex Müller descubrieron una nueva clase de materiales cerámicos basados en el óxido de cobre, en los que se lograba la superconductividad a 35 °C por encima del cero absoluto, lo que permitió nuevas aplicaciones de los superconductores.

▷ **Superconductor cerámico** fotografiado con luz polarizada

1987
SUPERNOVA 1987A

La erupción de una supernova en la Gran Nube de Magallanes (galaxia satélite de la Vía Láctea) fue el acontecimiento tal más brillante desde la invención del telescopio. En los meses siguientes, los astrónomos la estudiaron con instrumentos muy diversos y aprendieron mucho sobre la muerte de estrellas masivas.

1987
CONSERVACIÓN DEL CÓNDOR

El cóndor de California *(Gymnogyps californianus)*, una de las mayores aves voladoras del mundo, criaba en el pasado desde la Columbia Británica (Canadá) hasta la Baja California (México). En la década de 1980 sus poblaciones habían disminuido hasta el borde de la extinción, con solo 20 individuos en libertad. En 1987 comenzó un programa de cría en cautividad. Este tuvo éxito: los primeros ejemplares se liberaron en el medio natural en 1992, y su número no ha dejado de aumentar.

△ Anillos **remanentes** en torno a la supernova 1987A

△ **Cóndor de California** en vuelo

1987 Una bacteria diseñada para que las fresas soporten las heladas es el primer organismo genéticamente modificado liberado en la naturaleza.

1987 Un tratado internacional firmado en Montreal (Canadá) trata de limitar la emisión de gases que destruyen el ozono atmosférico.

1986
DESASTRE DEL CHALLENGER

El transbordador espacial *Challenger* explotó 73 segundos después de despegar, y murieron los siete astronautas a bordo. La investigación subsiguiente halló que el sellado de uno de los cohetes propulsores falló debido al frío y liberó un chorro de gas caliente sobre el resto de la nave con efectos catastróficos. Los lanzamientos programados se retrasaron 32 meses para corregir los fallos de seguridad.

△ **Explosión del *Challenger*** tras el despegue

«Para que la tecnología tenga éxito, la realidad debe tener precedencia sobre las relaciones públicas, pues no se puede engañar a la naturaleza.»

RICHARD FEYNMAN, MIEMBRO DE LA COMISIÓN
SOBRE EL DESASTRE DEL *CHALLENGER* (1986)

1988
PROYECTO GENOMA HUMANO

El Proyecto Genoma Humano (PGH) comenzó con James D. Watson (p. 234) como director, con el fin de cartografiar el genoma humano y determinar la secuencia de sus 3200 millones de «letras». El PGH ofrece la posibilidad de leer la huella genética completa de un ser humano, lo cual representa una revolución para la ciencia biológica.

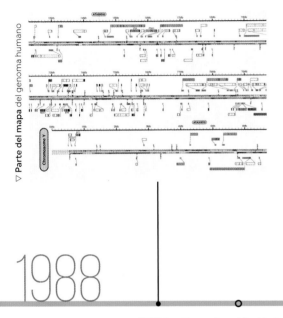

▷ **Parte del mapa** del genoma humano

1989
LA SONDA GALILEO

La NASA lanzó la misión Galileo (un orbitador y una sonda) a Júpiter desde el transbordador espacial *Atlantis*. Tras un complicado viaje de más de seis años, la sonda entró en la órbita del planeta gigante en diciembre de 1995, y el orbitador envió imágenes y datos de Júpiter y sus satélites durante casi ocho años.

▷ **La Galileo** saliendo de la bodega del *Atlantis*

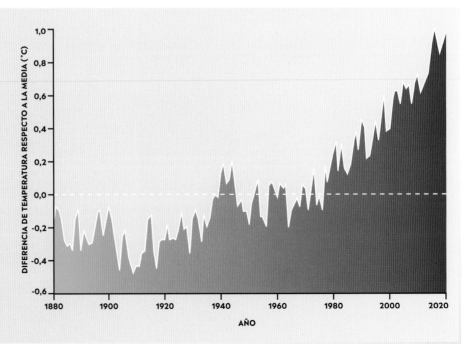

1988

1988 La Organización Meteorológica Internacional y el Programa Ambiental de la ONU establecen un Comité Intergubernamental sobre el Cambio Climático (IPCC).

1988 El astrónomo británico Simon Lilly descubre la galaxia más antigua conocida, cuya luz viajó 12 000 millones de años hasta la Tierra.

TEMPERATURAS EN ASCENSO

La medición del cambio climático combina la temperatura media de la superficie terrestre con la temperatura superficial del océano. Este sistema se usa desde finales del siglo XIX, cuando el auge de la industrialización aumentó las emisiones de gases de efecto invernadero. Las estimaciones de las distintas organizaciones varían, pero todas indican un aumento de la temperatura superficial global, con la media del periodo 2006-2015 unos 0,87 °C por encima de la media de la segunda mitad del siglo XIX.

Registro del cambio
Esta gráfica compara las temperaturas superficiales globales con la media desde finales del siglo XIX, y refleja el marcado incremento iniciado en la década de 1980.

DIFERENCIA DE TEMPERATURA RESPECTO A LA MEDIA (°C)

AÑO

«La Red no solo conecta máquinas, conecta a la gente.»

TIM BERNERS-LEE, DISCURSO ANTE LA KNIGHT FOUNDATION (EE. UU., 2008)

1989
LA WORLD WIDE WEB

El informático británico Tim Berners-Lee desarrolló la World Wide Web mientras trabajaba en la Organización Europea para la Investigación Nuclear (CERN). En 1989 escribió un artículo en el que proponía usar una tecnología existente —el hipertexto— para ofrecer enlaces cliqueables entre documentos en la red informática del CERN. El sistema se puso en práctica en el CERN en 1990, y se lanzó al dominio público en 1993.

▷ **El primer servidor** de la World Wide Web

1989 La concentración de dióxido de carbono en la atmósfera alcanza las 353 partes por millón.

1989 La NASA dirige señales de radio al mayor satélite de Saturno, Titán, y estas revelan una superficie reflectante de hielo e hidrocarburos líquidos.

1989 La Voyager 2 sobrevuela Neptuno y descubre géiseres helados en su satélite gigante Tritón.

1989

1989
BURGESS SHALE

El paleontólogo estadounidense Stephen J. Gould publicó un trabajo sobre el conjunto de fósiles descubierto en 1909 en las lutitas de Burgess Shale, en las Montañas Rocosas de Canadá. Se recuperaron unos 65 000 especímenes de más de 120 especies diferentes, que habrían vivido en el Cámbrico medio, hace unos 508 millones de años. Muchas de ellas no parecían emparentadas con ningún grupo conocido.

△ *Waptia*, artrópodo cámbrico de Burgess Shale

1989
ESPERANZA PARA LA FUSIÓN FRÍA

La esperanza de explotar la fusión nuclear depende de aparatos capaces de generar y contener las temperaturas extremadamente altas necesarias para el proceso. En 1989, el químico británico Martin Fleischmann y el electroquímico estadounidense Stanley Pons informaron de un experimento electrolítico que había generado energía y producido neutrones. No obstante, tal logro de la «fusión fría» —reacciones nucleares a temperatura ambiente— no pudo replicarse.

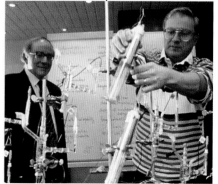

△ **Los profesores** Fleischmann y Pons

El Hubble orbita alrededor de la Tierra a 27 000 km/h.

△ Telescopio
Espacial Hubble

1990
TELESCOPIO ESPACIAL HUBBLE

El Telescopio Espacial Hubble de la NASA —el primer telescopio espacial en órbita diseñado para ver el universo con luz visible— fue puesto en la órbita de la Tierra por el transbordador espacial *Discovery*. Cuando empezó a enviar datos, los astrónomos detectaron un error en la forma del espejo del telescopio que emborronaba las imágenes. Este fallo lo corrigieron astronautas en la primera de varias misiones de mantenimiento y puesta al día en 1993.

1990

1990 La terapia génica se emplea por primera vez en humanos, para tratar la deficiencia de ADA, un trastorno inmune.

1990 Los científicos británicos Robert Winston y Alan Handyside analizan embriones de FIV en busca de trastornos genéticos antes de implantarlos.

1990 Fuentes geotérmicas de agua dulce descubiertas en el lago Baikal, en Siberia, sugieren que la corteza se expande y formará un nuevo océano.

1990 La genetista estadounidense Mary-Clare King informa de un gen, BRCA1, responsable de un alto riesgo de desarrollar cáncer de mama hereditario.

1990 Se observa la sonoluminiscencia (la luz producida por la implosión de burbujas de aire) en una sola burbuja de aire.

n. 1946
MARY-CLARE KING

King es conocida sobre todo por su trabajo sobre mutaciones genéticas en el cáncer de mama. También descubrió que la regulación génica es la principal responsable de las diferencias entre humanos y chimpancés, que comparten el 99 % de los genes.

△ Mapa de la radiación
de fondo del COBE

1990
EXPLORADOR DEL FONDO CÓSMICO

El Explorador del Fondo Cósmico (COBE) de la NASA comenzó a medir la radiación de fondo de microondas, remanente del Big Bang que originó el universo. De 1990 a 1992 cartografió ligeras variaciones en la temperatura de esta radiación, y así confirmó que las áreas de materia de distinta densidad estuvieron presentes desde los inicios del universo —más que haberse desarrollado a lo largo de los miles de millones de años transcurridos—, y confirmó también la teoría del Big Bang.

1991

MECÁNICA MOLECULAR

El científico escocés Fraser Stoddart logró avances clave en el desarrollo de ensamblajes a escala molecular capaces de actuar como interruptores mecánicos. Estos ensamblajes —como los llamados rotaxanos— consisten en moléculas anulares montadas sobre «ejes» moleculares. Pueden moverse en respuesta a factores externos como la luz o el calor. Estos desarrollos nanotecnológicos tienen aplicaciones diversas, como en los sistemas de administración de fármacos o la tecnología de sensores.

El anillo, cerrado, permanece sobre el eje

Anillo y eje

Un anillo molecular se ensambla sobre un fino eje, sujeto por los extremos como en una mancuerna. Al ser estimulado por luz, ácidos, solventes o iones, el anillo se mueve sobre el eje entre dos áreas ricas en electrones.

Cuando se aplica calor, el anillo se desplaza sobre el eje entre las áreas ricas en electrones

1991 Los astrónomos hallan pruebas de uno o más agujeros negros enormes en el centro inusualmente brillante de la galaxia NGC 6240.

1991 Astrónomos detectan variaciones en la señal de un púlsar causadas por los objetos en órbita, prueba de planetas más allá del Sistema Solar.

1991

1991 La nave Galileo, rumbo a Júpiter, realiza el primero de dos sobrevuelos de un asteroide, Gaspra, y envía imágenes de este.

1991

NANOTUBOS

El científico japonés Sumio Iijima descubrió los nanotubos de carbono, moléculas cuya longitud es hasta mil veces mayor que su diámetro, que puede ser de tan solo un nanómetro. Los nanotubos de carbono son más resistentes y ligeros que el acero, y conducen excepcionalmente bien el calor y la electricidad. Se han empleado en semiconductores y diodos emisores de luz.

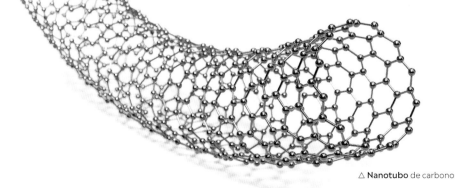

△ **Nanotubo** de carbono

△ **El Pinatubo** en erupción

1991

ERUPCIÓN DEL PINATUBO

La erupción del volcán Pinatubo, en las Filipinas, en 1991 fue la segunda mayor erupción volcánica del siglo XX. Tras un intenso terremoto, el magma ascendió unos 20 km a través de la corteza terrestre hasta explotar y lanzar unos 5 km³ de ceniza, pumita y gas a la atmósfera, hasta unos 35 km de altura. Los efectos de la erupción se notaron en todo el globo.

1993
TELESCOPIOS KECK

Con 10 m de diámetro, el Keck I, construido en lo alto del Mauna Kea, en la isla de Hawái, se convirtió en el mayor telescopio óptico del mundo. Su enorme espejo principal está compuesto de segmentos hexagonales, alineados en una superficie reflectante perfecta mediante unos motores dirigidos por ordenador. En 1996 se le unió su gemelo, el Keck II; juntos, son capaces de detectar los detalles que podría captar un solo instrumento de 85 m de diámetro.

◁ Telescopio Keck
en su soporte

1992

1992 Una Conferencia de las Naciones Unidas, la Cumbre de Río de Janeiro (Brasil), llama a la acción para el desarrollo sostenible y la protección del medio ambiente.

1992 Lanzamiento del TOPEX/Poseidon, satélite franco-estadounidense de investigación oceanográfica.

1992 El astrofísico estadounidense Thomas Gold sugiere que la vida microbiana es común en la corteza terrestre hasta varios kilómetros de profundidad.

▷ Esporocarpos de *Armillaria bulbosa*

1992
EL MAYOR ORGANISMO VIVO

El análisis genético de unas 250 muestras del hongo *Armillaria bulbosa* tomadas en un área de 39 hectáreas indicaron que se trataba de un solo organismo. Descubierto en un bosque de Michigan (EE. UU.), se estima que el hongo pesaba unas 400 toneladas y que tenía 2500 años.

▷ *Mononykus*

1993
ANTEPASADO DE LAS AVES

Paleontólogos de EE. UU. describieron los restos de un nuevo tipo de pequeño dinosaurio hallado en estratos de hace 75 millones de años (del Cretácico tardío) en Mongolia. Llamado *Mononykus*, medía 1 m de alto y tenía unas cortas y fuertes extremidades superiores terminadas en una única uña, y un esternón con quilla. Se creyó que era un ave primitiva no voladora, lo cual demostraría que distintos tipos de aves habían evolucionado antes de lo que se creía. Descubrimientos posteriores apuntan a que era un pequeño dinosaurio terópodo con plumas.

1994
COMETA SHOEMAKER-LEVY

Fragmentos del cometa Shoemaker-Levy 9 impactaron contra Júpiter, produciendo grandes bolas de fuego y manchas en sus capas de nubes. Los astrónomos aprovecharon la ocasión para estudiar el material removido del interior del planeta. El impacto confirmó además la enorme influencia gravitatoria de Júpiter: el cometa, descubierto en 1993, se había partido en fragmentos de hasta 2 km de diámetro en un encuentro cercano anterior.

▷ **Cadena de fragmentos**
de cometa rumbo a Júpiter

1994
NEMATODOS FLUORESCENTES

El equipo del bioquímico estadounidense Martin Chalfie transfirió el gen Gfp (de la proteína fluorescente verde) a gusanos nematodos. Primero insertaron la secuencia de ADN del gen en una bacteria y luego en un nematodo. Con luz ultravioleta, la cualidad fluorescente del gen facilita el estudio de la expresión génica en los nematodos.

△ **Nematodos** fluorescentes

1993 El astrónomo estadounidense Douglas Lin propone que un gran halo de materia oscura se extiende más allá del límite visible de la Vía Láctea.

1994

Existen menos de cien especímenes de pino *Wollemia* silvestres.

△ *Pino Wollemia*

1994
FÓSIL VIVIENTE

El oficial del Servicio de Parques Nacionales australiano David Noble descubrió unos raros pinos en un remoto cañón a 200 km al noroeste de Sídney. Se identificaron como *Wollemia*, una conífera perenne que se creía extinta desde hacía dos millones de años, y se les atribuye una edad de entre 500 y 1000 años.

1995
GALILEO SONDEA LA ATMÓSFERA DE JÚPITER

Tras seis años de viaje, la nave Galileo de la NASA llegó a Júpiter y envió una sonda a la atmósfera del planeta gigante. Protegida del calor extremo por un escudo cónico, la sonda descendió entre las nubes en paracaídas. Envió datos durante casi una hora, analizando la composición química de la atmósfera y midiendo velocidades del viento de unos 2900 km/h, hasta que fue destruida.

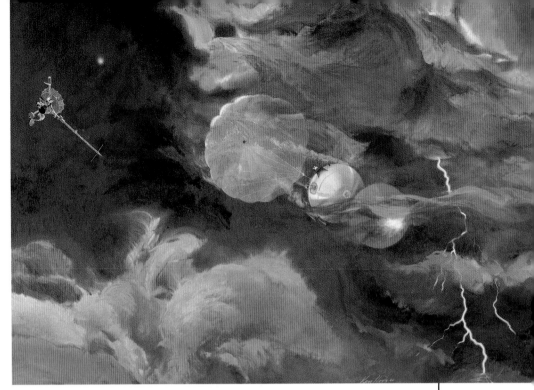

△ **La sonda** atmosférica Galileo

1995 Paleontólogos argentinos describen uno de los mayores dinosaurios, un depredador de 12,5 m llamado *Giganotosaurus*.

1995

1995 Biólogos daneses descubren un pequeño organismo, *Symbion pandora*, en la boca de un bogavante. Pertenece al filo animal enteramente nuevo de los ciclióforos.

1995 Los astrónomos suizos Michel Mayor y Didier Queloz descubren el primer exoplaneta conocido, 51 Pegasi b, de la mitad del tamaño de Júpiter, en la órbita de una estrella como el Sol.

▽ **Los átomos de rubidio** (izda.) se condensan en un superátomo (centro) y se evaporan (dcha.)

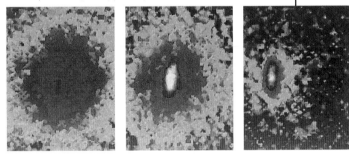

1995
UN QUINTO ESTADO DE LA MATERIA

Los físicos estadounidenses Eric Cornell y Carl Wieman enfriaron una pequeña muestra de átomos de rubidio hasta casi cero absoluto, y adoptaron la forma de un «superátomo» que se comportaba más como una onda que como una partícula. Este nuevo estado de la materia se llamó condensado de Bose-Einstein, pues ya lo predijeron el físico indio Satyendra Bose y Albert Einstein en las décadas de 1920 y 1930.

1995
QUARK ARRIBA OBSERVADO

Los quarks son partículas elementales cuya existencia se predijo ya en la década de 1960. Se habían predicho seis (tres pares), y a partir de 1968 fueron observados en colisiones de partículas de alta energía. El último quark descubierto, el quark arriba (o «verdad»), es el más masivo y el más difícil de detectar. Físicos del Laboratorio Nacional Fermi (Fermilab) de Illinois (EE. UU.) usaron el Tevatron —un potente acelerador de partículas— para producir quarks arriba en colisiones de muy alta energía de protones y antiprotones.

△ **Prueba** del quark arriba

1995
OBSERVACIÓN DEL SOL

La NASA puso el Observatorio Solar y Heliosférico (SOHO), de construcción europea, en una órbita en la que pudiera observar continuamente el Sol. Equipado con cámaras de luz visible y ultravioleta y detectores de partículas para medir el viento solar, el SOHO envió impactantes imágenes de la superficie solar que ofrecieron nuevos atisbos de la estructura del Sol.

▷ **Observatorio Solar y Heliosférico** (SOHO)

n. 1946
JOHN CRAIG VENTER

Venter es uno de los pioneros de la biotecnología en EE. UU. Fundó el Institute for Genomic Research y la empresa Celera Genomics, que lideraron el descifrado de los genomas de muchos organismos, desde bacterias hasta humanos.

1995 Se secuencia el genoma completo de un organismo, la bacteria *Haemophilus influenzae*, en el Institute for Genomic Research de Maryland (EE. UU.).

1995

Los datos del SOHO ayudan a predecir fenómenos del «clima espacial» que pueden afectar a nuestro planeta.

EXOPLANETAS

La NASA estima que en la Vía Láctea hay al menos tantos planetas como estrellas. Los astrónomos han identificado más de 5000 exoplanetas, es decir, planetas en la órbita de estrellas distintas al Sol; esto incluye sistemas planetarios enteros de escala semejante a nuestro Sistema Solar. Se han distinguido siete clases de exoplanetas atendiendo a sus propiedades, su órbita en torno a su estrella y la comparación con nuestro Sistema Solar. Algunos de estos —como los planetas que orbitan en regiones donde no pueden haberse formado originalmente— revelan el complejo modo en que los sistemas planetarios pueden evolucionar a lo largo del tiempo.

Júpiteres calientes
Estos gigantes gaseosos orbitan muy cerca de su estrella, a menudo con amplias atmósferas sumamente calientes.

Planetas ctónicos
Son los núcleos sólidos expuestos de júpiteres calientes cuya atmósfera se ha disipado en el espacio.

Megatierras
Estos planetas rocosos tienen al menos diez veces la masa de la Tierra. Sus condiciones varían con la distancia respecto a su estrella.

Supertierras
Son planetas rocosos que poseen entre una y diez veces la masa de la Tierra, y suelen hallarse muy cerca de su estrella.

Planetas océano
Algunos exoplanetas tienen condiciones adecuadas para tener océanos de aguas profundas, pero aún no pueden detectarse directamente.

Exotierras
Se cree que un 22 % de las estrellas de la Vía Láctea tiene planetas de masa terrestre con condiciones posibles para la vida.

1996
LA OVEJA DOLLY

Científicos del Instituto Roslin de la Universidad de Edimburgo (Escocia) clonaron una oveja a partir de una célula adulta, en lugar de una célula embrionaria: fue el primer mamífero clonado de este modo, resultado de la transferencia nuclear desde una célula donante diferenciada a un óvulo no fecundado y anucleado (sin núcleo), implantado después en una hembra portadora para su desarrollo. La oveja que nació, llamada Dolly, era genéticamente idéntica a la oveja adulta que donó la célula diferenciada original.

Clonar a Dolly
De la ubre de una oveja se tomó una célula, de la que se retiró el núcleo. Este se implantó en un óvulo de otra oveja distinta, al que se le había retirado previamente el núcleo.

Núcleo retirado de la célula de la ubre

Crece una oveja genéticamente idéntica a la oveja 2

OVEJA 2

CÉLULA DE LA UBRE

CLON DE LA OVEJA 2

OVEJA 1

ÓVULO

Óvulo con el núcleo retirado

Núcleo de la célula de la ubre de la oveja 2 en el óvulo de la oveja 1

1996

1996 El científico estadounidense Gustav Arrhenius halla en rocas de Groenlandia pruebas del comienzo de la vida hace 3800 millones de años.

1996 Los paleontólogos hallan pruebas de que *Eosimias*, un primate que vivió hace unos 40 millones de años, pudo ser el antepasado de simios y humanos.

1996 El científico estadounidense Charles Keeling observa que la fecha de la actividad estacional de las plantas varía debido al cambio climático.

1996-2003
LA OVEJA DOLLY

Dolly comenzó su vida en un tubo de ensayo como la combinación de una célula de una oveja Finn Dorset y un óvulo de una oveja escocesa de cara negra. El embrión se transfirió a una hembra portadora, y nació el 5 de julio de 1996. Dolly vivió en el Instituto Roslin y tuvo seis crías.

△ **Meteorito** marciano

1996
¿VIDA EN MARTE?

Un equipo de científicos de la NASA anunció el descubrimiento de posibles indicios de vida antigua en un meteorito de Marte, una roca que salió despedida de la superficie marciana y llegó a la Antártida. El hallazgo, basado en rastros químicos y supuestos «microfósiles», fue muy debatido. Otros científicos propusieron luego modos en que esas sustancias y estructuras podrían haberse formado sin actividad biológica.

1997
CARBONO COMPARTIDO

La bióloga canadiense Suzanne Simard empleó isótopos como marcadores para mostrar que las raíces de los árboles —incluso de distinta especie— se conectan en micorrizas por medio de hongos. Esta comunicación permite a las plantas compartir y redistribuir elementos esenciales como carbono, nitrógeno y fósforo.

▷ **Bosque en la región de Charlevoix,** Quebec (Canadá)

1997 Más de 150 países adoptan el Protocolo de Kioto para limitar los gases de efecto invernadero.

1997

1997 La Mars Pathfinder de la NASA logra el primer aterrizaje con éxito en Marte en más de 20 años.

1997 El ordenador Deep Blue de IBM vence al gran maestro de ajedrez ruso Garri Kaspárov.

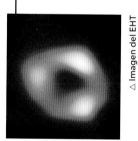

△ **Imagen del EHT** de un agujero negro

1996
CENTRO GALÁCTICO

Rastreando las órbitas de estrellas de movimiento rápido en el seno de la Vía Láctea, equipos dirigidos por el alemán Reinhard Genzel y la estadounidense Andrea Ghez demostraron la influencia de un objeto oscuro y compacto con la masa de al menos dos millones de soles en el centro mismo de la galaxia: un agujero negro supermasivo. El Event Horizon Telescope (EHT) obtuvo una imagen del objeto en 2022.

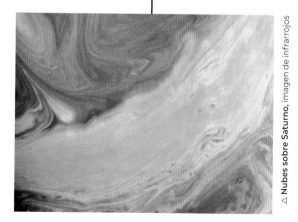

△ **Nubes sobre Saturno,** imagen de infrarrojos

1997
MISIÓN A SATURNO

En una ambiciosa misión interplanetaria, la NASA lanzó la sonda Cassini, que llevaba el módulo de descenso europeo Huygens, diseñado para estudiar el satélite gigante Titán. Los instrumentos de la Cassini estudiaron Saturno durante 13 años, y el módulo Huygens envió datos de Titán durante unos 90 minutos.

ENERGÍA OSCURA

A pesar de que hay varias líneas de pruebas que corroboran el concepto de energía oscura, su naturaleza sigue siendo un misterio. Una teoría extendida la ve como una constante cosmológica: una propiedad del espacio-tiempo que solo se manifiesta a escalas enormes. Esto podría explicar por qué su efecto parece aumentar con la expansión del cosmos. Una idea alternativa es que la energía oscura es una quinta fuerza fundamental, que se opone a la atracción gravitatoria a lo largo de muy grandes distancias.

Energía oscura y expansión del universo

Desde la explosión inicial del Big Bang, la tasa de expansión cósmica ha dependido del equilibrio cambiante entre la atracción gravitatoria de la materia y la fuerza de la energía oscura.

La energía oscura puede continuar reforzándose en el futuro

Desde hace unos 7500 millones de años, la energía oscura tiene fuerza suficiente para superar a la gravedad, y la expansión se acelera

Cúmulos galácticos en el universo joven

Después de la inflación, la expansión del universo se regulariza, y se ralentiza gradualmente debido a la fuerza de la gravedad de la materia que contiene

PRESENTE

HACE 7500 MILLONES DE AÑOS

BIG BANG

Cúmulos galácticos separados por la expansión

El propio espacio se expande, separando con ello cúmulos galácticos

La inflación desata una repentina y rápida expansión en la primera fracción de segundo

El universo comienza hace 13 800 millones de años

1998

1998 Astrónomos detectan una potente efusión de rayos gamma de una fuente a 12 000 millones de años luz, que entonces se consideró la explosión más potente desde el Big Bang.

1998 Imágenes de la misión Galileo muestran que Júpiter tiene cuatro anillos definidos y no tres.

1998 Dos equipos independientes de astrónomos hallan pruebas de que una fuerza desconocida, la energía oscura, está acelerando la expansión del universo.

1998

MASA DE NEUTRINOS

Los neutrinos son partículas elementales, predichas ya en la década de 1930. Hay tres tipos, o «sabores», de neutrino, y las observaciones indican que los neutrinos oscilan entre dichos sabores mientras viajan por el espacio. Sin embargo, esto requeriría que tuvieran masa, lo cual no concuerda con el modelo estándar (pp. 176–177). En 1998, científicos del observatorio de neutrinos Super-Kamiokande de Japón calcularon la masa del neutrino en una diezmillonésima parte de la masa de un electrón.

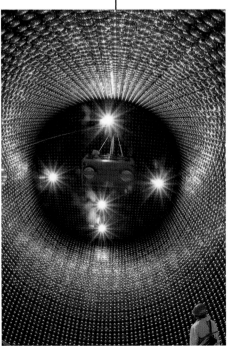

◁ **Detector de neutrinos** (Japón)

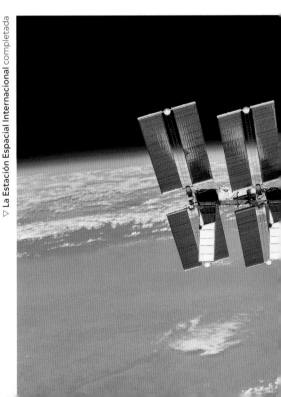

▷ La Estación Espacial Internacional completada

1999
MOTORES MOLECULARES

El químico neerlandés Bernard Feringa sintetizó el primer motor a escala molecular, al crear una molécula que rota en un solo sentido —a una velocidad de 12 millones de rpm— en respuesta a estímulos externos, como la luz. Desarrolló pruebas de viabilidad, como un «nanococche» hecho con cuatro «motores» moleculares para desplazarse por una superficie. Otras posibles aplicaciones son nuevos tipos de catalizadores, nanomateriales autoensamblados, y la electrónica a escala molecular.

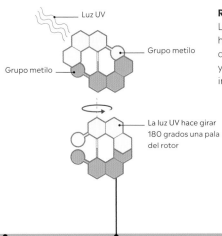

Luz UV

Grupo metilo

Grupo metilo

La luz UV hace girar 180 grados una pala del rotor

Rotación controlada
La irradiación con luz ultravioleta hace que la molécula, que tiene dos «palas», rote en un sentido, y los grupos metilo enlazados impiden que rote en el otro.

1999
RECUPERACIÓN DE HUMEDALES

Un estudio de los daños causados en el ecosistema único de los Everglades de Florida mostró que los flujos naturales del agua se habían alterado por los drenajes para la agricultura y el consumo humano. El declive de la calidad del agua y el crecimiento de vegetación invasiva habían reducido la vida salvaje. Como respuesta, agencias federales y estatales iniciaron un proyecto de miles de millones de dólares para recuperar y conservar el humedal.

△ Parque Nacional de los Everglades

1999

1999 El gusano nematodo *Caenorhabditis elegans* es el primer organismo multicelular cuyo genoma es secuenciado.

1999 La NASA pierde dos sondas espaciales, la Mars Climate Orbiter y la Mars Polar Lander, en su aproximación final a Marte.

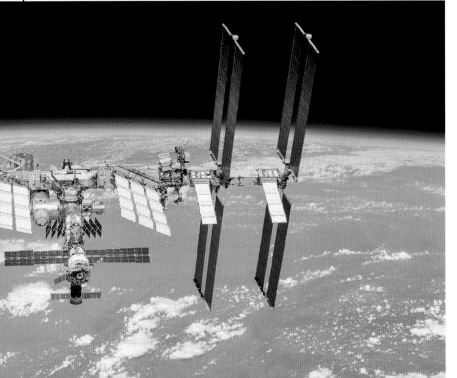

1998
LA ESTACIÓN ESPACIAL INTERNACIONAL

Rusia lanzó Zaryá, primer módulo de la nueva Estación Espacial Internacional (ISS), una colaboración entre las agencias espaciales de EE. UU., Rusia, Japón, Europa y Canadá. A las dos semanas, el primer módulo estadounidense, Unity, llegado en el transbordador *Endeavour*, se ensambló con Zaryá en la primera fase de un programa que continuó durante 12 años, hasta convertir la estación en un enorme laboratorio en órbita.

La ISS ha estado ocupada continuamente desde noviembre de 2000.

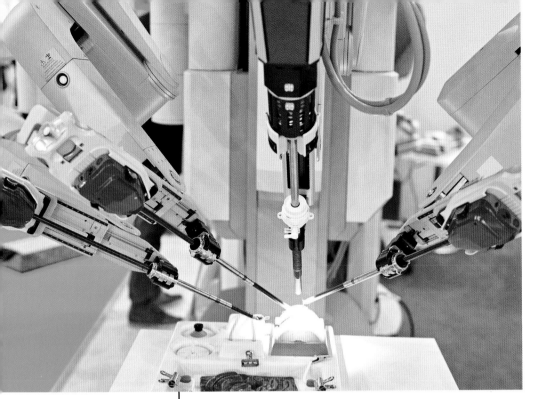

2000
CIRUGÍA ROBÓTICA

La idea de que un robot semiautónomo pudiera asistir en operaciones quirúrgicas se hizo realidad en las décadas de 1980 y 1990. Se usaron varios sistemas en pruebas limitadas en varios países. En 2000, la Administración de Alimentos y Medicamentos de EE. UU. aprobó el robot quirúrgico más conocido y utilizado hoy, el Sistema Quirúrgico Da Vinci.

◁ **Robot quirúrgico** Da Vinci

2000

**2000 El 50 %
de los hogares de
EE. UU.** dispone de un
ordenador personal.

**2000 Se desarrolla una variedad
de arroz** modificada genéticamente
que produce betacaroteno, precursor
de la vitamina A.

2000
RESULTADOS GENÓMICOS

El Proyecto Genoma Humano —proyecto internacional con financiación pública— y la Celera Genomics Corporation completaron la secuenciación inicial del 90 % del genoma humano. Los científicos que estudiaron el borrador hallaron que los humanos tenemos solo 30 000 genes: un número similar al de un gusano nematodo, y menos de los esperados.

▷ **Secuenciador**
automatizado de ADN

«Este es sin duda el mapa más importante y el más maravilloso producido por la humanidad.»

EL PRESIDENTE DE EE. UU. BILL CLINTON SOBRE LOS RESULTADOS
DEL PROYECTO GENOMA HUMANO (2000)

▽ Banco de Semillas del Milenio

2001
INVESTIGACIÓN EN CÉLULAS MADRE

Las células madre son las «células maestras» del cuerpo de las que derivan todas las demás células especializadas, y regeneran y reparan tejidos dañados. En 2001, el presidente de EE. UU. George Bush prohibió la financiación pública de la investigación en ciertas células madre humanas obtenidas de embriones, por consideraciones éticas.

2000
BANCO DE SEMILLAS

Hallándose en peligro de extinción dos de cada cinco especies de plantas, el Banco de Semillas del Milenio, coordinado desde Reino Unido, se creó para preservar la diversidad genética vegetal, proporcionando un seguro a largo plazo frente a la pérdida de especies. Hoy alberga una colección de más de 2400 millones de semillas secas y congeladas de más de 40 000 especies.

△ Células madre humanas

2001 La sonda NEAR-Shoemaker de la NASA se posa en el asteroide Eros tras un año de estudio en su órbita.

2001

2001 El tercer informe del IPCC detalla el aumento de indicios del calentamiento de los climas de la Tierra.

2000
EL RIBOSOMA

Los ribosomas, presentes en todas las células, son las estructuras a cargo del proceso vital de dirigir el ensamblaje de proteínas a partir del código genético. Los estudios del biólogo de origen indio Venki Ramakrishnan y el cristalógrafo israelí Ada Yonath ayudaron a elucidar la estructura del ribosoma, y permitieron averiguar cómo se une al ARN mensajero, ejecuta la receta del aminoácido que porta, y une estas unidades para producir proteínas.

△ **Ribosoma** unido a ARNm

2002
MARS ODYSSEY

La NASA anunció que su orbitador Mars Odyssey, lanzado en 2001, había encontrado grandes cantidades de hielo de agua en las capas superiores del suelo de Marte. El espectrómetro de rayos gamma detectó las emisiones características que produce el hidrógeno (en el hielo de agua) al ser bombardeado con rayos cósmicos de alta energía. La Odyssey cartografió el hielo en detalle, y mostró que es un componente clave del suelo marciano, sobre todo en latitudes altas.

▷ **Sonda** Mars Odyssey

2002

2002 Genetistas estadounidenses secuencian el genoma del protozoo *Plasmodium falciparum*, parásito causante de la forma más letal de malaria.

2002 Quaoar, un mundo helado del cinturón de Kuiper, es el mayor objeto del Sistema Solar descubierto después de Plutón.

2002 Físicos del CERN combinan miles de antiprotones y antielectrones (positrones) para hacer un gas de antihidrógeno.

2002 El zoólogo argentino-británico Alex Kacelnik demuestra que el cuervo de Nueva Caledonia dobla alambres para hacer ganchos: una hazaña en el uso de herramientas.

2002
COLAPSO DE LA BARRERA DE HIELO

Las temperaturas inusualmente altas en el mar de Wedell causaron una fusión drástica en la superficie y la formación de grietas en la plataforma de hielo de la península Antártica. En menos de un mes, la barrera de hielo Larsen B —un área de 3250 km²— se agrietó, se separó y se desintegró.

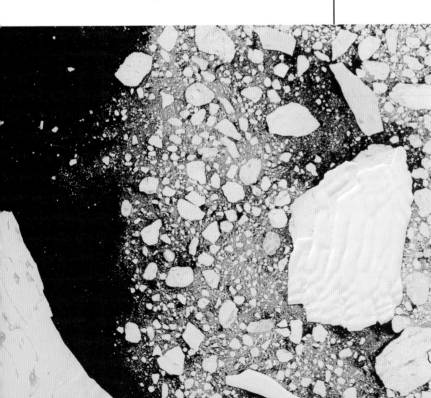

◁ **Imagen de satélite** de la plataforma Larsen B

> La barrera de hielo Larsen B fue estable durante 10 000 años hasta 2002.

2003
CARTOGRAFÍA DEL UNIVERSO

La NASA publicó el primer mapa detallado de su Wilkinson Microwave Anisotropy Probe (WMAP), sonda en órbita provista de instrumentos para cartografiar la radiación de fondo de microondas del borde del universo visible, y así revelar los orígenes de su estructura a gran escala. Con estos estudios, los científicos pudieron estimar la fecha del Big Bang en unos 13 800 millones de años atrás.

▷ **Mapa de la radiación** de microondas cósmicas de la WMAP

2003 El transbordador espacial *Columbia* se desintegra al reentrar en la atmósfera terrestre.

2003 El Proyecto Genoma Humano sigue avanzando, habiendo secuenciado el 92 % del genoma humano.

2003

2003 Una epidemia de síndrome respiratorio agudo grave (SARS) iniciada en China se extiende a 26 países.

▽ *Mantophasma zephyra*

2002
NUEVO ORDEN DE INSECTOS

Un nuevo orden de insectos carnívoros carentes de alas, los mantofásmidos, que se caracterizan por mantener levantado del suelo el extremo de las patas al caminar, se identificó en el área de Sudáfrica y Namibia. Posteriormente se clasificaron junto con los grillos topos en el orden *Notoptera*.

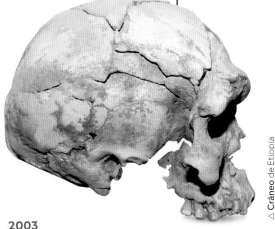

△ **Cráneo** de Etiopía

2003
EVOLUCIÓN HUMANA EN ÁFRICA

Un equipo internacional desenterró en Etiopía restos de dos adultos y un niño de 160 000 años de edad. Eran unos 60 000 años anteriores al espécimen más antiguo de *Homo sapiens* conocido hasta entonces, y respaldaron la teoría de que los humanos modernos evolucionaron como una sola especie en África, y no como resultado del cruce con otros precursores humanos, en particular los neandertales europeos.

Detección de partículas
Las partículas se descubren en instalaciones como el Gran Colisionador de Hadrones del CERN, que en 2012 anunció la detección del bosón de Higgs, la partícula elemental que confiere masa a las cosas.

EL MODELO ESTÁNDAR DE LA FÍSICA DE PARTÍCULAS

El modelo estándar, la teoría más completa de la física de partículas hasta el momento, se desarrolló a lo largo de la segunda mitad del siglo xx. Es un reflejo del conocimiento actual de que todo en el universo se compone de un número limitado de constituyentes de la materia (partículas elementales) y está gobernado por cuatro fuerzas fundamentales.

El modelo estándar clasifica todas las partículas conocidas por sus propiedades —entre ellas la carga eléctrica y la masa, así como otras menos tangibles como el espín— y describe tres de las cuatro fuerzas fundamentales. Las partículas de materia (fermiones) se dividen en quarks y leptones, habiendo seis tipos de cada uno, y se emparejan asimismo en tres «generaciones» de masa creciente. Cada fermión tiene una antipartícula correspondiente de masa idéntica pero carga opuesta; la antipartícula del electrón, por ejemplo, es el positrón. Los fermiones se ven influidos por partículas portadoras de fuerza llamadas bosones: los fotones, portadores de electromagnetismo; los gluones, portadores de fuerza fuerte (que cohesiona las partículas); y los bosones W y Z, portadores de fuerza débil (que causa las reacciones nucleares).

A pesar del éxito que ha tenido el modelo estándar —al predecir, por ejemplo, las propiedades de los bosones W y Z—, no es una «teoría del todo». Entre otras limitaciones, no incorpora la gravedad, tal como la describe la teoría de la relatividad general (p. 197), ni incluye partícula alguna que pudiera constituir la materia oscura que abunda más que la ordinaria en el universo (p. 266).

A la caza de los quarks
El modelo estándar predijo la existencia del quark más pesado, llamado quark arriba, que fue hallado en un colisionador de partículas del Fermilab, en Illinois (EE. UU.), en 1995.

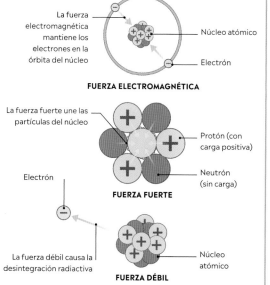

La fuerza electromagnética mantiene los electrones en la órbita del núcleo

Núcleo atómico

Electrón

FUERZA ELECTROMAGNÉTICA

La fuerza fuerte une las partículas del núcleo

Electrón

Protón (con carga positiva)

Neutrón (sin carga)

FUERZA FUERTE

La fuerza débil causa la desintegración radiactiva

Núcleo atómico

FUERZA DÉBIL

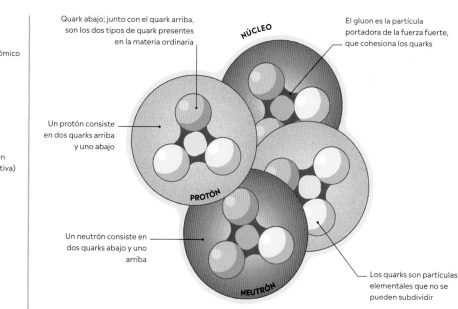

Quark abajo; junto con el quark arriba, son los dos tipos de quark presentes en la materia ordinaria

NÚCLEO

El gluon es la partícula portadora de la fuerza fuerte, que cohesiona los quarks

Un protón consiste en dos quarks arriba y uno abajo

PROTÓN

Un neutrón consiste en dos quarks abajo y uno arriba

NEUTRÓN

Los quarks son partículas elementales que no se pueden subdividir

FUERZAS FUNDAMENTALES

Las cuatro fuerzas fundamentales son la gravitatoria, la electromagnética, la fuerte y la débil. Tres de las cuatro tienen partículas portadoras conocidas, como los electrones para la electromagnética, que dan lugar a interacciones entre otras partículas.

PARTÍCULAS ELEMENTALES

Toda la materia del universo está hecha de partículas elementales, es decir, partículas que no pueden subdividirse más. Las partículas de materia, los fermiones, se dividen en dos familias: quarks y leptones. Los leptones pueden existir solos, pero los quarks solo pueden existir unidos a otros quarks por la fuerza fuerte en partículas compuestas.

2004
ROVERS DE EXPLORACIÓN DE MARTE

Los Mars Exploration Rovers gemelos de la NASA, Spirit y Opportunity, se posaron en la superficie de Marte. Pesaban 185 kg y medían 1,5 m de altura, funcionaban con energía solar y portaban diversos instrumentos para obtener imágenes de la superficie y analizar rocas. El Spirit exploró el cráter Gusev hasta 2010, y el Opportunity estudió la llanura Meridiani hasta 2018.

◁ Mars Exploration Rover

2004

2004 Estudiosos de EE. UU. hallan que los océanos absorben y almacenan casi la mitad del CO_2 atmosférico generado por los humanos.

2004 La misión Cassini entra en órbita alrededor de Saturno y despliega la sonda Huygens en Titán en 2005.

2004
TSUNAMI DEVASTADOR

Uno de los tsunamis más mortíferos registrados en toda la historia mató a unas 230 000 personas en una docena de países ribereños del océano Índico. Fue causado por un terremoto y una falla del lecho marino cerca del norte de Sumatra, que desplazó súbitamente un volumen de agua marina enorme. Se formaron olas que viajaron a más de 700 km/h en sentidos opuestos, una a través del Índico hacia África y la otra hacia Indonesia y Tailandia.

△ Edificios destruidos en Tailandia por el tsunami de 2004

2004
GRAFENO

El neerlandés-británico André Geim y el ruso-británico Konstantín Novosiólov descubrieron un sencillo método para aislar una forma nueva del carbono, el grafeno: una capa de un átomo de grosor de átomos de carbono dispuestos en celdas hexagonales, y la primera estructura cristalina bidimensional descubierta. Es más resistente que el acero, conduce la electricidad y el calor y es transparente.

△ André Geim

2004
ENERGÍA OSCURA CONFIRMADA

Utilizando el observatorio de rayos X Chandra, los astrónomos estudiaron el gas caliente de cúmulos galácticos a miles de millones de años luz de la Tierra. Los datos apuntaban a que la expansión del universo se había ido ralentizando hasta hace unos 6000 millones de años, cuando comenzó a acelerarse. Este cambio se atribuyó al efecto repulsivo de la energía oscura.

◁ **Gas caliente** en el cúmulo galáctico Abell 2029

2005-2020
CRISPR

Las repeticiones palindrómicas cortas agrupadas y regularmente espaciadas (CRISPR) son secuencias de ADN presentes en muchas bacterias. Combinadas con la enzima Cas9, sirven para localizar, cortar y editar genes con gran precisión. Esta técnica comenzaron a desarrollarla en 2005 la francesa Emmanuelle Charpentier y la estadounidense Jennifer Doudna, y cuenta con diversas aplicaciones biológicas y médicas.

△ Jennifer Doudna (izda.) y Emmanuelle Charpentier (dcha.)

2005 El biólogo estadounidense Peter Andolfatto muestra la importancia evolutiva del llamado «ADN basura», que constituye más del 95 % del ADN humano.

2005 Se descubren Eris y Makemake, dos grandes planetas enanos helados más allá de Neptuno; Eris es del tamaño aproximado de Plutón.

2005

2005 La sonda espacial Deep Impact dispara un impactador contra el cometa Tempel 1 y estudia sus efectos.

2005 Se crea un mapa del genoma humano llamado HapMap (mapa de haplotipos), que permite localizar genes y variaciones que afectan a la salud y la enfermedad.

EDICIÓN DEL GENOMA

Los avances tecnológicos han permitido editar un genoma, retirando, remplazando o añadiendo secuencias de genes. La última técnica usa CRISPR (secuencias de ADN que las bacterias emplean para combatir a los virus) y una enzima bacteriana llamada Cas9, que corta la secuencia genómica del ADN en lugares precisos. Las aplicaciones de esta tecnología van desde la modificación del genoma en plantas —para hacerlas resistentes a los patógenos, por ejemplo— hasta la eliminación o el remplazo de genes que causan enfermedades como el cáncer en humanos.

Cómo funciona CRISPR-Cas9
CRISPR guía a la enzima bacteriana Cas9 hasta lugares específicos de la secuencia de ADN, en los que corta la hebra. La tecnología CRISPR-Cas9 se conoce también como «tijeras genéticas».

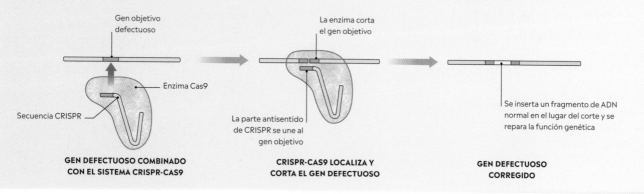

Gen objetivo defectuoso

Enzima Cas9

Secuencia CRISPR

GEN DEFECTUOSO COMBINADO CON EL SISTEMA CRISPR-CAS9

La enzima corta el gen objetivo

La parte antisentido de CRISPR se une al gen objetivo

CRISPR-CAS9 LOCALIZA Y CORTA EL GEN DEFECTUOSO

Se inserta un fragmento de ADN normal en el lugar del corte y se repara la función genética

GEN DEFECTUOSO CORREGIDO

2006
MUESTRA DE POLVO ESTELAR

Una cápsula con polvo del cometa Wild 2 regresó en paracaídas a la Tierra, liberada por la sonda Stardust. Lanzada desde la Tierra en 1999, la Stardust sobrevoló el cometa en 2004 y obtuvo polvo de su coma usando un material de baja densidad, el aerogel. La nave continuó su misión para encontrarse con otro cometa, Tempel 1, y estudiar los resultados de la misión Deep Impact.

▽ **Cometa Wild 2**

2007
RETIRADA DE GLACIARES

Los científicos revelaron que el hielo de la cima del monte Kilimanjaro había menguado un 1% al año entre 1912 y 1953, y aproximadamente un 2,5% al año entre 1989 y 2007. La pérdida era similar a la observada en otros glaciares de baja altitud, y a este ritmo, los campos de hielo y glaciares del Kilimanjaro desaparecerán en las próximas décadas.

▷ **Glaciar** del Kilimanjaro

2006 Al descubrirse objetos grandes más allá de Neptuno, Plutón es relegado a la nueva clase de los «planetas enanos».

2006 Los científicos advierten de que las extinciones se están dando a entre cien y mil veces la tasa de fondo normal.

2007 Estudios de asociación del genoma aceleran la investigación de enfermedades comparando muestras de ADN de miles de afectados con ADN normal.

2006

2006 El proyecto Búsqueda de Gran Angular de Planetas (WASP) descubre exoplanetas por la disminución de su brillo al pasar ante su estrella.

△ Fibroblastos de un ratón

2006
GENERACIÓN DE CÉLULAS MADRE

Las células madre son células no diferenciadas que pueden desarrollarse en tejidos muy diversos. El embriólogo japonés Shinya Yamanaka logró un avance al mostrar cómo generarlas a partir de células adultas. Conocidas como células madre pluripotentes (IPS o IPSC), se pueden producir en cantidad y pueden dar lugar a cualquier otro tipo de célula.

▽ *Tiktaalik roseae*

2006
ESLABÓN PERDIDO

El descubrimiento en el Ártico canadiense del esqueleto fósil parcial de *Tiktaalik*, de 375 millones de años, reveló un vínculo evolutivo entre los peces y los primeros animales con cuatro extremidades (tetrápodos) terrestres. Aunque era acuático, con un cráneo como el de los cocodrilos y escamas óseas, *Tiktaalik* también tenía un par de musculosas aletas delanteras que parecían capaces de impulsar al animal en tierra.

En 2007, el IPCC informó de que el nivel de los mares había subido 3,1 mm al año desde 1993.

2007 El genetista estadounidense Craig Venter crea el primer organismo sintético al diseñar, sintetizar y ensamblar la bacteria *Mycoplasma mycoides*, en un proceso consistente en sustituir el genoma de una especie bacteriana por el de otra.

△ Pez cebra

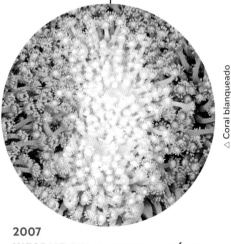

△ Coral blanqueado

2007

REGENERACIÓN DEL CORAZÓN

Los mamíferos, humanos incluidos, tienen muy poca capacidad para regenerar el tejido cardíaco dañado, a diferencia de los peces y anfibios. Los biólogos estadounidenses Robert Major y Kenneth Poss estudiaron los procesos implicados en la regeneración cardíaca del pez cebra, una investigación que podría revelar cómo estimularla en nuestra especie.

2007

INFORME DEL CAMBIO CLIMÁTICO

El Grupo Intergubernamental sobre el Cambio Climático (IPCC) presentó pruebas concluyentes del calentamiento global y predijo mayores tasas de fusión de casquetes de hielo, aumento del nivel del mar y blanqueo del coral. Informó de un aumento de las temperaturas globales de 0,77 °C en los últimos cien años, y de que once de los doce años transcurridos entre 1995 y 2006 habían sido de los más cálidos registrados.

2008
GRAN COLISIONADOR DE HADRONES

El acelerador de partículas más potente del mundo, el Gran Colisionador de Hadrones del CERN, comenzó a operar el 10 de septiembre de 2008. Su principal componente es un anillo de 27 km de circunferencia en la frontera entre Francia y Suiza. En el interior, imanes superenfriados guían y aceleran haces de partículas y antipartículas a velocidades próximas a la de la luz, y los detectores observan lo que ocurre cuando colisionan.

▷ Gran Colisionador de Hadrones

El Gran Colisionador de Hadrones del CERN es la mayor máquina de la historia.

2008

2008 La misión Shenzhou 7 lleva a la primera tripulación china al espacio.

2008 Astrónomos europeos detectan el monosacárido glicoaldehído en una región de formación estelar de la Vía Láctea, una prueba de la extensión de los constituyentes básicos de la vida.

2008 La sonda MESSENGER vuela a 200 km de Mercurio en el primero de tres sobrevuelos antes de entrar en órbita.

2008 El ordenador Roadrunner de IBM rompe la barrera del petaflop, al realizar mil billones (un petaflop) de operaciones por segundo.

△ Sonda Phoenix

2008
LA PHOENIX EN MARTE

La sonda Phoenix de la NASA aterrizó sobre la región polar norte de Marte. Usó su brazo robótico para abrir una zanja y exponer el permafrost (mezcla de hielo y tierra) marciano y confirmó la presencia de hielo de agua. Otros análisis identificaron sales en el suelo de Marte, entre ellas algunas que reaccionaban con la luz solar haciendo las capas superficiales del suelo hostiles para la vida.

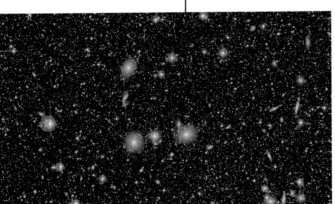

▷ Galaxias en la región del Gran Atractor

2008
EL GRAN ATRACTOR

Un equipo de astrónomos dirigido por el científico de la NASA de origen letón Alexander Kashlinsky sugirió que cierta región del cielo austral atraía cúmulos de galaxias, y que este «flujo oscuro» podía deberse a condiciones iniciadas en el Big Bang. Otros atribuyeron el movimiento al «Gran Atractor», una concentración de galaxias en dicha región que ejercen una enorme fuerza gravitatoria.

2008
HISTORIA EN HIELO

Al compactarse la nieve caída en capas de hielo denso, atrapa microburbujas de gas atmosférico, que quedan selladas bajo la superficie. El análisis de núcleos de hielo de la Antártida mostró que hoy día los niveles de los gases de efecto invernadero dióxido de carbono y metano son, respectivamente, un 28 % y un 134 % más altos que en los últimos 800 000 años.

△ **Extracción** de un núcleo de hielo

◁ **Medusa** desplazando agua

2009
MEZCLA MARINA

La vida oceánica depende del movimiento del agua para transportar nutrientes vitales de un lugar a otro. Durante muchos años se creyó que eran el viento y las mareas los que distribuían los nutrientes. Sin embargo, estudios realizados en la década de 2000 mostraron que las perturbaciones causadas por el movimiento de peces y otros animales marinos contribuían de forma importante a dicha propagación.

2009 Se descubre en Etiopía *Ardipithecus ramidus* («Ardi»), un homínido de hace 4,4 millones años que caminaba erguido y trepaba a los árboles.

2009 Se lanza el telescopio espacial Kepler, que empieza a buscar exoplanetas.

2009

2009
DINOSAURIO EMPLUMADO

El hallazgo en China de un dinosaurio con plumas extraordinariamente bien conservado mostró que había dinosaurios aviares en la Tierra hace más de 150 millones de años, en el Jurásico tardío. *Anchiornis huxleyi*, del tamaño de un cuervo, tenía plumas como de alas en las extremidades, así como en los pies y la cola. Es algo anterior a *Archaeopteryx*, que se creía el dinosaurio semejante a las aves más antiguo.

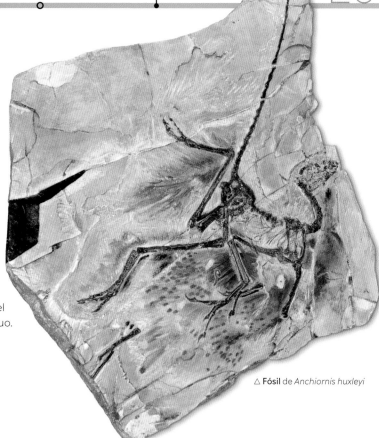

△ **Fósil** de *Anchiornis huxleyi*

2010
GENES NEANDERTALES

El genetista sueco Svante Pääbo y sus colegas recuperaron ADN de huesos de neandertal de 38 300–44 400 años de edad de una cueva croata. Secuenciaron el 60 % del genoma neandertal y hallaron pruebas de que los humanos modernos que vivían fuera de África se cruzaron con neandertales hace entre 45 000 y 80 000 años.

△ Svante Pääbo, genetista

▷ *Sinosauropteryx*

2010
DINOSAURIOS EN COLOR

Los paleontólogos descubrieron melanosomas (estructuras celulares cromáticas) en fósiles extraordinariamente bien preservados de dinosaurios con plumas y de algunas de las primeras aves en estratos del Cretácico temprano en China. Así, pudieron reconstruir la coloración original de algunos de estos animales extintos. El pequeño terópodo *Sinosauropteryx*, por ejemplo, tenía una larga cola cubierta de plumas filamentosas en un patrón de rayas blancas y marrones.

2010 Una mezcla de agua de fusión de un glaciar y magma expulsa vapor y ceniza del volcán islandés Eyjafjallajökull.

2010 La NASA lanza el Solar Dynamics Observatory para estudiar y ayudar a predecir el clima espacial.

2010

2010 Investigadores de la Universidad de California en Santa Bárbara construyen una máquina capaz de exhibir un estado cuántico puro de tamaño suficiente para poder verse a simple vista.

2010
DESASTRE AMBIENTAL

Una explosión en la plataforma petrolífera Deepwater Horizon de BP mató a once trabajadores y causó el mayor vertido en la historia de la exploración petrolífera marina. Más de 4 millones de barriles de petróleo contaminaron el golfo de México y sus costas. El coste de las indemnizaciones y la limpieza superó los 60 millones de dólares.

▷ Rastros de colisión de iones de plomo

▷ Deepwater Horizon en llamas

2010
RECREACIÓN DEL BIG BANG

El Gran Colisionador de Hadrones del CERN (p. 294) suele emplearse para hacer colisionar protones y antiprotones, pero durante unas semanas de 2010, se utilizó para acelerar y hacer colisionar iones de plomo. De masa muy superior que los protones, las energías implicadas en sus colisiones son mucho mayores. Estos experimentos dieron a los físicos la oportunidad de crear y estudiar el plasma de quark-gluones: unas condiciones similares a las de los primeros instantes después del Big Bang.

△ **Acelerador de partículas** Tevatron del Fermilab

2010
MATERIA Y ANTIMATERIA

Uno de los mayores desafíos para la física de partículas es explicar por qué en el universo predomina la materia, en lugar de la antimateria. En 2010, el acelerador Tevatron del Fermilab, en Illinois (EE. UU.), proporcionó una pista importante en relación con esta asimetría, al observar los investigadores que las partículas llamadas mesones B se desintegran más a menudo en muones que en antimuones.

«[...] un descubrimiento fenomenal en el curso de la historia humana».

GEOFF MARCY, ASTRÓNOMO ESTADOUNIDENSE, SOBRE EL DESCUBRIMIENTO DE KEPLER-22B (2011)

2011 La NASA anuncia el descubrimiento de Kepler-22b, el primer planeta conocido en la zona habitable de una estrella análoga solar.

2011 China lanza un prototipo de estación espacial, Tiangong-1, que visitan dos misiones tripuladas en 2012 y 2013.

2011

2011 Un grave terremoto y un tsunami matan a más de 19 000 personas y dañan la planta nuclear japonesa de Fukushima.

2011 La población humana de la Tierra alcanza los 7000 millones tan solo 12 años después de llegar a los 6000 millones.

2011
LOS DENISOVANOS

El análisis del ADN fósil recuperado de un pequeño hueso de dedo hallado en la cueva de Denisova, en Siberia (Rusia), reveló la existencia de un genoma hasta entonces desconocido de un grupo de humanos extinto. Se les llamó denisovanos, pues no se conocía su anatomía lo suficiente como para darles un nombre científico. Vivieron en Asia central hace entre 500 000 y 30 000 años, y según el análisis genético, se encontraron y cruzaron tanto con los neandertales como con los antepasados de los actuales papúes neoguineanos.

▷ **Denisovano varón,** recreación artística especulativa

2012
EL BOSÓN DE HIGGS

El 4 de julio de 2012, los físicos del CERN anunciaron que habían detectado el bosón de Higgs, partícula asociada al campo de Higgs que da a las partículas fundamentales su masa. Esto confirmó una teoría anterior, propuesta entre otros por el británico Peter Higgs. Tan importante era el bosón de Higgs para el modelo de partículas e interacciones que algunos lo llamaron la «partícula de Dios».

△ Peter Higgs

2012

«Es agradable tener razón a veces [...] la espera ha sido larga, desde luego.»

PETER HIGGS EN UNA CONFERENCIA DE PRENSA (2012)

2012
AGUA EN MERCURIO

Datos de la sonda MESSENGER, que entró en órbita alrededor del planeta más interior del Sistema Solar en 2011, confirmaron la presencia de agua en el polo norte de Mercurio. Pese a las abrasadoras temperaturas diurnas, la orientación del planeta hace que los cráteres que se hallan cerca de los polos estén siempre en sombra. En ellos se han acumulado hielo y sustancias orgánicas de los cometas que han golpeado la superficie del planeta a lo largo de miles de millones de años.

▷ Los polos de Mercurio

2012 El hielo ártico se reduce a 3,4 millones de km², su menor extensión desde que comenzaron las observaciones de satélite en 1979.

2012 La sonda Voyager 1, lanzada en 1977, atraviesa la heliopausa y entra en el espacio interestelar.

2012
CURIOSITY EN MARTE

La misión Mars Science Laboratory de la NASA desplegó en Marte el *rover* Curiosity, del tamaño de un automóvil, con instrumentos como láseres, taladros y un laboratorio para analizar rocas. Los resultados mostraron que el lugar de aterrizaje (el cráter Gale) estuvo bajo el agua en el pasado remoto. También se detectaron moléculas orgánicas en el suelo, indicio de condiciones pasadas que pudieron ser aptas para la vida.

◁ El *rover* Curiosity

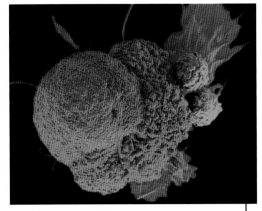

△ **Célula cancerosa** (rojo)
atacada por dos linfocitos T (azul)

2013
TERAPIA GÉNICA

Científicos estadounidenses desarrollaron un nuevo tratamiento para ciertos tipos de leucemia basado en la modificación genética de linfocitos T (células inmunes). Se dotó a linfocitos T extraídos de la sangre de los pacientes de un nuevo gen para una proteína que los dirigía a atacar a las células de la leucemia; se les volvieron a inyectar los linfocitos T, y dos tercios de ellos se recuperaron.

△ El tifón Haiyan

2013
LA MAYOR TORMENTA REGISTRADA

El tifón Haiyan, la tormenta tropical más potente registrada, golpeó las Filipinas el 8 de noviembre y mató a más de 6300 personas. Formada sobre el océano Pacífico, se dirigió al noroeste hasta el sur de Filipinas, con vientos de hasta 315 km/h. La subida del nivel del mar por el cambio climático agravó las marejadas ciclónicas.

2012 Un vehículo SpaceX Dragon transporta el primer cargamento comercial a la ISS.

2013 Los niveles globales de dióxido de carbono superan las 400 ppm por primera vez en 400 000 años.

2013

2012 Científicos rusos taladran a través de 3,8 km de hielo antártico hasta llegar al antiguo lago Vostok.

2013 Usando el detector IceCube en el polo sur, los científicos detectan neutrinos tan energéticos que deben de haberse originado más allá del Sistema Solar.

2013
INICIATIVA CEREBRAL

Un grupo de neurocientíficos propuso crear el Brain Activity Map (BAM) para tratar de comprender mejor los mecanismos cerebrales de la percepción, la acción, los recuerdos, el pensamiento y la conciencia. El ambicioso proyecto pretendía explicar los circuitos implicados en el más complejo de los órganos humanos, y exigió una revolución tecnológica comparable a la que requirió el Proyecto Genoma Humano.

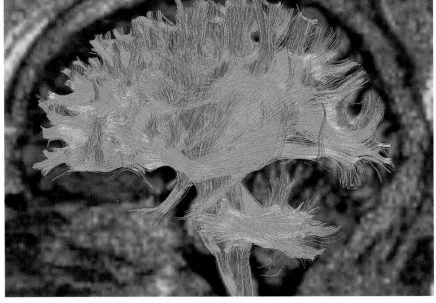

△ **RM de difusión** del cerebro humano

2014
PERSECUCIÓN DE UN COMETA

Tras diez años de viaje, la nave Rosetta de la Agencia Espacial Europea entró en la órbita del cometa 67P Churiumov-Guerasimenko para estudiarlo durante su aproximación al Sol desde más allá de la órbita de Marte. El módulo de aterrizaje Philae se posó en su superficie, pero perdió contacto al hacerlo en una depresión profunda. Sin embargo, dos años más tarde, al final de su misión, la propia Rosetta descendió y aterrizó con éxito.

▷ **Lugar de aterrizaje** de Philae en el cometa 67P

2014

2014 Estudios confirman que la fusión de la capa de hielo de la Antártida occidental es imparable, y que añadirá 4 m al nivel global del mar.

2014 El Observatorio Orbital de Carbono es el primer satélite terrestre capaz de cartografiar la emisión y absorción regional de CO_2.

2015 La teixobactina es el primer antibiótico descubierto en 30 años.

2014 Un grabado en una concha de 500 000 años hallada en Java indica que *Homo erectus* pudo tener capacidad para el pensamiento simbólico.

2014
VIRUS CONGELADO

Biólogos franceses descubrieron un virus que había estado latente durante 30 000 años en el permafrost de Siberia. Una vez descongelado, el virus, al que llamaron *Pithovirus sibericum*, se volvió de nuevo infeccioso. Los investigadores advirtieron de que la descongelación del suelo por el calentamiento del clima podía liberar otros virus.

△ **Muestra de permafrost** del Pleistoceno

▷ **Proteína** de seroalbúmina humana

2014
MAPA DEL PROTEOMA HUMANO

El proteoma es el conjunto de todas las proteínas presentes en el cuerpo humano. Un equipo internacional de investigadores usó técnicas como la espectroscopía de masas para construir el Mapa del Proteoma Humano, equivalente proteínico del Proyecto Genoma Humano. Hallaron proteínas codificadas por 17 294 genes, un 84 % de los genes que se cree que codifican proteínas.

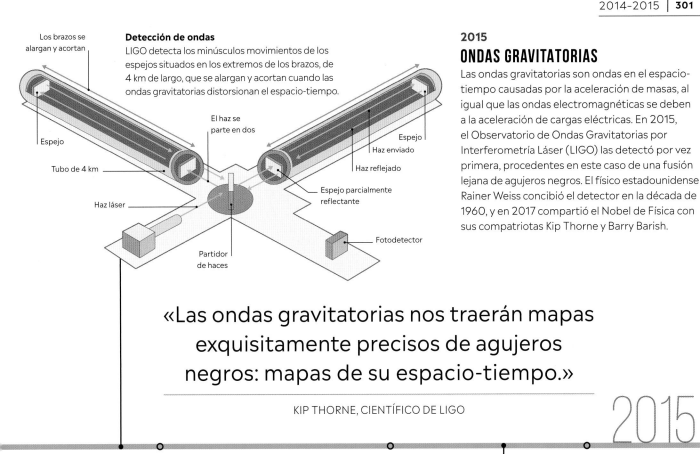

Los brazos se alargan y acortan

Detección de ondas
LIGO detecta los minúsculos movimientos de los espejos situados en los extremos de los brazos, de 4 km de largo, que se alargan y acortan cuando las ondas gravitatorias distorsionan el espacio-tiempo.

Espejo

El haz se parte en dos

Espejo

Haz enviado

Tubo de 4 km

Haz reflejado

Espejo parcialmente reflectante

Haz láser

Fotodetector

Partidor de haces

2015
ONDAS GRAVITATORIAS

Las ondas gravitatorias son ondas en el espacio-tiempo causadas por la aceleración de masas, al igual que las ondas electromagnéticas se deben a la aceleración de cargas eléctricas. En 2015, el Observatorio de Ondas Gravitatorias por Interferometría Láser (LIGO) las detectó por vez primera, procedentes en este caso de una fusión lejana de agujeros negros. El físico estadounidense Rainer Weiss concibió el detector en la década de 1960, y en 2017 compartió el Nobel de Física con sus compatriotas Kip Thorne y Barry Barish.

«Las ondas gravitatorias nos traerán mapas exquisitamente precisos de agujeros negros: mapas de su espacio-tiempo.»

KIP THORNE, CIENTÍFICO DE LIGO

2015

2015 El descubrimiento de dientes en una mandíbula de 2,8 millones de años de Etiopía llena un vacío evolutivo entre australopitecinos y humanos.

2015 Añadir rubidio a buckybolas convierte el aislante en conductor y crea un nuevo estado de la materia llamado metal Jahn-Teller.

2015 Las sondas Dawn y New Horizons envían imágenes próximas de Ceres y Plutón.

2015
NUEVA ESPECIE DE HOMO

En una cueva de Sudáfrica se hallaron cientos de huesos, que más adelante se determinó que pertenecían a una nueva especie humana, *Homo naledi*, que vivió entre 335 000 y 236 000 años atrás. La especie tenía algunos rasgos modernos en manos y pies, pero conservaba otros más antiguos en el cerebro y el tamaño del cráneo.

▷ **Cráneo** de *Homo naledi*

2017
COLISIÓN DE ESTRELLAS DE NEUTRONES

El LIGO (p. 301) de EE. UU. y el interferómetro VIRGO de Italia detectaron las ondas gravitatorias producidas por la fusión de dos estrellas de neutrones superdensas a 130 millones de años luz. Este evento cataclísmico lo observaron también una serie de telescopios de distintas longitudes de onda, y se confirmó que las fusiones de estrellas de neutrones son la fuente de breves estallidos de rayos gamma desde el espacio profundo.

▷ **Instalaciones del LIGO** en Livingstone (Luisiana, EE. UU.)

2016

2016 El primer bebé de tres progenitores nace en México, de un espermatozoide paterno, un núcleo celular materno y un óvulo enucleado.

△ **Mosquito tigre**

2016 Se descubre un exoplaneta, Proxima Centauri b, en la órbita de la estrella más próxima a nuestro Sol.

2016 Primeras pruebas en humanos con la tecnología CRISPR-Cas9 (p. 291), destinadas a crear células inmunes genéticamente alteradas para atacar el cáncer.

2016
VIRUS DEL ZIKA

En febrero de 2016, la Organización Mundial de la Salud (OMS) declaró una emergencia de salud pública por un brote del virus del Zika en Brasil. El virus (cuyo nombre alude al bosque de Zika, en Uganda, donde fue aislado en 1947) se propagó rápidamente, asociado a la malformación del cerebro en recién nacidos. Es transmitido por mosquitos, principalmente por el mosquito de la fiebre amarilla *Aedes aegypti* y el mosquito tigre *A. albopictus*.

▽ **Oumuamua** en el Sistema Solar, impresión artística

2017
VISITANTE DEL ESPACIO EXTERIOR

El astrónomo canadiense Robert Weryk descubrió un objeto semejante a un cometa que resultó ser el primer visitante interestelar confirmado al Sistema Solar. Llamado Oumuamua («explorador» en hawaiano), es un objeto oblongo de 1 km de longitud, tiene una superficie rojiza y avanza dando tumbos. Su órbita hiperbólica, que contribuye a evitar que lo atrape la gravedad del Sol, no puede explicarse por encuentros pasados con ninguno de los planetas de nuestro sistema.

△ Criostato que enfría el IBM Q hasta casi cero absoluto

2017
COMPUTACIÓN CUÁNTICA

Los ordenadores cuánticos pueden realizar cálculos mucho más rápido que los convencionales, pues usan qubits (bits cuánticos), que pueden tener muchos valores simultáneos, a diferencia de los bits (dígitos binarios), que solo pueden ser 1 o 0. El sistema IBM Q logró en 2017 un hito al manejar 50 qubits al mismo tiempo.

2018
CRISIS CLIMÁTICA

En un año de graves incendios forestales en EE. UU., olas de calor en el sur de Europa y grandes tormentas en el Pacífico oriental, un informe del Comité Intergubernamental sobre el Cambio Climático (IPCC) advirtió de que limitar el calentamiento global a 1,5 °C en 2100 requeriría cambios sociales de largo alcance y sin precedentes, y que las consecuencias de no hacerlo serían devastadoras.

△ Incendio forestal en EE. UU.

2018 La Conferencia General de Pesos y Medidas aprueba una nueva definición del kilogramo en términos de constantes fundamentales, que sustituye a la de 1889, que se refería a la masa de un cilindro metálico particular.

2018

2017 Los biólogos nombran una nueva especie de orangután, *Pongo tapanuliensis*, basándose en estudios de ADN; solo quedan 800 en libertad.

△ Fósil de *Dickinsonia*

2018
PALEONTOLOGÍA MOLECULAR

El análisis químico de fósiles de *Dickinsonia* de 550 millones de años de antigüedad hallados en Australia reveló trazas de moléculas orgánicas semejantes al colesterol, presente solo en animales. Como biomarcador, respaldó la clasificación de *Dickinsonia* no solo como un animal, sino como el más antiguo conocido del registro fósil.

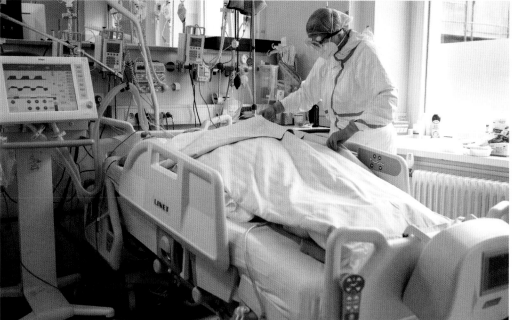

2020
COVID-19

En diciembre de 2019, La Comisión de Salud de la provincia de Wuhan (China) informó de una serie de casos semejantes a la neumonía. La causa se identificó en un nuevo coronavirus, 2019-nCoV. En marzo de 2020, la Organización Mundial de la Salud declaró que la COVID-19 debía considerarse una pandemia. En menos de un año se desarrollaron vacunas eficaces en Europa y EE. UU., pero al final de 2022, la COVID-19 se había cobrado ya 6,6 millones de vidas en el mundo.

◁ **Paciente de COVID-19**
en cuidados intensivos

2019 Google logra la «supremacía cuántica», y proclama que su ordenador cuántico realiza en 200 segundos un cálculo que llevaría muchos años a un ordenador normal.

2019

2019 El aterrizador InSight de la NASA detecta el primer temblor sísmico en otro planeta, en Marte.

2019 Una colaboración global de radiotelescopios capta la silueta de un agujero negro supermasivo en la lejana galaxia Messier 87.

2019
SOBREVUELO MÁS LEJANO

La sonda New Horizons, lanzada en 2006 y que visitó Plutón en 2015, sobrevoló un pequeño objeto en el cinturón de Kuiper, Arrokoth. Fue el encuentro más lejano hasta la fecha entre una nave y un objeto espacial. Las imágenes revelaron un binario de contacto en forma de mancuerna de 36 km de longitud, formado por dos objetos helados unidos en una colisión suave tras aproximarse en espiral. Está cubierto por sustancias complejas de base carbónica, formadas por la exposición a la radiación solar y cósmica.

△ **Vista de Arrokoth**
desde la New Horizons

2020
INTELIGENCIA ARTIFICIAL

El algoritmo DeepMind de Google superó a los radiólogos en la detección del cáncer de mama con imágenes de rayos X, y un sistema de inteligencia artificial (IA) entrenado por médicos de la Universidad de Pittsburgh superó a los humanos en la identificación del cáncer en imágenes de biopsias. La IA sigue hallando aplicaciones en otras áreas, como la mejora de los resultados de los motores de búsqueda, el reconocimiento facial, los juegos o la conducción de vehículos autónomos.

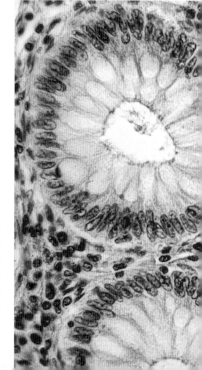

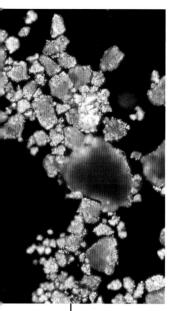

2020
CONTAMINACIÓN POR PLÁSTICOS

Un estudio australiano que usó un robot para obtener muestras de sedimento halló que el lecho oceánico era un sumidero de microplásticos. Estos son el resultado de la desintegración de los plásticos tirados al océano, y su volumen global se estima en 14 millones de toneladas. Tales microplásticos incluyen las microesferas de exfoliantes, geles de ducha y dentífricos.

◁ **Partículas de microplásticos** en una gota de agua de mar

◁ Telescopio James Webb

2021
LANZAMIENTO DEL TELESCOPIO JAMES WEBB

La NASA lanzó el Telescopio Espacial James Webb, un telescopio de infrarrojos gigante construido para detectar la radiación térmica de fuentes débiles, como las estrellas y galaxias más antiguas, e identificar exoplanetas en órbita de estrellas de la Vía Láctea.

2021 Tres misiones distintas llegan a Marte, lanzadas durante una alineación de la Tierra con Marte en 2020.

2022

2020 Físicos de la colaboración LHCb en el CERN observan un «tetraquark», una nueva partícula consistente en cuatro quarks.

△ Tejido canceroso

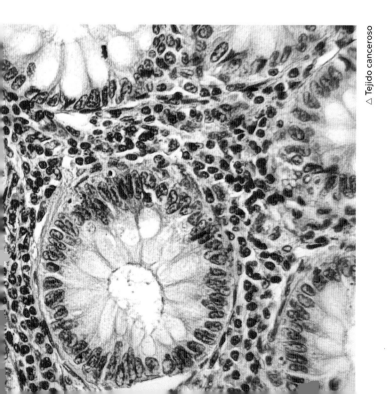

△ **Murciélago de nariz foliácea**

2022
ACTIVIDAD HUMANA Y EVOLUCIÓN

Científicos de la Universidad Deakin de Australia y la Universidad Brock de Canadá estudiaron unas 30 especies de animales observando adaptaciones a cambios ambientales inducidos por los humanos. Hallaron ciertas adaptaciones a las temperaturas en ascenso, como el aumento del tamaño de partes corporales relacionadas con la pérdida de calor y la regulación térmica, por ejemplo, el pico de los loros, las orejas de los conejos, la cola de los ratones y las alas de los murciélagos.

ÍNDICE

AGRADECIMIENTOS

DK desea dar las gracias a Janet Mohun por sus comentarios sobre el texto y a Victoria Pyke y Diana Vowles por la corrección de pruebas.

Los editores agradecen a las siguientes personas e instituciones el permiso para reproducir sus imágenes:

(Clave: a-arriba; b-abajo; c-centro; e-extremo; i-izquierda; d-derecha; s-superior)

1 Dorling Kindersley: Gary Ombler / Whipple Museum of History of Science, Cambridge (c). **2 Science Photo Library:** SCIENCE SOURCE (c). **4-5 Alamy Stock Photo:** Bartlomiej K. Wroblewski (s). **6 Alamy Stock Photo:** CBW (cd); GRANGER - Historical Picture Archive (ci). **Bridgeman Images:** Museum of Science and Industry, Chicago / Photo © 2014 J.B. Spector (d); The Stapleton Collection (c). **The Metropolitan Museum of Art:** Rogers Fund, 1930 (i). **7 Alamy Stock Photo:** BSIP SA (c); Science History Images (i); Science Photo Library (ci); LWM / NASA / LANDSAT (cd). **Science Photo Library:** SHEFFIELD UNIVERSITY, DRS P. WARD & T. BUTTON (d). **8-9 Alamy Stock Photo:** ADC PICTURES (c). **10 Alamy Stock Photo:** MET / BOT (sd); Mlouisphotography (bi); The Natural History Museum (sc). **11 Alamy Stock Photo:** Arterra Picture Library (si); UPI (c). **12 Alamy Stock Photo:** Claudio Rampinini (sd); The Natural History Museum (si). **13 Alamy Stock Photo:** mer Kele (bi); Wirestock, Inc. (bc). **Dorling Kindersley:** Dreamstime.com: Darryl Brooks / Dbvirago (sd). **14-15 Alamy Stock Photo:** funkyfood London - Paul Williams (sc). **14 Alamy Stock Photo:** Kutsal Lenger (bi). **The Metropolitan Museum of Art:** Gift of Valdemar Hammer Jr., in memory of his father, 1936 (bd). **15 Alamy Stock Photo:** Nigel Spooner (ci); PA Images (sd); www.BibleLandPictures.com (bi). **16 Alamy Stock Photo:** Evgeni Ivanov (bi); Science History Images (sd); World History Archive (bd). **17 akg-images:** Andr Held (bd). **Alamy Stock Photo:** Artokoloro (sd); Mike Goldwater (bi). **18 akg-images:** Interfoto (bd). **Alamy Stock Photo:** GRANGER - Historical Picture Archive (bi). **The Metropolitan Museum of Art:** Rogers Fund, 1930 (si). **19 Alamy Stock Photo:** Adam Jn Fige (bi); Eraza Collection (sd); Science History Images (si). **20 Alamy Stock Photo:** World History Archive (si); World History Archive (sc). **Bridgeman Images:** Pictures from History (bi). **21 Alamy Stock Photo:** Classic Image (bd); WBC ART (si); GRANGER - Historical Picture Archive (ci). **22 Alamy Stock Photo:** A. Astes (si); Artokoloro (sd); Antiqueimages (bi); World History Archive (bd). **23 Alamy Stock Photo:** Album (bi). **Bridgeman Images:** Archives Charmet (ci). **24 Alamy Stock Photo:** Science History Images (bd); The Granger Collection (si). **The Metropolitan Museum of Art:** Rogers Fund, 1914 (c). **25 Alamy Stock Photo:** PRISMA ARCHIVO (bd); Science History Images (si). **26 Alamy Stock Photo:** Artokoloro (si); imageBROKER (cd). **27 Alamy Stock Photo:** Chroma Collection (sd); Heritage Image Partnership Ltd (bd). **Getty Images:** Universal History Archive (ci). **28 Alamy Stock Photo:** Chronicle (sd); Photo 12 (bi); Stock Montage, Inc. (bd). **28-29 Alamy Stock Photo:** Stocktrek Images, Inc. (sc). **29 Alamy Stock Photo:** IanDagnall Computing (bi). **30 Alamy Stock Photo:** GRANGER - Historical Picture Archive (bi). **Bridgeman Images:** Universal History Archive / UIG (si). **Getty Images:** LOUISA GOULIAMAKI / Stringer (bd). **31 akg-images:** Science Source (c). **Alamy Stock Photo:** Ancient Art and Architecture (si); tom pfeiffer (bd). **32 Alamy Stock Photo:** CPA Media Pte Ltd (cd); Panther Media GmbH (si); Historic Collection (sd). **Dorling Kindersley:** Clive Streeter / The Science Museum, London (bi). **33 Alamy Stock Photo:** GRANGER - Historical Picture Archive (bd); Science History Images (sd). **Dorling Kindersley:** John Lepine / Science Museum, London / John Lepine / Science Museum, London / Dorling Kindersley (tc, tc). **34 Alamy Stock Photo:** The History Collection (bi). **Bridgeman Images:** Stefano Bianchetti (si). **Getty Images:** DE AGOSTINI PICTURE LIBRARY / Contributor (sd). **35 Alamy Stock Photo:** Album (s). **Getty Images / iStock:** boris_1983 (bd). **36 Alamy Stock Photo:** INTERFOTO (bc). **Getty Images:** NurPhoto / Contributor (si). **Getty Images / iStock:** yuriz (bd). **37 Alamy Stock Photo:** Alan Dyer / VWPics (bi); The History Collection (bd). **Bridgeman Images:** British Library Board. All Rights Reserved (s). **38 Alamy Stock Photo:** Album (si); World History Archive (sc). **39 Alamy Stock Photo:** Abu Castor (si); FLHC K (bi). **Getty Images:** Science & Society Picture Library / Contributor (sd). **40 Alamy Stock Photo:** Aclosund Historic (si); The Natural History Museum (sd); Volgi archive (bc). **40-41 Alamy Stock Photo:** Panther Media GmbH (b). **41 Alamy Stock Photo:** Heritage Image Partnership Ltd (sd); The History Collection (bd). **Getty Images:** Pictures from History / Contributor (sc). **42 akg-images:** © NYPL / Science Source / SCIENCE SOURCE (sc). **Alamy Stock Photo:** Science History Images (bi). **Bridgeman Images:** Bridgeman Images (si). **43 Alamy Stock Photo:** CPA Media Pte Ltd (bd); World History Archive (bc). **44 Alamy Stock Photo:** Classic Image (bi); zhang jiahan (sc); Science History Images (bd). **Bridgeman Images:** Giancarlo Costa (si). **45 Alamy Stock Photo:** Album (si). **Getty Images:** Sino Images (sd). **46 Alamy Stock Photo:** Album (bi); CPA Media Pte Ltd (bd). **Bridgeman Images:** Archives Charmet (sd). **47 Alamy Stock Photo:** Magite Historic (bi); Pictorial Press Ltd (si). **48 Bridgeman Images:** NPL - DeA Picture Library / M. Seemuller (si). **Getty Images:** Science & Society Picture Library / Contributor (bi). **49 Alamy Stock Photo:** Azoor Photo Collection (sd); Magite Historic (si); Chronicle (bi). **50 akg-images:** Fototeca Gilardi (cd). **Alamy Stock Photo:** GRANGER - Historical Picture Archive (bc); Tim Brown (si). **51 Alamy Stock Photo:** Album (bi); ART Collection (si); Realy Easy Star / Toni Spagone (sd). **52 Alamy Stock Photo:** Artokoloro (bd); The History Collection (si). **Bridgeman Images:** Bridgeman Images (bc). **53 akg-images:** Science Source (cd). **Alamy Stock Photo:** Azoor Collection (c); Science History Images (bd). **54 Alamy Stock Photo:** GRANGER - Historical Picture Archive (sc); World History Archive (bi); The Granger Collection (bc). **Bridgeman Images:** © Christie's Images (si). **55 Alamy Stock Photo:** CPA Media Pte Ltd (sc); The Natural History Museum (si). **56 Alamy Stock Photo:** Artokoloro (ci); The Granger Collection (si); The Picture Art Collection (cd). **56-57 Alamy Stock Photo:** Art Collection 3 (b). **57 Alamy Stock Photo:** GRANGER - Historical Picture Archive (bc); World History Archive (bd). **58-59 Alamy Stock Photo:** Science History Images (s). **58 Alamy Stock Photo:** PhotoStock-Israel (bd); The Granger Collection (si). **Science Photo Library:** CNRI (bi). **59 Alamy Stock Photo:** Album (bc); Russell Mountford (bd). **60 Alamy Stock Photo:** GL Archive (si); The Print Collector (sd); The History Collection (bi). **Bridgeman Images:** © NPL - DeA Picture Library / M. Seemuller (bd). **61 Alamy Stock Photo:** GRANGER - Historical Picture Archive (bd); The Print Collector (bi). **62 Alamy Stock Photo:** Chronicle (cd); Jonathan Orourke (bi). **Bridgeman Images:** The Stapleton Collection (si). **63 Alamy Stock Photo:** GL Archive (bd); Science History Images (sd). **Bridgeman Images:** University of St. Andrews Library (bi). **64 akg-images:** Rabatti & Domingie (sd). **Alamy Stock Photo:** Diego Barucco (sc); Tibbut Archive (bd). **Bridgeman Images:** Universal History Archive / UIG (bi). **65 Alamy Stock Photo:** gameover (si). **Science & Society Picture Library:** Science Museum (sd). **66 Alamy Stock Photo:** AF Fotografie (bd); GRANGER - Historical Picture Archiv (cd); IanDagnall Computing (bi). **Wellcome Collection:** 4.0 International (CC BY 4.0) (sc). **67 Alamy Stock Photo:** Andreas Huslbetz (ci); Heritage Image Partnership Ltd (bd). **68 Wellcome Collection:** (c). **69 Science Photo Library:** Zephyr (sd). **70 Alamy Stock Photo:** Heritage Image Partnership Ltd (bi); The Picture Art Collection (si); Science History Images (sd); Science History Images (bd). **71 Alamy Stock Photo:** Well / BOT (si). **Bridgeman Images:** NPL - DeA Picture Library / G. Cigolini (bd). **72-73 Alamy Stock Photo:** Chronicle (si). **72 Alamy Stock Photo:** Album (bi). **73 akg-images:** Collection Joinville (bc). **Alamy Stock Photo:** Atlaspix (ci); Hamza Khan (sd). **74-75 Alamy Stock Photo:** Science History Images (s). **74 Alamy Stock Photo:** History & Art Collection (cd); Science History Images (si); IanDagnall Computing (bi). **Getty Images:** Science & Society Picture Library / Contributor (c). **75 Alamy Stock Photo:** B.A.E. Inc. (sd). **76 NASA:** Solar Dynamics Observatory (c). **77 Science Photo Library:** CHARLES D. WINTERS (si). **78 Alamy Stock Photo:** GRANGER - Historical Picture Archive (sd); Science History Images (si); Pictorial Press Ltd (bd). **79 Alamy Stock Photo:** PRISMA ARCHIVO (bd); Science History Images (si); Science History Images (bc). **80 Alamy Stock Photo:** Alfio Scisetti (sd); Eraza Collection (bd). **Bridgeman Images:** Iberfoto (si). **81 Alamy Stock Photo:** ACTIVE MUSEUM / ACTIVE ART (bi); Heritage Image Partnership Ltd (si); The Granger Collection (cd); The Natural History Museum (bd). **82 Science Photo Library:** NASA / JPL (si). **83 Dreamstime.com:** Dmitrydesigner (c). **84 Alamy Stock Photo:** Science History Images (ci); World History Archive (bc). **85 Alamy Stock Photo:** Florilegius (sc); Phanie (bc). **Getty Images:** Science & Society Picture Library / Contributor (si). **86 Alamy Stock Photo:** Ron Giling (bi); The Granger Collection (sd). **87 Alamy Stock Photo:** Dinodia Photos (si); Science History Images (sd); World History Archive (bi); Science History Images (bd). **88 Alamy Stock Photo:** Bjrn Wylezich (si); The Picture Art Collection (sd); GRANGER - Historical Picture Archive (bd). **89 Alamy Stock Photo:** The Natural History Museum (bi); The Picture Art Collection (bc). **90 Alamy Stock Photo:** GL Archive (bd). **Bridgeman Images:** Muse Cond, Chantilly (sd). **Getty Images:** Science & Society Picture Library / Contributor (c). **91 Alamy Stock Photo:** Eraza Collection (bd); Wim Wiskerke (si); Svintage Archive (sd). **92 Alamy Stock Photo:** Artokoloro (bi); CBW (si). **Bridgeman Images:** Philadelphia Museum of Art / Gift of Mr. and Mrs. Wharton Sinkler (bd). **93 Alamy Stock Photo:** GRANGER - Historical Picture Archive (sc). **Bridgeman Images:** Lorio / Iberfoto (si). **94 Alamy Stock Photo:** Science History Images (si); Science History Images (sd). **94-95 Alamy Stock Photo:** INTERFOTO (b). **95 Alamy Stock Photo:** Album (bc); The History Collection (si). **Getty Images:** Science & Society Picture Library / Contributor (sd). **96 Alamy Stock Photo:** Chronicle (si); Science History Images (sd). **Dorling Kindersley:** Dave King / The Science Museum (bi). **97 Alamy Stock Photo:** The Picture Art Collection (bd). **Bridgeman Images:** Granger (sd). **Getty Images:** Science & Society Picture Library / Contributor (bi). **98 Alamy Stock Photo:** agefotostock (bd); GL Archive (bi). **99 Alamy Stock Photo:** Science History Images (bi); The Granger Collection (bd). **100 Alamy Stock Photo:** Artokoloro (bi). **Getty Images:** Science & Society Picture Library (bd). **100-101 Bridgeman Images:** Giancarlo Costa (s). **101 Alamy Stock Photo:** Central Historic Books (bd); PWB Images (bi). **102 Alamy Stock Photo:** incamerastock (sd); Science History Images (bi); Science History Images (bd). **Getty Images:** Print Collector (si). **103 Alamy Stock Photo:** NASA Photo (si). **Getty Images:** Science & Society Picture Library (sd). **104 Alamy Stock Photo:** Jason Smith (sd); The Picture Art Collection (si). **105 akg-images:** (si). **Alamy Stock Photo:** Florilegius (sd). **Science Photo Library:** ROYAL INSTITUTION OF GREAT BRITAIN (bi). **106 Alamy Stock Photo:** Science History Images (bi); Soren Klostergaard Pedersen (bc). **107 Alamy Stock Photo:** ACTIVE MUSEUM / ACTIVE ART (b); Dirk Daniel Mann (si); North Wind Picture Archives (sd). **108 Alamy Stock Photo:** Science History Images (sd); The History Collection (si). **Bridgeman Images:** Natural History Museum, London (bd). **109 Alamy Stock Photo:** CBW (sd); GRANGER - Historical Picture Archive (bc); Pictorial Press Ltd (bi). **Dorling Kindersley:** Clive Streeter / The Science Museum, London (si). **110 Alamy Stock Photo:** Science History Images (sd). **Dorling Kindersley:** Gary Ombler / Whipple Museum of History of Science, Cambridge (si). **111 Alamy Stock Photo:** Christophe Coat (c); Heritage Image Partnership Ltd (bi); Hamza Khan (bd). **112 Alamy Stock Photo:** Matteo Chinellato (bc); SuperStock (s). **Getty Images:** Science & Society Picture Library (bi). **113 Alamy Stock Photo:** World History Archive (bi). **114 Alamy Stock Photo:** Chronicle (bi); Science History Images (si); The Print Collector (sd). **Getty Images:** Bildagentur-online (bd). **115 Alamy Stock Photo:** Heritage Image Partnership Ltd (bd); The Natural History Museum (bi). **Bridgeman Images:** PVDE (sd). **116 Alamy Stock Photo:** Iuliia Nemchinova (c). **118 Alamy Stock Photo:** Artokoloro (sd); RGB Ventures / SuperStock (si); The Natural History Museum (bd). **119 Alamy Stock Photo:** Album (bd). **Getty Images:** Joseph Niepce / Stringer (sd). **120 Alamy Stock Photo:** Science History Images (si); Science Photo Library (sd); World History Archive (bd). **121 Alamy Stock Photo:** Chronicle (bd); Science History Images (si). **Dorling Kindersley:** Harry Taylor / Sedgwick Museum of Geology, Cambridge (sd). **122 Alamy Stock Photo:** GL Archive (bi); The Natural History Museum (si); INTERFOTO (sd). **123 Alamy Stock Photo:** Everett Collection Historical (bi). **Bridgeman Images:** Bridgeman Images (sd). **Science Photo Library:** SCIENCE STOCK PHOTOGRAPHY (bd). **124 Alamy Stock Photo:** Classic Collection 3 (si); Science History Images (sd); World History Archive (ci); Scenics & Science (bd). **125 Alamy Stock Photo:** AC NewsPhoto (bd); GRANGER - Historical Picture Archive (si). **Getty Images:** Science & Society Picture Library (bi). **126 Alamy Stock Photo:** Pictorial Press Ltd (bi); The Granger Collection (sd); Stocktrek Images, Inc. (bd). **Getty Images:** Science & Society Picture Library (si). **127 Alamy Stock Photo:** rico ploeg (bi). **Getty Images:** Science & Society Picture Library (s). **128 Alamy Stock Photo:** Science History Images (si). **Getty Images:** DE AGOSTINI PICTURE LIBRARY (bi). **Science Photo Library:** DR JEREMY BURGESS (sd). **128-129 Alamy Stock Photo:** GRANGER - Historical Picture Archive (bc). **129 Alamy Stock Photo:** Science History Images (bd). **130 Alamy Stock Photo:** INTERFOTO (sd). **Getty Images:** Science & Society Picture Library (si). **131 Alamy Stock Photo:** Alan Dyer / VWPics (c); The Reading Room (si). **Getty Images:** Science & Society Picture Library (bd). **132-133 Alamy Stock Photo:** Sueddeutsche Zeitung Photo (c). **132 Science Photo Library:** SHEILA TERRY (si). **134 Alamy Stock Photo:** NASA Pictures (bd); Science History Images (s). **135 Alamy Stock Photo:** Ben Queenborough (sc); Henri Koskinen (sd). **Bridgeman Images:** (bd). **Dorling Kindersley:** Dreamstime.com: Jan Martin Will (si). **136 Alamy Stock Photo:** Allstar Picture Library Limited (bi); Chronicle (si); Science History Images (bd); Nathaniel Noir (cd). **137 Alamy Stock Photo:** Central Historic Books (si); Realy Easy Star / Toni Spagone (sd). **Bridgeman Images:** Museum of Science and Industry, Chicago / Photo © 2014 J.B. Spector (bd). **138 Alamy Stock Photo:** Pictorial Press Ltd (bi); Universal Images Group North America LLC / DeAgostini (bd). **139 Alamy Stock Photo:** Pictorial Press Ltd (bd); The Print Collector (si). **Science Photo Library:** NATURAL HISTORY MUSEUM, LONDON (sd). **140 Science Photo Library:** ARGONNE NATIONAL LABORATORY (c). **141 NASA:** JPL / Caltech (sd). **142 Alamy Stock Photo:** GL Archive (bi); Science History Images (sd). **143 Alamy Stock Photo:** Phil Degginger (bd); Science Photo Library (si). **Science Photo Library:** CARLOS CLARIVAN (bi); M.I. WALKER (sd). **144 Alamy Stock Photo:** Ivan Vdovin (bi). **145 Alamy Stock Photo:** Classic Image (ci); The Granger Collection (si); PRISMA ARCHIVO (bi). **Bridgeman Images:** Look and Learn (bd). **146 Science Photo Library:** TED KINSMAN (si). **147 NASA:** ESA / CSA / STScI / NIRCam (c). **148 Alamy Stock Photo:** Science Photo Library (ci). **Getty Images / iStock:** theasis (si). **Science Photo Library:** SCIENCE SOURCE (bi); SHEILA TERRY (bd). **149 Alamy Stock Photo:** World History Archive (si). **150 Alamy Stock Photo:** Central Historic Books (bd); Chronicle (si). **Science Photo Library:** JOHN READER (sc). **151 Alamy Stock Photo:** Monika Wisniewska (sd). **Science Photo Library:** JOSE CALVO (bd). **152 Getty Images:** Science & Society Picture Library (c). **154 Alamy Stock Photo:** History and Art Collection (bd); Pictorial Press Ltd (si); Old Books Images (sd); NASA Image Collection (bi). **155 Alamy Stock Photo:** Alexandros Lavdas (bd); GRANGER - Historical Picture Archive (si); World History Archive (cd). **156 Alamy Stock Photo:** Library Book Collection (sd). **157 Alamy Stock Photo:** GRANGER - Historical Picture Archive (bd). **Getty Images / iStock:** Patrick Jennings (bi). **Getty Images:** Science & Society Picture Library (sd). **158 Alamy Stock Photo:** Library Book Collection (bd); North Wind Picture Archives (si). **159 Alamy Stock Photo:** Johann Schumacher (si); Sari O'Neal (ci); Science History Images (sd). **Getty Images:** Science & Society Picture Library (bd). **160 Alamy Stock Photo:** incamerastock (si); Science History Images (bd). **Getty Images:** Science & Society Picture Library (bi). **161 Alamy Stock Photo:** Book Worm (bd); Cultura Creative Ltd (sd); IanDagnall Computing (bi). **Dorling Kindersley:** Ruth Jenkinson / Holts Gems (ci). **162 Alamy Stock Photo:** leonello calvetti (sd); Science History Images (bd). **163 Alamy Stock Photo:** Hi-Story (bi). **Getty Images:** Bettmann (bd). **164 Alamy Stock Photo:** Helen Cowles (si); pittawut junmee (sd). **165 Alamy Stock Photo:** GRANGER - Historical Picture Archive (bd); World History Archive (si); Science History Images (cd). **166 Alamy Stock Photo:** Paul Fearn (sd); RBM Vintage Images (bi); Science History Images (bd). **167 Alamy Stock Photo:** colaimages (si); Stocktrek Images, Inc. (bd). **Getty Images:** Universal History Archive (sd). **168 Alamy Stock Photo:** Science History Images (bi). **169 Alamy Stock Photo:** Leighton Collins (si); Oliver Smart (sd); The Granger Collection (bi); Maidun Collection (bd). **170 Alamy Stock Photo:** Book Worm (bi); Science Photo Library (sd). **Getty Images:** Science & Society Picture Library (bd). **171 Getty Images:** Lazy_Bear (bd); Universal History Archive (si); Universal History Archive (bi). **172 Alamy Stock Photo:** Arterra Picture Library (sd); ephotocorp (c). **173 Alamy Stock Photo:** North Wind Picture Archives (sd); Science History Images (bd). **174 Alamy Stock Photo:** Bjrn Wylezich (si). **175 Science Photo Library:** NASA (c). **176 Getty Images:** Science & Society Picture Library (bd). **177 Alamy Stock Photo:** FLHC 220C (ci); Grant Heilman Photography (si); The Print Collector (sd); Scott Camazine (bd). **178 Alamy Stock Photo:** Science History Images (bd). **Getty Images:** Print Collector / Contributor (sd). **179 Alamy Stock Photo:** Chronicle (bd); The Book Worm (si). **180 Science Photo Library:** CHRISTIAN LUNIG (c). **181 Science Photo Library:** ARSCIMED (sd). **182 akg-images:** n / a (si). **Alamy Stock Photo:** Everett Collection Inc (sd); The Print Collector (bd). **183 Alamy Stock Photo:** Hilary Morgan (s); Pictorial Press Ltd (bi). **Science Photo Library:** ADRIAN T SUMNER (bd). **184 Alamy Stock Photo:** Giulio Ercolani (bi); Science Photo Library (si). **Dorling Kindersley:** Clive Streeter / The Science Museum, London (sd). **185 Alamy Stock Photo:** IanDagnall Computing (sd). **Getty Images:** Science & Society Picture Library / Contributor (bi). **186 Bridgeman Images:** Israel Museum, Jerusalem / Gift of the Jacob E. Safra Philanthropic Foundation (c). **187 Getty Images:** Science & Society Picture Library (si). **188-189 Alamy Stock Photo:** The History Collection (s). **189 Alamy Stock Photo:** World History Archive (bi). **Science Photo Library:** MARTIN SHIELDS (bd). **190 Alamy Stock Photo:** GRANGER - Historical Picture Archive (sd). **Dorling Kindersley:** Clive Streeter / The Science Museum, London (sc). **Getty Images / iStock:** flyparade (bi). **191 Alamy Stock Photo:** GRANGER - Historical Picture Archive (sd); The History Collection (bd). **192 Science Photo Library:** PHILIPPE PLAILLY (c). **193 Getty Images:** Science & Society Picture Library (sd). **194 Alamy Stock Photo:** Album (bd); Science History Images (si). **195 Alamy Stock Photo:** Life on white (bi); Science History Images (bc). **196 Alamy Stock Photo:** molekuul.be (bc). **Dorling Kindersley:** Frank Greenaway / Natural History Museum, London (bd); Gary Ombler, Oxford University Museum of Natural History (bi). **197 Getty Images:** Science & Society Picture Library / Contributor (sd). **Science Photo Library:** R.BIJLENGA / DEPT. OF MICROBIOLOGY, BIOZENTRUM (si). **198 Getty Images / iStock:** CasarsaGuru (si). **199 Science Photo Library:** EQUINOX GRAPHICS (c). **200 Alamy Stock Photo:** blickwinkel (bi); Science History Images (si); Gainew Gallery (sd). **201 Alamy Stock Photo:** agefotostock (bd). **Science Photo Library:** MICHEL DELARUE, ISM (bi). **202 Alamy Stock Photo:** Chronicle (bc). **Getty Images:** Science & Society Picture Library / Contributor (si). **203 Alamy Stock Photo:** Sueddeutsche Zeitung Photo (sd). **204 Alamy Stock Photo:** Chronicle (sd); ruelleruelle (si). **205 Alamy Stock Photo:** IanDagnall Computing (si); Photo 12 (sd); INTERFOTO (bi). **206 Science Photo Library:** PHILIPPE PSAILA (si). **206-207 Getty Images:** Gamma-Rapho / Patrick Aventurier (bc). **208 Alamy Stock Photo:** Alpha Historica (sd); GL Archive (si). **Getty Images:** Bettmann / Contributor (bd). **209 Alamy Stock Photo:** NASA Pictures (sd). **Science Photo Library:** SOUTHERN ILLINOIS UNIVERSITY (si). **210 Alamy Stock Photo:** J Marshall - Tribaleye Images (s). **Getty Images:** Krista Few (b). **211 Alamy Stock Photo:** Archive PL (ci); Science History Images (sd). **Science Photo Library:** NASA (si). **212 Alamy Stock Photo:** imageBROKER (sd); Science History Images (b). **Dorling Kindersley:** Clive Streeter / The Science Museum, London (c). **213 Alamy Stock Photo:** Pictorial Press Ltd (bi). **214 Alamy Stock Photo:** Everett Collection Inc (si); NASA Photo (sd); RBM Vintage Images (bi). **215 Alamy Stock Photo:** Andy Thompson (bd). **Science Photo Library:** Science Photo Library (bi). **216 Alamy Stock Photo:** Thomas Lehtinen (si). **217 Alamy Stock Photo:** Classic Picture Library (c). **218 Alamy Stock Photo:** Keystone Press (si); Universal Images Group North America LLC (bi). **Bridgeman Images:** British Library Board (sd). **219 Alamy Stock Photo:** Science History Images (bd); World History Archive. **Dorling Kindersley:** 123RF.com: Corey A Ford (bi). **220 Alamy Stock Photo:** Imago History Collection (sd). **Getty Images:** Universal History Archive (si). **221 Alamy Stock Photo:** GRANGER - Historical Picture Archive (s). **222 Alamy Stock Photo:** Chronicle (bd); Tango Images (si); Science History Images (sd); RGB Ventures / SuperStock (bi). **223 Alamy Stock Photo:** JSM Historical (bi); UPI (bd). **Getty Images:** Bletchley Park Trust (sd). **224-225 Getty Images / iStock:** Filipp Borshch (bc). **224 Science Photo Library:** PATRICK LANDMANN (si). **226 Alamy Stock Photo:** Rudmer Zwerver (ci); Science History Images (si); SuperStock (bd). **227 Alamy Stock Photo:** Science History Images (bi). **Getty Images:** Bettmann (si). **228 Alamy Stock Photo:** PBH Images (bd); www.BibleLandPictures.com (bi). **Science Photo Library:** C. POWELL, P. FOWLER & D. PERKINS (s). **229 Alamy Stock Photo:** Science History Images (sd); World History Archive (si). **230 Alamy Stock Photo:** Science History Images (bd). **Getty Images:** Daily Herald Archive (bi); Science Museum (si). **231 Alamy Stock Photo:** Science History Images (si). **Science Photo Library:** NATIONAL LIBRARY OF MEDICINE (bi). **232 Alamy Stock Photo:** BSIP SA (bi). **Getty Images / iStock:** alex-mit (sd). **233 Alamy Stock Photo:** Nature Photographers Ltd (ci); Science History Images (bd). **234 Alamy Stock Photo:** NGDC / NOAA / Phil Degginger (bd). **Getty Images:** Bettmann (sd). **235 Alamy Stock Photo:** Science History Images (sd). **Science Photo Library:** HANK MORGAN (si). **236 Science Photo Library:** (si). **237 Science & Society Picture Library:** Science Museum (c). **238 Alamy Stock Photo:** Science Photo Library (si). **Science Photo Library:** PROF. ERWIN MUELLER (bd). **239 Alamy Stock Photo:** Keystone Press (bi); Tango Images (si); Science History Images (sd); World History Archive (bd). **240 Alamy Stock Photo:** Science History Images (bi); Vitaliy Gaydukov (si); Science History Images (bd). **Bridgeman Images:** Sovfoto / UIG (sd). **241 Alamy Stock Photo:** John Frost Newspapers (sd); NASA Photo (si); REUTERS (bd). **242 Alamy Stock Photo:** Historic Images (si); Reading Room 2020 (sd). **243 Alamy Stock Photo:** Heritage Image Partnership Ltd (sd); Stocktrek Images, Inc. (bi). **244 Getty Images:** Richard Heathcote / Getty Images Sport (c). **245 Science Photo Library:** BIOLUTION GMBH (sd). **246**

Alamy Stock Photo: NASA Image Collection (si); Universal Art Archive (bc); PhotoSpirit (bd). **247 Science Photo Library:** EUROPEAN SOUTHERN OBSERVATORY (si). **248 Alamy Stock Photo:** blickwinkel (ci); Space prime (si). **Getty Images:** Sovfoto (bd). **249 Alamy Stock Photo:** Gado Images (si). **Science Photo Library:** CARLOS CLARIVAN (sd); NATIONAL PHYSICAL LABORATORY © CROWN COPYRIGHT (bd). **250 Alamy Stock Photo:** imageBROKER (bd). **Science Photo Library:** DETLEV VAN RAVENSWAAY (sd). **251 Alamy Stock Photo:** Philip Game (bd); Pictorial Press Ltd (bi). **Getty Images:** Daily Herald Archive (sd). **252 Alamy Stock Photo:** LWM / NASA / LANDSAT (bd). **Getty Images:** Bettmann (bi). **253 Alamy Stock Photo:** Science History Images (bd). **Dorling Kindersley:** Dreamstime.com: Jm73 (sd). **254 Alamy Stock Photo:** Science History Images (si); WENN Rights Ltd (bi); Stocktrek Images, Inc. (ci); stock imagery (bd). **255 Alamy Stock Photo:** PB / YB (si); Stocktrek Images, Inc. (sd). **256 Alamy Stock Photo:** Science Photo Library (si). **Getty Images:** Bettmann (cd). **257 Alamy Stock Photo:** NG Images (si); NG Images (bi); SBS Eclectic Images (cd). **258 Alamy Stock Photo:** CBW (bd); Medicshots (si); dotted zebra (cd). **Science Photo Library:** DETLEV VAN RAVENSWAAY (bi). **259 Alamy Stock Photo:** Auk Archive (bi); Science History Images (bd). **260 Alamy Stock Photo:** Maidun Collection (si); ZUMA Press, Inc. (bi); NASA Image Collection (bd). **Science Photo Library:** MILLARD H. SHARP / SCIENCE SOURCE (cd). **261 Alamy Stock Photo:** Science Photo Library (sd). **262 Alamy Stock Photo:** Sueddeutsche Zeitung Photo (sd). **Getty Images:** VW Pics (b). **Science Photo Library:** NASA (si). **263 Alamy Stock Photo:** agefotostock (si); Science Photo Library (bi). **Science Photo Library:** EYE OF SCIENCE (bd). **264 Science Photo Library:** DETLEV VAN RAVENSWAAY (si); R.B.HUSAR / NASA (bi); EM UNIT, VLA (bd). **265 Alamy Stock Photo:** Image Source (sd); NASA Image Collection (si). **Science Photo Library:** JIM WEST (bd). **266 ESA:** AOES Medialab (si). **267 NASA:** ESA / Hubble (c). **268 Alamy Stock Photo:** Sabena Jane Blackbird (cd). **Science Photo Library:** DAVID PARKER (si); NCI / ADVANCED BIOMEDICAL COMPUTING CENTER / SCIENCE SOURCE (bi). **269 Alamy Stock Photo:** CBW (bd). **Science Photo Library:** THOM LEACH (bi). **270 Getty Images:** Wojtek Laski (si). **Science Photo Library:** SHEFFIELD UNIVERSITY, DRS P. WARD & T. BUTTON (bd). **271 Alamy Stock Photo:** CBW (bi); Minden Pictures (c). **Getty Images:** Historical (sd). **272 Alamy Stock Photo:** GRANGER - Historical Picture Archive (sd); Martin Shields (si). **273 Alamy Stock Photo:** Stocktrek Images, Inc. (c). **Science Photo Library:** CERN (sd); PHILIPPE PLAILLY (bd). **274 Alamy Stock Photo:** Historic Collection (bi); RGB Ventures / SuperStock (bd). **Getty Images / iStock:** Nerthuz (si). **275 Alamy Stock Photo:** Hemis (bd); Thibault Renard (bi). **276 Alamy Stock Photo:** agefotostock (bi); Corey Ford (bd). **Getty Images / iStock:** elgol (si). **277 Alamy Stock Photo:** Kathy deWitt (bd); Science History Images (sc). **Science Photo Library:** ROBERT MARKUS (sd). **278 Alamy Stock Photo:** Science History Images (bd).

Getty Images: Historical (sd). **Science Photo Library:** SCIENCE SOURCE (bi). **279 Alamy Stock Photo:** REUTERS (sd). **Science Photo Library:** ALEX LUTKUS / NASA (si). **280 Alamy Stock Photo:** UrbanImages (bi). **Science Photo Library:** NASA / JSC (bd). **281 Alamy Stock Photo:** American Photo Archive (bi); Hemis (sd); NG Images (bd). **282 Alamy Stock Photo:** Newscom (bi). **282-283 Alamy Stock Photo:** Geopix (b). **283 Alamy Stock Photo:** Nature Picture Library (sd). **284 Alamy Stock Photo:** Sergey Ryzhov (si). **Science Photo Library:** DAVID PARKER (bd). **285 Alamy Stock Photo:** Edgloris Marys (sd); James King-Holmes (si). **Science Photo Library:** LAGUNA DESIGN (bi). **286 Getty Images:** Gallo Images (bi); NASA / Handout (sc). **287 Alamy Stock Photo:** agefotostock (bd); World History Archive (sd); Minden Pictures (bi). **288 Science Photo Library:** FONS RADEMAKERS / CERN (c). **289 Science Photo Library:** FERMILAB (sd). **290 Alamy Stock Photo:** James King-Holmes (bd); Stocktrek Images, Inc. (si); Trinity Mirror / Mirrorpix (c). **291 Alamy Stock Photo:** dpa picture alliance (sd). **NASA:** Optical: NOAO / Kitt Peak / J.Uson, D.Dale; X-ray: NASA / CXC / IoA / S.Allen et al. (si). **292-293 Alamy Stock Photo:** Andrew Kimber (bi). **292 Alamy Stock Photo:** BSIP SA (bi); NASA Image Collection (si); dotted zebra (bd). **293 Alamy Stock Photo:** blickwinkel (bi); cbimages (bd). **294 Alamy Stock Photo:** Universal Images Group North America LLC (bd); ZUMA Press, Inc. (sd). **Science Photo Library:** EUROPEAN SOUTHERN OBSERVATORY (bi). **295 Alamy Stock Photo:** Martin Shields (bd); Panther Media GmbH (sd). **Science Photo Library:** BRITISH ANTARCTIC SURVEY (si). **296 Alamy Stock Photo:** Everett Collection Historical (bi). **Science Photo Library:** CERN (bd); MASATO HATTORI (si); VOLKER STEGER (sd). **297 Alamy Stock Photo:** GRANGER - Historical Picture Archive (si). **Science Photo Library:** JOHN BAVARO FINE ART (bd). **298 Alamy Stock Photo:** GARY DOAK (si); Science History Images (sd); NG Images (bi). **299 Alamy Stock Photo:** Cultura Creative RF (bd); Science History Images (si); World History Archive (sd). **300 Alamy Stock Photo:** Abaca Press (sd). **Science Photo Library:** GABRIELLE VOINOT / EURELIOS / LOOK AT SCIENCES (bd); MEDICAL GRAPHICS / MICHAEL HOFFMANN (si). **301 Science Photo Library:** JOHN BAVARO FINE ART (bd). **302 Alamy Stock Photo:** Christian Offenberg (sd); StellaNature (ci). **302-303 Alamy Stock Photo:** dotted zebra (b). **303 Alamy Stock Photo:** Xinhua (sd). **Science Photo Library:** DR. GILBERT S. GRANT (bd); IBM RESEARCH (si). **304 Alamy Stock Photo:** Science History Images (bc). **Getty Images:** SOPA Images (si). **304-305 Alamy Stock Photo:** ukasz Szczepanski (b). **305 Alamy Stock Photo:** Nature Picture Library / Alamy (bd). **Science Photo Library:** QA INTERNATIONAL / SCIENCE SOURCE (sd); SINCLAIR STAMMERS (si)

Las demás imágenes © Dorling Kindersley
Para más información: www.dkimages.com